# 山西杂粮及经济作物需水量与灌溉制度

武朝宝　叶澜涛　任罡　等 著

· 北京 ·

## 内 容 提 要

本书依据山西省灌溉试验站十余年的杂粮及经济作物试验资料，系统总结了杂粮及经济作物需水量与灌溉制度等研究成果。全书共6章，第一章主要介绍了杂粮及经济作物种植的基本情况；第二章对杂粮及经济作物需水量与灌溉制度试验情况进行了描述；根据试验数据研究了杂粮及经济作物的需水规律、土壤水分变化规律；第三章为杂粮及经济作物需水量的计算；第四章论述了杂粮及经济作物产量-用水量关系；第五章为杂粮及经济作物充分供水灌溉制度；第六章研究了杂粮及经济作物非充分供水灌溉制度。

本书可供灌溉用水管理、灌溉工程规划设计等相关专业的工程技术人员，以及农业、水利院校师生参考使用。

图书在版编目（CIP）数据

山西杂粮及经济作物需水量与灌溉制度 / 武朝宝等著. -- 北京 : 中国水利水电出版社, 2018.6
ISBN 978-7-5170-5939-4

Ⅰ. ①山… Ⅱ. ①武… Ⅲ. ①杂粮－作物需水量－研究－山西②杂粮－灌溉制度－研究－山西③经济作物－作物需水量－研究－山西④经济作物－灌溉制度－研究－山西 Ⅳ. ①S510.71②S560.71

中国版本图书馆CIP数据核字(2018)第129897号

| | |
|---|---|
| 书　名 | **山西杂粮及经济作物需水量与灌溉制度**<br>SHANXI ZALIANG JI JINGJI ZUOWU XUSHUILIANG YU GUANGAI ZHIDU |
| 作　者 | 武朝宝　叶澜涛　任罡　等 著 |
| 出版发行 | 中国水利水电出版社<br>（北京市海淀区玉渊潭南路1号D座　100038）<br>网址：www. waterpub. com. cn<br>E-mail：sales@waterpub. com. cn<br>电话：（010）68367658（营销中心） |
| 经　售 | 北京科水图书销售中心（零售）<br>电话：（010）88383994、63202643、68545874<br>全国各地新华书店和相关出版物销售网点 |
| 排　版 | 中国水利水电出版社微机排版中心 |
| 印　刷 | 天津嘉恒印务有限公司 |
| 规　格 | 170mm×240mm　16开本　12.75印张　250千字 |
| 版　次 | 2018年6月第1版　2018年6月第1次印刷 |
| 印　数 | 0001—1000册 |
| 定　价 | **52.00**元 |

# 本书作者及审稿人员名单

撰　稿：武朝宝　叶澜涛　任　罡　李向虎　李军英
张海泉　党志刚　韩瑞云　陈国相

统　稿：王仰仁

审　稿：康绍忠

# 前　言

多年来山西省灌溉试验工作为灌溉用水管理科学化、现代化积累了大量的、系统的、宝贵的资料，许多灌溉试验成果被教科书、省和国家重大项目研究以及一些科普专著所采用，获得了显著的社会效益和经济效益。为了更好地把这些研究成果系统总结，以便于推广和应用，为农田合理灌溉提供可靠依据，为节水灌溉提供理论基础，为实施农业灌溉的“总量控制，定额管理”提供科学的依据，对全省灌溉试验站近二十多年来的灌溉试验研究成果进行了整理分析，撰写了该书。

本书以向生产部门提供实用技术参考为主要目标，在注重系统性、理论性的同时，尽量多地列举了试验观测数据及其分析结果。并对现代新型灌溉技术和理论及其应用，进行了较为系统的介绍，提出了一些具有重要学术价值和生产实用价值的模型、方法和参数。本书包含的主要内容有：黄豆、黍子、红小豆和夏大豆等4种杂粮作物在充分供水和非充分供水条件下的需水量与需水规律及其灌溉制度；油葵、马铃薯、西瓜、棉花、花生、黄花等6种经济作物在充分供水和非充分供水条件下的需水量与需水规律及其灌溉制度；茴子白、西葫芦、南瓜、辣椒、青椒、茄子、番茄、黄瓜、尖椒等9种蔬菜的需水量与灌溉制度；采用不同模型阐述了作物产量和用水量的关系等。

本书主要撰写人员有山西省中心灌溉试验站武朝宝（主要撰写第三章和第四章）、天津农学院水利工程学院叶澜涛（主要撰写第二章第三节～第五节、第五章和第六章）、山西省中心灌溉试验站任罡（主要撰写第一章和第二章第一节和第二节）。另外，李向虎（山西省汾河灌溉管理局）、李军英（山西省汾河灌溉管理局）、张海泉（吕梁市临县湫水河灌区灌溉试验站）、党志刚（大同市御河灌区灌溉试验站）、韩瑞云（忻州市滹沱河灌区灌溉试验站）、陈国相（朔州市镇子梁灌区灌溉试验站)、白钢(忻州市五台县小银河灌区灌溉试验站)和徐才(大同市浑源灌区灌溉试验站)也参与了部分工作。

全书由天津农学院王仰仁教授统稿,由中国农业大学教授、中国工程院康绍忠院士审阅。本书的出版得到了山西省水利厅白小丹、张建中和武福玉等厅领导的大力支持,山西省水利厅农村水利处朱佳、郭天恩等历任处领导给予了精心指导。借此对给予灌溉试验工作支持的所有领导以及工作在灌溉试验基层一线的同志,一并表示最衷心的感谢。

对于书中缺点、错误,恳请广大读者给予批评指正。

**作者**

2017年4月

# 目　录

# 第一章 基 本 情 况

山西省位于我国北方阴山山脉和秦岭之间，华北平原西侧的黄土高原区。东及东南以太行山脉与河北、河南省为邻，西及西南隔黄河与陕西、河南省相望，北界外长城与内蒙古自治区接壤。南起北纬34°75′，北抵北纬40°43′；西自东经110°14′，东至东经114°33′。南北长约550km，东西宽约290km，呈北东-南西狭长的平行四边形展布。全省国土面积15.63万$km^2$，其中耕地面积406.42万$hm^2$，占全省国土总面积的23.6%；实有森林面积291.09万$hm^2$，占全省国土总面积的17.3%。2012年全省人口3593.28万人，约为全国人口的2.5%，农村人口1807.97万人。全省共辖1个专区、10个省辖市、119个县（市、区）。

山西境内地形比较复杂，山地、高原、丘陵、台地、盆地平原等均有分布。山丘区面积占全省总面积的80%以上，因此，总体上山西呈现山地高原形地貌特征，东北高、西南低，地形高低起伏悬殊。最高点五台山叶斗峰海拔3058m，最低点垣曲县的黄河谷地，海拔245m，相对高差2813m。山西地形大体可分为三大部分：东部山地、西部高原山地和中部断陷盆地。这种东、西及南部太行山脉、吕梁山脉、中条山脉隆起，挟持中部断陷盆地的地形格架，形成山西地高水低、自产外流（仅与内蒙古接壤处有少量入境水）；吕梁山西侧入黄河支流坡陡流急，太行山东侧径流外泄，低水高用不利开发；中部断陷盆地径流汇聚有利开发等基本特征。

中部为呈舒缓拉伸的S形且不对称的新生代断陷盆地。各盆地周边以断裂为界，分布不连续和不对称的黄土台丘。盆地边缘为洪积扇、洪积倾斜平原，向中心为冲积平原或湖积平原。地势平坦，土地肥沃。地表水、地下水由两侧山区向盆地径流汇聚，为山西省水资源相对丰富的主要开发区。由北而南依次为阳高盆地、大同盆地、忻定盆地、太原盆地、临汾盆地和运城盆地。山西省各盆地面积及海拔见表1-1。

**表1-1　　山西省各盆地面积及海拔**

| 盆地名称 | 分布面积/$km^2$ | 海拔/m | 盆地名称 | 分布面积/$km^2$ | 海拔/m |
|---|---|---|---|---|---|
| 阳高盆地 | 1206 | 1050～990 | 太原盆地 | 4822 | 900～700 |
| 大同盆地 | 6331 | 1200～1000 | 临汾盆地 | 5282 | 600～400 |
| 忻定盆地 | 2853 | 950～700 | 运城盆地 | 6362 | 500～350 |

# 第一节 山西杂粮及经济作物种植情况

世界杂粮在中国，中国杂粮在山西。小杂粮是小宗粮豆作物的俗称，泛指生育期短、种植面积少、种植地区和种植方法特殊、有特种用途的多种粮豆，其特点是小、少、杂、特。小杂粮种类很多，有麦、粟、黍、豆、薯五大类 20 多个品种，主要分布在世界六大洲 30 余个国家和地区，由于我国地处温带和亚热带地域，又是作物起源中心之一，不但杂粮种类多，而且占有份额大。山西省地处黄土高原东部，太行山以西，境内 80%以上是山地丘陵，南北横跨六个纬度，四季分明，雨热同季，属典型的温带大陆性气候。山西是中国农耕文化的发祥地和黄河中游古老的农业区之一，有着悠久的历史和丰富的农产品资源，现存有两万多份国内最大数量的杂粮种质资源样本。由于得天独厚的地理气候优势和资源禀赋，使之成为优质杂粮的"黄金产区"。主要小杂粮作物有荞麦（甜荞、苦荞）、燕麦（莜麦）、谷子、糜子、黍子、高粱、绿豆、小豆、豇豆、芸豆、豌豆、蚕豆等，集中分布在雁门关、太行山、吕梁山等高寒冷凉山区，其种植面积占全省粮食作物总面积的近 1/3。

根据各个试验站试验资料，进行了杂粮及经济作物种类汇总，见表 1-2。

**表 1-2　　山西省杂粮及经济作物种类汇总表**

| 作物分类 | 作 物 名 称 |
|---|---|
| 经济作物 | 油葵、马铃薯、甜菜、棉花、花生、油菜籽、黄花 |
| 杂粮 | 黄豆、黍子、黑豆、红小豆 |
| 水果 | 葡萄、西瓜、苹果 |
| 蔬菜 | 茴子白、西葫芦、南瓜、辣椒、青椒、茄子、番茄、黄瓜、尖椒 |

## 一、农业种植情况

1. 农业种植状况

山西省耕地面积约占全省总面积的 1/4，多在盆地及汾河等河谷地带。按 2013 年统计，全省耕地面积 406.42 万 $hm^2$，占全省总国土面积的 23.6%，人均耕地面积 0.113$hm^2$。其中设计灌溉面积 135.7 万 $hm^2$，有效灌溉面积 138.23 万 $hm^2$。

作物种植结构情况，仍按 2013 年统计，全省粮食作物种植面积占农作物播种总面积的 86.5%，各类经济作物占 11.1%。粮食作物内部结构大致为夏粮播种面积占 19.9%，秋粮占 80.1%。

2. 种植制度分区

代县、河曲一线是冬小麦种植的分界线，该线以北气候寒冷，只能播种耐寒

温型莜麦、马铃薯、蚕豆和胡麻，温度条件只能满足一年一熟热量的要求。大同盆地的种植制度为：①甜菜（4月9日至9月下旬）；②蔬菜（3月下旬至7月、7月下旬至9月16日）。

中部地区可种植特早熟型的棉花等作物，温度条件可满足一年一熟和两年三熟热量的要求。太原盆地的种植制度为：①一年一熟，大秋作物，热量利用不够充分，积温的有效利用率只有52%～80%；②两年三熟，在麦收后接种秋菜、葵花、绿肥等。

南部地区是山西省温度条件最好的地区，可种植喜热的棉花，喜温的油菜、花生等，可施行一年二熟或两年三熟制。两年三熟制是棉麦轮作倒茬的较好形式，积温利用率可达95%。

## 二、杂粮及经济作物种植情况

### 1. 种植业结构概况

山西省种植业历史悠久，并且在农业中一直占有很重要的地位。种植业产值在农业总产值中所占的比重虽然有一些波动，但一直保持了较高的水平。

在种植业内部，粮食作物和经济作物播种面积占农作物总播种面积的比重呈此消彼涨的关系。根据2013年《山西农村年鉴》的统计，作物播种面积如图1-1和图1-2所示，1978—2013年粮食作物播种面积所占比重虽然有波动，且呈缓慢下降的趋势，但一直维持在80%左右，可以认为粮食作物在山西省种植业中一直占有非常重要的地位。1978—2013年经济作物播种面积占农作物总播种面积的比重，大多数年份都在12%左右。

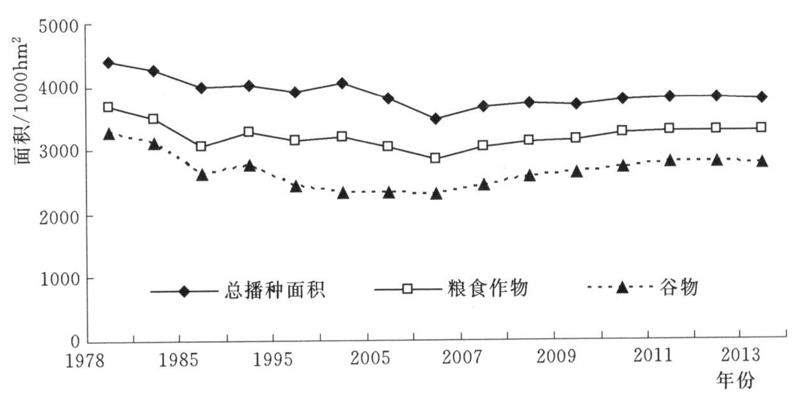


图1-1　山西省粮食作物播种面积变化图（1978—2013年）

山西省粮食作物和经济作物播种面积的比例逐渐缩小，从1978年的84∶12缩小到2000年的79∶21，2000年之后呈现逐渐增大的趋势，2013年比例达到86∶11。从山西省粮食作物和经济作物的产值构成来看，经济作物所占的比重逐

渐增大，1996年为26.2%，到2012年已经上升到52%，主要是由于低值、低效的粮食作物种植比例过大，而主要经济作物收益较好且稳定，说明经济作物在种植业中发挥着越来越重要的作用。

根据2013年《山西农村年鉴》的统计，1978—2013年山西省杂粮作物面积结构变化主要表现为：大豆、薯类所占比重逐年增加，增加幅度较大。薯类、谷子和大豆是三种重要的小杂粮。截至2013年，大豆种植比例占9%，薯类种植比例占6%。

1978—2013年山西省主要经济作物中，根据2013年《山西农村年鉴》的统计，经济作物播种面积如图1-2所示，油料、棉花、麻类和甜菜播种面积占经济作物总播种面积的比重均在下降，但蔬瓜、药材和水果的比重在不断上升，烟叶则是先上升后下降。各种经济作物播种面积比重的变化幅度，无论是上升还是下降，都要大于粮食作物波动幅度。同时，山西省经济作物播种面积构成也在发生变化，虽然油料、水果和蔬瓜一直居前三位，但油料的比重下降了近10%；蔬瓜和水果分别上升了9%和7%；棉花所占比重大幅度下降，截至2013年，棉花所占比重仅为1%。

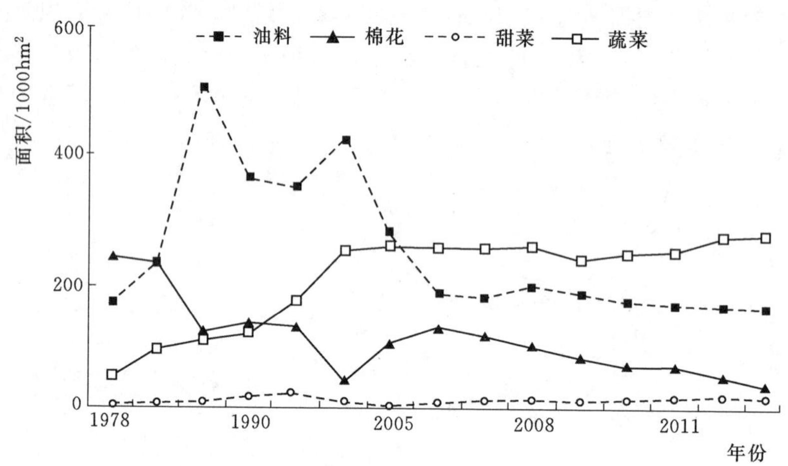


图1-2 山西省经济作物播种面积变化图（1978—2013年）

山西省杂粮和经济作物单位面积产量变化基本呈现波动中缓慢上升的趋势。如图1-3所示，只有薯类和豆类呈现先增后减的趋势，并在2005年时单位面积产量降低到1674kg/hm$^2$、778kg/hm$^2$；烟叶产量在2006年达到最大值4069kg/hm$^2$；豆类、薯类、油料、棉花、麻类、甜菜单位面积产量不断增加，截至2013年，其单位面积产量分别达到961kg/hm$^2$、1891kg/hm$^2$、1387kg/hm$^2$、1307kg/hm$^2$、790kg/hm$^2$、48858kg/hm$^2$。

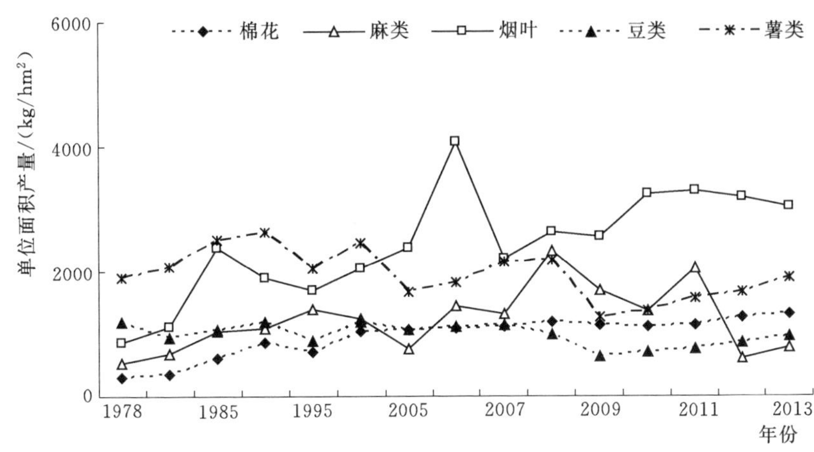


图 1-3 山西省杂粮和经济作物单位面积产量变化图（1978—2013 年）

2. 种植业地区布局概况

（1）主要粮食作物播种面积地区分布。2013 年山西省大豆播种面积地区分布的变化趋势比较分散，吕梁市、晋城市、忻州市的比重较大，分别占到全省大豆播种面积的 17%、12%和 11%。

2013 年薯类虽然在全省各个地区都有种植，但分布主要集中在大同、朔州和忻州三个地区，分别占到全省薯类播种面积的 28%、19%和 12%。

（2）主要经济作物播种面积地区分布。由表 1-3 可知，2013 年山西省棉花种植主要集中在运城地区，占到全省棉花播种面积的 91%，太原、大同、朔州、长治、阳泉和忻州地区没有棉花种植，其他地区只有少量种植。

2013 年山西省油料种植分布比较分散，每个地区或多或少都有种植，但还是主要集中在朔州、忻州和吕梁等几个地区，分别占到全省油料播种面积的 20%、22%和 24%。

山西省蔬菜的地区分布比较分散，每个地区每年都有一定的种植，每个地区的播种面积比例均不超过 25%。虽然全省的蔬菜种植面积每年都有大幅度的提高，但是每个地区所占的比例变化不大。除晋城和阳泉两个地区仅有极少的种植外，其他地区均有一定的种植。2013 年运城、晋中地区的种植比例最大，分别占到全省蔬菜播种面积的 25%、17%；朔州、临汾、太原、大同和长治地区种植比例均在 9%左右。

3. 种植作物生产情况

山西省现有耕地 553876 万亩❶，主要粮食作物有小麦、高粱、玉米、豆类

❶ 1 亩 = $1/15hm^2$。

和薯类；经济作物有棉花、烟叶、甜菜、胡麻、油菜籽等。根据2013年《山西农村年鉴》的统计，山西省主要农作物的播种面积、产量情况详见表1-4。

**表1-3　　山西省杂粮及经济作物地区分布情况（2013年）**　　单位：$hm^2$

| 地　区 | 豆类 | 薯类 | 经　济　作　物 | | | | | |
|---|---|---|---|---|---|---|---|---|
| | 大豆 | 马铃薯 | 油料 | 向日葵 | 棉花 | 药材类 | 蔬菜 | 瓜果类 |
| 太原市 | 4445 | 7030 | 2502 | 1028 | 40 | 830 | 21782 | 283 |
| 大同市 | 11984 | 30421 | 15676 | 3391 | | 2192 | 19276 | 2941 |
| 阳泉市 | 807 | 2097 | 166 | 129 | | 230 | 1598 | 22 |
| 长治市 | 5225 | 10001 | 1485 | 732 | 38 | 2790 | 19440 | 933 |
| 晋城市 | 34478 | 2513 | 2978 | 956 | 261 | 1543 | 6496 | 136 |
| 朔州市 | 11112 | 35357 | 28382 | 2267 | | 414 | 23766 | 8446 |
| 晋中市 | 14584 | 6414 | 3435 | 1095 | 142 | 585 | 40562 | 1460 |
| 运城市 | 11943 | 332 | 11199 | 4314 | 21439 | 15231 | 57611 | 5652 |
| 忻州市 | 21208 | 46554 | 30864 | 4559 | | 666 | 8502 | 2930 |
| 临汾市 | 10694 | 7319 | 10611 | 6396 | 1312 | 5408 | 22567 | 2907 |
| 吕梁市 | 50279 | 44780 | 33023 | 7843 | 207 | 927 | 10698 | 916 |
| 全省 | 176759 | 192818 | 140322 | 32707 | 23439 | 30815 | 232297 | 26626 |

**表1-4　　山西省主要农作物生产情况（2013年）**

| 指　　标 | 播种面积 /$khm^2$ | 总产量 /t | 每公顷产量 /($kg/hm^2$) |
|---|---|---|---|
| 农作物总播种面积 | 3782.44 | | |
| 一、粮食 | 3274.30 | 13128000 | 4009 |
| （一）豆类 | 320.25 | 307700 | 961 |
| 大豆 | 199.48 | 207600 | 1041 |
| 绿豆 | 73.80 | 48200 | 653 |
| 红小豆 | 12.75 | 11300 | 886 |
| （二）薯类 | 190.52 | 360300 | 1891 |
| 马铃薯 | 168.55 | 295800 | 1755 |
| 二、油料 | 140.32 | 194660 | 1387 |
| 花生 | 7.91 | 18000 | 2276 |
| 油菜 | 5.01 | 7200 | 1436 |
| 芝麻 | 3.05 | 3000 | 982 |
| 胡麻 | 59.72 | 70262 | 1177 |

续表

| 指　　标 | 播种面积/$khm^2$ | 总产量/t | 每公顷产量/($kg/hm^2$) |
|---|---|---|---|
| 向日葵 | 32.71 | 53850 | 1646 |
| 三、棉花 | 23.44 | 30634 | 1307 |
| 四、麻类 | 0.07 | 53 | 790 |
| 五、甜菜 | 4.60 | 224571 | 48858 |
| 六、烟叶 | 3.29 | 9994 | 3035 |
| 七、药材 | 30.81 | 295297 | 9584 |
| 八、蔬菜 | 252.77 | 11984947 | 47415 |
| 九、瓜果类 | 26.62 | 808816 | 30384 |

## 第二节 山 西 气 候

山西属中纬度大陆性季风气候。按全国气候带划分，中南部属暖温带，内长城以北属温带。水汽主要来源于太平洋和印度洋。由于受恒山、太行山、中条山及吕梁山环绕、阻隔，使水汽环流受到影响。山西气候特点总的来说是：春季干旱多风，升温快，蒸发强；夏季降水集中，雨热同步；秋季降水骤减，降温迅速；冬季降水稀少，寒冷干燥。四季分明，光热资源比较丰富。水分资源不足，气象灾害多，“十年九旱，旱涝交错”。

### 一、气温

山西气温的分布与变化受地理纬度、太阳辐射和地形等条件的综合影响。气温比同纬度的华北平原偏低。全省绝大部分地区年平均气温为4～13℃，气温稳定在0℃以上的总积温为1000～3000℃，无霜期一般为80～205天。气温、积温与无霜期的分布均呈由南向北、由盆地向山区递减的规律。山西的温度条件，可以满足温带植物正常生长发育的需要。

一年中最低气温出现在1月，为－2～－15℃，极端最低气温为－44.8℃（1958年1月五台山顶）。最高气温出现在7月，为25～33℃，极端最高气温为42.7℃（1966年6月运城）。气温年较差大，一般为29～36℃，最大年较差高达52～66℃。

太阳光能是植物进行光合作用的能量源泉。山西光能资源比较丰富，全年实际日照时数为2200～2950h，日照百分率为51%～67%，年总辐射量（502～607）$\times10^3J/cm^2$。

### 二、降水

山西降水量大部分地区为200～500mm。多年平均降水量（1955—2013年共58年系列均值，下同）为326mm。500mm等雨量线从东北繁峙馒头山到西南石楼县的西山，呈斜交分布。降水量分布呈由东南向西北递减的趋势，但与地形高程有密切关系。山西省典型站点多年平均降雨量如图1-4所示。

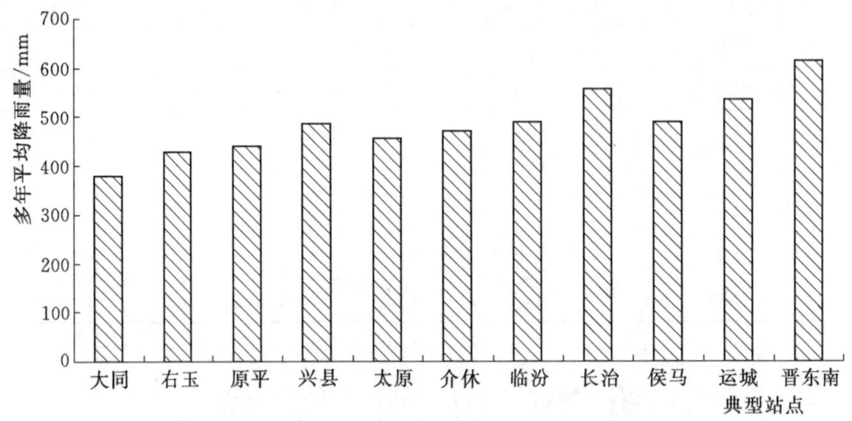


图1-4 山西省典型站点多年平均降雨量图（1955—2013年）

由于夏季风带来的暖湿气流是形成山西省降水的主要水汽来源，6—9月降水量占全年的70%以上，7—8月尤为集中，比重高达50%。降水量年季变化大，最大与最小比值可达3～4倍，且存在连续枯水年情况。表1-5为典型作物代表站多年降雨情况。降水量偏少，时空分布不均是造成山西水资源开发利用困

**表1-5 山西省杂粮及经济作物各站点气象资料汇总表（1955—2013年）**

| 作 物 | 生育期/(月．日) | 降雨量/mm | 日照时数/h | 积温/℃ |
|---|---|---|---|---|
| 大豆 | 6.15—9.30 | 287 | 800 | 1677 |
| 黑豆 | 5.1—9.1 | 300 | 1984 | 1023 |
| 红小豆 | 5.10—10.8 | 350 | 2329 | 1319 |
| 花生 | 5.6—10.1 | 387 | 892 | 2494 |
| 黄豆 | 5.19—9.12 | 314 | 910 | 1863 |
| | 6.23—10.1 | 336 | 405 | 627 |
| 黄花 | 4.10—10.2 | 332 | 1637 | 1828 |
| 马铃薯 | 4.10—9.1 | 278 | 1637 | 1993 |
| | 5.1—10.1 | 392 | 892 | 2439 |
| 黍子 | 6.1—9.25 | 330 | 1637 | 1828 |
| 夏大豆 | 6.18—10.19 | 335 | 1422 | 2500 |
| | 5.20—9.10 | 273 | 937 | 1563 |

难和“十年九旱”的主要原因。

**三、蒸发**

山西省水面蒸发量大致在 900～1300mm。饱和差、风速和温度是影响水面蒸发的主要气候因素。由于省境南北之间气温和饱和差的变化规律相反，南部气温高、饱和差小，北部饱和差大，气温低，两类气候因素对蒸发的影响相互抵消，故省境南北之间，水面蒸发无明显差异。如大于 1300mm 的高值中心，同时存在于晋西北平鲁、神池一带，沿黄河保德、岢岚、兴县、临县一带及运城盆地、中条山以南地区。水面蒸发受地形影响明显，省内芦芽山、关帝山、太岳山为小于 900mm 的低值区，五台山仅 692.4mm，是省内水面蒸发最小区；中部大同、忻定、太原、临汾、运城等诸盆地存在大于 1200mm 的高值区。水面蒸发高值期为 3—5 月，占全年的比重达 35%左右，此时正值少雨和作物播种、生长的需水季节，不利于农作物生长；汛期及汛后（6—11 月）占全年 55%～65%左右；冰期（12 月至次年 2 月）仅占 7%～10%左右。

**四、干旱指数**

干旱指数系多年平均水面蒸发量和多年平均降水量之比值，是反映水分余缺情况的指标。省内干旱指数变化在 1.5～3.0 之间，相当于半湿润区和半干旱区。干旱指数的地区分布由省境东南向西北递增，由盆地向山区递减。晋东南的漳河、卫河、沁河流域干旱指数小于 2.0，晋西北地区则大于 2.5；五台山、关帝山、芦芽山诸山区为小于 1.5 的低值区，而腹部诸盆地则多为大于 2.5 的高值区。

## 第三节　山西水资源与供水概况

山西水资源总量在全国 32 个省（自治区、直辖市）（不含港、澳、台地区）中，除京、津、沪 3 个直辖市外，仅比宁夏回族自治区多。按产水模数，仅比内蒙古、甘肃、宁夏、青海、新疆等省、自治区大。按人均、公顷均计算，山西省人均占有水资源量为 487$m^3$，公顷均仅为 3726$m^3$，相当于全国人均的 20.2%，公顷均的 13.8%。河川径流量是水资源的主要组成部分，以此为基础比较，山西省河川径流量分别为同期全国河川径流量人均 2474$m^3$ 的 17%，公顷均 28320$m^3$ 的 11.0%，世界人均 9360$m^3$ 的 4.5%，公顷均 35295$m^3$ 的 8.8%，因此，山西是我国严重缺水的省份。

（1）山西省区域水资源分布情况。2013 年山西省水资源总量为 106.25 亿 $m^3$，地表水资源总量为 65.9 亿 $m^3$，地下水资源总量为 88.34 亿 $m^3$。由表 1－6 可知，忻州市水资源总量最大，占总水资源量的 17%，晋中市、吕梁市、长治市和晋城市水资源总量较大，分别占总水资源量的 13%、12%、11%和 11%。忻州市地表水资源总量最大，占总地表水资源量的16%，晋中市、吕梁市、长治市和晋城市地表水资源总量较大，分别占总地表水资源量的13%、14%、13%和12%。忻州市地下水资源总量最大，占总地下水资源量的18%，晋中市、吕梁市、长治市、晋城市、临汾市地下水资源总量较大，分别占总地下水资源量的10%、12%、10% 、11%和10%。

表1-6　2013年山西省水资源总量　单位：亿 $m^3$

| 市名 | 水资源总量 | 地表水资源量 | 地下水资源量 | 重复计算量 | 年降水量 |
|---|---|---|---|---|---|
| 太原市 | 5.1 | 1.8 | 4.1 | 0.8 | 34.2 |
| 大同市 | 6.7 | 3.4 | 5.6 | 2.3 | 63.5 |
| 阳泉市 | 3.8 | 4.2 | 3.4 | 3.8 | 24.8 |
| 长治市 | 11.8 | 8.6 | 8.9 | 5.7 | 69.7 |
| 晋城市 | 11.3 | 8.0 | 9.7 | 6.5 | 48.1 |
| 朔州市 | 5.7 | 1.9 | 5.3 | 1.5 | 48.2 |
| 晋中市 | 13.4 | 8.8 | 9.0 | 4.3 | 93.2 |
| 运城市 | 7.3 | 2.6 | 6.8 | 2.1 | 62.8 |
| 忻州市 | 18.2 | 10.6 | 16.1 | 8.5 | 134.9 |
| 临汾市 | 9.8 | 6.8 | 9.0 | 6.1 | 101.2 |
| 吕梁市 | 13.2 | 9.2 | 10.4 | 6.3 | 116.7 |
| 全省 | 106.2 | 65.9 | 88.3 | 48.0 | 797.1 |

（2）山西省农业供水情况。随着工业发展、人民生活水平的提高，大量挤占了农业用水，更加重了农业的缺水程度。全省水利工程总供水量为68.50亿 $m^3$，其中农业灌溉用水为42.12亿 $m^3$，占总供水的61.5%。全省蓄水工程总供水量为14.96亿 $m^3$，其中农业灌溉用水为7.23亿 $m^3$，占总供水的48%；引水工程供用水量为9.90亿 $m^3$，其中农业灌溉用水为7.15亿 $m^3$，占总供水量的72%；机电井工程供水量为34.34亿 $m^3$，其中农业灌溉用水为19.27亿 $m^3$，农业灌溉用水的比例占总用水量的56%；机电泵站工程供水量为9.29亿 $m^3$，其中农业灌溉用水为8.47亿 $m^3$，农业灌溉用水的比例占总用水量的91%。

（3）山西省农业灌溉情况。山西省灌溉面积情况见表1-7，2013年全省灌溉面积为1357.68khm²，有效灌溉面积为1319.06khm²，占全省灌溉面积的97%；旱涝保收面积为699.73khm²，占全省灌溉面积的52%；节水灌溉面积为774.64khm²，占全省灌溉面积的57%。地域分布情况：黄河流域灌溉面积为876.20khm²，占全省灌溉面积的65%；海河流域灌溉面积为481.66khm²，占全省灌溉面积的35%。运城市的灌溉面积最大，灌溉面积为381.54khm²，占全省灌溉面积的28%；晋中市和临汾市灌溉面积占全省灌溉面积的11%；大同市和

忻州市灌溉面积占全省灌溉面积的10%。

**表1-7　　山西省灌溉面积表（2013年）**　　单位：$khm^2$

| 地区 | 灌溉面积 | 有效灌溉面积 | 旱涝保收面积 | 节水灌溉面积 |
|---|---|---|---|---|
| 山西 | 1357.86 | 1319.06 | 699.73 | 774.64 |
| 黄河流域 | 876.20 | 847.33 | 411.39 | 518.43 |
| 海河流域 | 481.66 | 471.73 | 288.34 | 256.21 |
| 太原市 | 52.95 | 48.14 | 30.29 | 25.73 |
| 大同市 | 132.72 | 130.11 | 67.67 | 79.94 |
| 阳泉市 | 8.73 | 8.25 | 4.51 | 5.05 |
| 长治市 | 84.47 | 83.40 | 62.69 | 64.13 |
| 晋城市 | 43.09 | 41.90 | 21.88 | 28.62 |
| 朔州市 | 128.24 | 123.68 | 81.81 | 60.69 |
| 晋中市 | 146.76 | 144.46 | 63.84 | 88.58 |
| 运城市 | 381.54 | 377.94 | 149.04 | 204.67 |
| 忻州市 | 132.04 | 129.58 | 72.48 | 44.51 |
| 临汾市 | 147.76 | 140.11 | 82.99 | 105.15 |
| 吕梁市 | 99.56 | 91.49 | 62.52 | 67.57 |

# 第二章　杂粮及经济作物需水量与灌溉制度试验

## 第一节　灌溉试验基本概况

搞好农田灌溉节水工作是缓解山西省水资源紧缺的主要措施。全社会要建立一个节水型的社会供用水体系。农田灌溉建立一套适应本省特点的节水型农业灌溉体系，是山西省灌溉试验工作的主要任务和目标。

### 一、灌溉试验站网分布

山西省的灌溉试验，20 世纪 50 年代曾在临汾、晋中、忻定 3 个盆地建立了 3 个中心试验站，8 个灌区结合本灌区灌溉工作的需要也成立了灌区试验站，开展了各种主要作物需水量与灌溉制度试验。后来因种种原因这些试验站都相继撤销，工作中断。1978 年恢复了该项工作，全省一些灌区陆续成立了灌溉试验站，全省灌溉试验站到 1981 年最多时曾达到 50 余个。1987 年后，经过调整、充实，全省灌溉试验站基本稳定在 20 个左右，截至目前，全省保留灌溉试验站 17 个，具体如下：

大同盆地：神溪、浑源、御河试验站。

忻定盆地：滹沱河、阳武河、小良河试验站。

太原盆地：汾管局、潇河、文峪河试验站。

上党盆地：漳北试验站。

临汾盆地：汾西灌区、利民、霍泉试验站。

运城盆地：小樊、夹马口、红旗、鼓水试验站。

各试验站试验场地基本情况，见表 2－1。

### 二、历年开展的试验研究项目

全省灌溉试验主要针对灌水定额、灌水次数和灌水时间开展试验，试验方法以田测为主。在试验过程中尽量做到使各个处理的试验条件保持一致，以相同的耕种施肥标准进行试验，保证试验的准确性。

本研究主要采用 2000 年以来全省开展的杂粮作物（各种豆类）、经济作物（如马铃薯、花生、油葵等）及蔬菜（如尖椒、番茄等）作物灌溉需水量和节水灌溉制度研究资料等，具体情况见表 2－2。

表 2-1　　山西省灌溉试验站试验场地基本情况表

| 地区 | 所在县（市） | 站名 | 试验站位置 | | | 土壤质地 | 田间持水量（占干土重比）/% | 容重/(g/cm³) | 孔隙率/% | 土壤肥力 | | | 地下水位/m | 无霜期/d |
|---|---|---|---|---|---|---|---|---|---|---|---|---|---|---|
| | | | 经度 | 纬度 | 海拔/m | | | | | 有机质/% | 含氮量/% | 速效磷/ppm | | |
| 运城 | 临猗 | 夹马口 | 110°43′ | 35°09′ | 406 | 壤土 | 21.9 | 1.34 | 47 | 0.60 | 0.05 | 43 | 33 | 210 |
| | 平陆 | 红旗 | 111°12′ | 34°51′ | 360 | 壤土 | 22.0 | 1.41 | 46 | 0.70 | 0.07 | 4 | 100 | 200 |
| | 新绛 | 鼓水 | 111°13′ | 35°37′ | 447 | 壤土 | 23.5 | 1.35 | 51 | | | | 17 | 201 |
| 临汾 | 临汾 | 汾西 | 111°43′ | 35°42′ | 449 | 中壤 | 26.5 | 1.42 | 47 | 3.20 | 0.10 | 27 | 2 | 191 |
| | 翼城 | 利民 | 111°30′ | 36°04′ | 576 | 中壤 | 23.3 | 1.41 | 47 | 1.74 | 0.08 | 15 | 7 | 210 |
| | 洪洞 | 霍泉 | 111°40′ | 36°10′ | 462 | 轻壤 | 24.6 | 1.46 | 45 | 1.46 | | | 4 | 189 |
| 晋中 | 榆次 | 潇河 | 112°36′ | 37°22′ | 787 | 中壤 | 27.1 | 1.4 | 46 | 1.34 | | | 8 | 156 |
| 吕梁 | 文水 | 汾管局 | 112°02′ | 37°04′ | 749 | 中壤 | 27.7 | 1.4 | 48 | 1.26 | | | 5～6 | 160 |
| | 文水 | 文峪河 | 112°03′ | 37°27′ | 760 | 中壤 | 23.4 | 1.47 | 46 | | | | 33 | 160 |
| 晋东南 | 黎城 | 漳北渠 | 113°23′ | 36°31′ | 753 | 中壤 | 23.5 | 1.38 | 47 | 1.23 | 0.76 | 20 | 30 | 170 |
| 大同 | 大同 | 御河 | 113°20′ | 40°06′ | 1066 | 砂壤 | 22.5 | 1.50 | 49 | 1.30 | 0.06 | 4.9 | 6 | 130 |

**表 2-2　　各试验站试验观测项目统计表**

| 站　名 | 年份 | 观　测　项　目 | 处理数 | 降水量/mm | 蒸发量/mm |
|---|---|---|---|---|---|
| 朔州市镇子梁水库管理局 | 2004 | 西瓜套黑豆：土壤水分状况；灌水情况及棵间蒸发表；耗水情况；生长期间气候要素；生育期记录；黑豆考种表；西瓜收获情况 | 5 | 340.2 | 472.0 |
| | 2006 | 西瓜套黑豆：土壤水分状况；灌水情况及棵间蒸发表；耗水情况；生长期间气候要素；生育期记录；黑豆考种表；西瓜收获情况 | 5 | 320.2 | 462.8 |
| | 2009 | 马铃薯：试区基本情况；气象条件；灌水情况；生育阶段耗水量 | 6 | 207.9 | 515.6 |
| 运城市夹马口试验站 | 2008 | 棉花：试验区基本情况；灌水情况；耕作情况；生育阶段调查；不同发育阶段气象因素；生长期灌水情况；耗水量统计；植株生长考种表；土壤水分情况 | 6 | 341.3 | 745.7 |
| 新绛县鼓水灌区试验站 | 2004 | 油葵：试验区基本情况；生育期气象要素；试验成果表；考种表；土壤水分情况；耗水量计算结果表 | 5 | 206.1 | 332.1 |
| | 2005 | 油葵：试验区基本情况；气象要素统计；试验成果表；生长考种表；耗水量计算 | 5 | 191.1 | 358.4 |
| 平陆县红旗灌区 | 2002 | 油葵：农业措施记载；考种统计表；气象要素统计；阶段耗水统计；灌溉试验成果 | 4 | 99.8 | 395.1 |
| | 2003 | 油葵：灌水情况；农业措施记载；考种表；气象要素统计；阶段耗水统计；灌溉试验成果 | 5 | 409.0 | 356.9 |
| | 2004 | 油葵：基本情况；试验经过；气象要素；成果分析；结论 | 6 | 307.3 | 498.4 |
| | 2005 | 油葵：灌溉试验设计；农业措施记载；考种表；气象要素统计；阶段耗水统计灌溉试验成果 | 6 | 141.1 | 376.3 |
| 临汾市汾西水利管理局试验站 | 2002 | 油葵：基本情况；设计处理；实验结果 | 7 | 220.0 | 361.0 |
| | 2003 | 油葵：降雨量；蒸发量；灌水量；基本苗数；株高；盘粒数；千粒重；小区产量；亩产量 | 5 | 445.4 | 308.2 |
| | 2004 | 油葵：大田耗水资料计算；考种表；生育阶段耗水量 | 5 | 303.5 | 334.4 |
| | 2005 | 油葵：株高；盘径；盘粒数；单盘重；千粒重；小区产量；亩产量 | 5 | 277.8 | 368.8 |
| | 2008 | 黄豆：试验区基本情况；试验处理设计；田间耕作管理；生育期内气象条件；灌水情况；土壤水分观测；考种表 | 6 | 171.2 | 437.3 |
| | 2008 | 夏大豆：试验区的基本情况；田间操作处理；夏大豆生育期内的气象条件；灌水情况；土壤水分测定；叶面积指数观测和考种测产，结果分析 | 7 | 408.0 | 385.1 |

续表

| 站　名 | 年份 | 观　测　项　目 | 处理数 | 降水量/mm | 蒸发量/mm |
|---|---|---|---|---|---|
| 冀城县利民试验站 | 2007 | 油葵：田间耕作管理；生育期记录；生育气象因素统计；灌溉情况；考种表；耗水量；需水量试验土壤水分 | 6 | 395.6 | 288.2 |
|  | 2007 | 辣椒：生育期记录；田间耕作管理；生育气象统计；耗水量情况；需水量土壤水分；考种表；灌溉情况 | 6 | 539.1 | 539.6 |
|  | 2010 | 大豆：亩株数；株高；单株产量；理论产量；实际产量 | 6 | 171.6 | 351.2 |
| 文峪河水利管理局灌溉试验站 | 2003 | 油葵：试验区气象因素；灌水计算表；产量与生长动态、考种观测表；耗水资料统计；土壤水分 | 6 | 314.0 | 257.6 |
|  | 2004 | 油葵：试验田的基本情况；实验设计处理和灌溉制度设计；灌水定额和土壤水分状况；气象因素与生长状况；作物需水量、产量和效益分析 | 6 | 305.0 | 311.4 |
|  | 2006 | 黄豆：试验区基本情况；农业措施管理；气象因素统计；灌水情况；土壤水分情况；耗水量计算；生育期记录；考种表 | 6 | 287.8 | 318.2 |
|  | 2009 | 黄豆：试验地段基本情况；设计处理安排；农业措施管理；灌水情况；气象因素统计；耗水量计算；生育期调查；考种表 | 6 | 185.8 | 673.4 |
| 洪洞县霍泉水利管理处灌溉试验站 | 2008 | 黄豆：气象状况；田间耕作管理；需水量与需水规律；生长动态变化规律；灌水情况；耗水量与产量 | 5 | 131.0 | 437.3 |
| 忻州市滹沱河试验站 | 2007 | 黄豆：灌水情况；生育期气象因素统计；生育期记录；生育阶段耗水量表；田间管理记录；土壤水分情况 | 6 | 311.1 | 498.3 |
|  | 2008 | 黄豆：实验区基本情况；处理设计；田间操作管理；气象条件；考种测产 | 6 | 385.6 | 456.1 |
| 潇河水利管理局灌溉试验站 | 2002 | 红小豆：试验田基本概况；田间耕作管理；气象因素统计；土壤水分情况；生育阶段调查；植株生长及产量结构表 | 6 | 338.9 | 438.8 |
|  | 2003 | 红小豆：土壤水分情况；耗水量表；生育阶段调查；灌溉试验成果表；植株生长及产量结构表 | 5 | 393.0 | 439.2 |
|  | 2004 | 红小豆：试验田基本情况；实验设计处理；田间耕作管理；田间观测调查；土壤水分测定及灌溉量水；气象条件观测 | 5 | 199.9 | 526.1 |

续表

| 站 名 | 年份 | 观 测 项 目 | 处理数 | 降水量/mm | 蒸发量/mm |
|---|---|---|---|---|---|
| 潇河水利管理局灌溉试验站 | 2005 | 红小豆：试验田基本情况；实验设计处理；田间耕作管理；田间观测调查；土壤水分测定及灌溉量水；气象条件观测 | 5 | 257.7 | 549.7 |
| | 2008 | 黑豆：试验区基本情况；田间耕作管理；气象因素统计；土壤水分情况；耗水量情况；生育阶段调查；植株生长及产量结构表；灌水情况 | 5 | 164.4 | 490.4 |
| 大同市御河灌溉试验站 | 2002 | 马铃薯：实验区的基本情况；试验方法与处理设计；耕作管理；结果分析 | 4 | 241.0 | 578.5 |
| | 2004 | 马铃薯：生育期记录；考种表；土壤水分情况；灌水情况 | 4 | 243.0 | 571.7 |
| | 2004 | 黄花：生育期记录；考种表；灌水情况；土壤水分情况 | 4 | 341.0 | 647.0 |
| | 2004 | 黍子：生育期记录；各小区叶面积指数；作物耗水过程；全生育期用水状况；收获后考种 | 12 | 267.0 | 400.0 |
| | 2005 | 黄花：生育期记录；考种表；灌水情况；土壤水分情况；生育期耗水量；土壤含水率 | 4 | 497.0 | 703.8 |
| | 2006 | 黍子：试验场地基础数据；气象数据观测；土壤含水量测定；灌水情况；生育进程调查；考种表；不同生育阶段耗水表 | 6 | 152.5 | 388.2 |
| | 2008 | 马铃薯：试验区基本情况；处理设计；田间操作管理；灌水方法；土壤含水测定；生育阶段耗水量；考种测产表 | 6 | 183.5 | 579.0 |
| 山西省中心试验站 | 2005 | 大豆：实验区的基本情况；实验处理设计；田间操作管理；大豆生育期内气象条件；灌水方法；土壤水分观测；大豆叶面积和考种测产；结果与分析 | 7 | 210.0 | 381.9 |
| 临县湫水河灌溉试验站 | 2004 | 马铃薯：试验场地基础数据；气象数据观测；土壤含水量及作物耗水量测定；棵间蒸发量测定；马铃薯生长发育进程调查；马铃薯群体密度、株高、叶面积指数的调查；马铃薯水分生理指标观测；马铃薯产量构成因子的调查 | 12 | 501.3 | 539.2 |
| | | 花生：试验场地基础数据；气象数据观测；土壤含水量及作物耗水量测定；棵间蒸发量测定；花生生长发育进程调查；花生水分生理指标观测；花生产量构成因子的调查 | 12 | 501.3 | 539.2 |

续表

| 站　名 | 年份 | 观　测　项　目 | 处理数 | 降水量 /mm | 蒸发量 /mm |
|---|---|---|---|---|---|
| 临县湫水河灌溉试验站 | 2005 | 夏大豆：试验田基本情况；处理设计；机后条件；土壤水分测定；田间观测调查；田间栽培管理；试验田灌水 | 12 | 173.8 | 201.2 |
| | 2006 | 花生：试验场地基础数据；气象数据观测；土壤含水量及作物耗水量测定；棵间蒸发量测定；花生生长发育进程调查；花生水分生理指标观测；花生产量构成因子的调查 | 7 | 370.0 | 526.6 |
| | 2006 | 马铃薯：试验场地基础数据；气象数据观测；土壤含水量及作物耗水量测定；棵间蒸发量测定；马铃薯生长发育进程调查；马铃薯水分生理指标观测；马铃薯产量构成因子的调查 | 7 | 370.0 | 542.7 |
| | 2008 | 花生：试验场地基础数据；气象数据观测；土壤含水量及作物耗水量测定；棵间蒸发量测定；生育期记录；水分生理指标观测；产量构成因子的调查 | 7 | 346.8 | 524.8 |

# 第二节　杂粮及经济作物需水量试验

## 一、需水量的概念

作物需水量系指作物在适宜的土壤水分和肥力水平下，经过正常生长发育，获得高产时的植株蒸腾、棵间蒸发以及构成植株体的水量之和。由于构成植株体的水量与蒸腾及棵间蒸发相比其量很小，一般小于它们之和的1%，可忽略不计，即在实际计算中认为作物需水量在数量上就等于高产水平条件下的植株蒸腾量与棵间蒸发量之和。植株蒸腾量与棵间蒸发量之和称为蒸发蒸腾量，也有人称此为腾发量、蒸散发量或农田总蒸发量。作物需水量的单位一般以某时段或作物全生育期所消耗的水层深度（mm）或单位面积上的水量（$m^3$/亩）表示。

与作物需水量相关的几个概念有作物耗水量，作物最大耗水量，及灌溉需水量等。作物耗水量是指作物在任一土壤水分条件下的植株蒸腾量、棵间蒸发量以及构成植株体的水量之和。作物需水量应是作物根系层土壤水分达到适宜作物生长，即不影响作物生长时的作物耗水量，也有人沿用作物耗水量的概念，而把适宜供水使作物达到最大产量时的作物耗水量称为最大耗水量，在这一意义上作物最大耗水量也就是作物需水量。

当灌溉供水（包括降水）过量时，超过作物根系层土壤最大持水量时即产生深层渗漏，甚至即使不超过田间最大持水量，但作物根系层土壤水分长期处于高水分状态也会产生水分向深层的运移，这部分超过作物根系最大吸水深度的水量，对于当季旱作物而言是无效水量，称为深层渗漏损失量。

灌溉需水量是指必须通过灌溉补充的水量，应等于作物需水量减去降水量、土壤中可利用的贮水量和地下水补给量的差值。此外，还应该包括一些特殊目的的灌溉需水量，如冲洗盐碱用的淋洗灌溉量；为避免干热风，改善作物生长的农田水气环境的灌溉水量；再如为防霜冻和便于耕作，以及创造良好农田生态环境等方面所需要的水量。灌溉需水量一般应根据农田水量平衡方程来估算。

## 二、需水量的影响因素

作物需水量是作物蒸腾和棵间土壤蒸发量之和，是环境气候作用和作物自身生理作用的综合结果。根据大量灌溉试验资料分析，作物需水量的大小与气象条件（辐射、温度、日照、湿度、风速）、土壤水分状况、作物种类及其生长发育阶段、农业技术措施、灌溉排水措施等有关。这些因素对需水量的影响是相互联系的，也是错综复杂的。

### 1. 气象因素对作物需水量的影响

太阳辐射是作物蒸发蒸腾所需能量的唯一来源。太阳辐射能越高，作物蒸发蒸腾速率越大。据分析，作物需水量与太阳辐射量的大小成一定的比例关系。但是，当太阳辐射太强时，会产生气孔关闭，叶面蒸腾减小，从而使整个作物需水量减小。因此，作物需水量与太阳辐射密切相关，所以多数作物需水量计算公式都以太阳辐射为参数，或者以作物需水量与太阳辐射关系为基础，建立作物需水量与气温、日照之间的关系。

太阳辐射能的大小及其变化，可用气温来衡量，因而气温也影响土壤蒸发和作物蒸发蒸腾。空气湿度和风速对作物需水量的影响，是通过对叶面和大气之间的水汽压差的影响而起作用的。根据道尔顿（Dolton，1802）定律，空气湿度较低，则叶面和大气之间水汽压差较大，叶气之间的蒸发加快，即蒸发蒸腾量加大。空气湿度越高（饱和差小，相对湿度高），则叶面和大气之间的水汽压梯度越小，则蒸发蒸腾减慢。从势能的观点出发，空气湿度越高，空气的水势越高，则叶气间的水势差小，蒸发蒸腾减小。作物需水量与空气的饱和差成正比。

风有助于加快水汽扩散、减小水汽扩散阻力。根据水汽扩散理论可知水汽扩散阻力与风速成反比，风速越大，水汽扩散阻力越小，从而促进蒸腾。在一定范围内，蒸发蒸腾量的增减与风速的 0.5～1 次方成正比，但在一定限度以上时，可使气孔开度减小，使蒸腾量减小，甚至强风会使气孔关闭而停止蒸腾。

### 2. 土壤水分状况对作物需水量的影响

土壤含水量是影响杂粮及经济作物需水量的主要因素之一，当土壤含水量降

低时，发生土壤水分亏缺，土壤中毛管传导度减小，植物根系的吸水速率降低，引起含水量减小，保卫细胞失水收缩，气孔开度减小，经过气孔的扩散阻力增加，导致作物叶面蒸腾强度低于无水分亏缺时的蒸腾强度。在降水或灌溉之后，土壤水分不断蒸发，表层土壤不断干燥，造成棵间土壤蒸发减小。因此，作物需水量也会随土壤含水量的增加而变化。在降水和灌溉后的 2～3 天内，表层土壤湿润，作物需水量明显变大。据有关试验结果证明作物需水量在一定的范围内随土壤含水量的增加而增大。

3. 生物学特性对作物需水量的影响

生物学特性对作物需水量的影响表现在两个方面：一方面，由于作物自身生物学特性，同一品种的作物，在不同的生育阶段其需水量不同，多数作物都表现为生长的前期需水量小，中期需水量加大，到生长的盛期其需水量达到最大，后期需水量又开始减小；另一方面表现为不同作物间作物需水量差异较大，主要表现在 $C_3$ 和 $C_4$ 两类植物间耗水量的差异。其中棉花、大豆等 $C_3$ 植物的蒸腾系数大致大于黍、谷子、高粱等 $C_4$ 植物，见表 2－3。

**表 2－3　　不同种类作物的蒸腾系数**

| $C_3$ 植物 | | $C_4$ 植物 | |
|---|---|---|---|
| 作物名称 | 蒸腾系数 | 作物名称 | 蒸腾系数 |
| 棉花 | 646 | 黍 | 293 |
| 大豆 | 744 | 谷子 | 310 |
| | | 高粱 | 322 |
| 平均 | 695 | 平均 | 308 |

4. 农业技术措施对作物需水量的影响

农业技术措施间接影响作物需水量的变化。播种密度大，施肥多，会影响作物叶面积的大小和株高的变化，从而间接影响需水量的大小。因为冠层荫蔽状况不同，会引起能量平衡方程中各收支项的变化，从而影响需水量的大小。另一方面，植株长势不同与株体高度不同，会引起空气边界层阻力的变化，从而引起蒸发蒸腾量的变化。不同的耕作方式也会影响需水量的大小，灌水或降雨后通过耕、耙、锄、压等一整套保墒技术会减小棵间蒸发的水量，从而提高作物水分利用效率，即在相同的产量水平下降低其需水量。通过秸秆或薄膜覆盖等措施也会降低其需水量值。

5. 灌溉排水措施对作物需水量的影响

灌溉排水措施只对作物需水量产生间接影响，或者通过改变土壤含水量，或者通过改变农田小气候，以至于作物生长状况来引起作物需水量的变化。一般情况下，地面灌溉方法下的作物蒸发蒸腾量大于渗灌、滴灌和沟灌条件下的蒸发蒸腾量。

## 三、需水量的试验方法

根据需水量的定义，作物需水量试验是寻找获得最佳产量（或最大收益）下的作物耗水量。通过设定不同生育期、不同灌溉水量的试验方案，计算每种方案的耗水量，最高产量下的耗水量即当地当年的作物需水量，本研究主要通过分析试验资料确定作物需水量。

### （一）田间灌溉试验

田间灌溉试验简称灌溉试验，是介于水利科学研究和农业科学试验中间的一门试验科学。它联结这两门科学，解决水利为农业服务中存在的一些理论和生产问题。它与水利研究和农业试验的不同点在于水利研究不涉及生物学，纯属土木工程范畴，农业试验纯属生物学领域，不过问土木工程内容；而灌溉试验则是研究不同的灌溉方法和方案在农业上产生的经济效益和社会效益，获取水利工程规划、设计、管理所需要的依据参数及指导理论。所以，灌溉试验既有工程性质又具有生物试验的内容。

灌溉试验是既包括水因子的单因子试验，也包括研究水、肥、土、种等诸多交互作用的多因子试验。

#### 1. 单因子试验

对试验中的一两个因素做试验处理，而其他条件均一致。灌溉试验大部分属于单因子试验，只对水因素作处理。如作物适宜土壤水分试验，只试验不同土壤水分对作物的影响；灌溉制度试验只研究不同灌水量的增产效应；需水临界期试验是研究作物对水分最敏感生育阶段；不同灌水方法对比试验只对比喷、滴、渗、地面灌水等灌水技术效果。单因子试验要求非处理因素最大限度的一致。单因子试验简单明了、便于分析，是灌溉试验中最常用的方法。

#### 2. 多因子试验

对试验中两个或两个以上因素采取试验处理，其他条件一致。多因子试验在灌溉试验中常用在水因子的不同条件上。例如，在小麦灌溉制度试验中可同时对灌水时期和灌水定额作不同处理，灌水时期可有苗期、拔节、抽穗、灌浆等不同处理，这样两个因素可组成一个正交试验，这就是多因子试验。又如，水肥关系试验中，在上例中再加上追肥量的处理，就形成了 4×3 的正交试验，其试验结果会给出，最优产量是发生在什么时间灌多少水及施多少肥。

灌水试验虽然就水因素本身是单因子，但在水的施用方法、时间、水量、水质、水温、含沙量、含肥（盐）等很多方面也构成了水因素自身的多因子。所以，多因子试验在灌溉试验中被广泛应用。

#### 3. 综合性试验

综合性试验属于多因子试验的范畴，但它又区别于多因子测验，综合性试验

是几个试验因素组合成不同的处理，每个处理有不同因素，按优选法根据生产中已初步鉴别较好的配套组合在一起，把处理减少到最低数量。在灌溉制度试验中这是一种较有效的方法，可以将群众的丰产灌溉经验同科学用水的指标结合编制处理，以寻找最优的灌溉制度。

另外，灌溉试验还可以按试验的期限分为一年和多年两种试验，例如，需水量试验须坚持多年甚至十几年，而灌水定额试验可在一年内得到成果。按试验布点分为一点和多点试验，如研究区域性的需水量等值线图则需要多点联合试验。按试验小区的大小分，又可分为小区和大区试验，大区试验多用于中间试验或推广试验。

（二）田间灌溉试验的基本要求

1. 对试验场地的要求

试验场内的气象、地形、地貌、土壤、水文地质和农业生产等方面的条件，应具有较好的代表性。试验场不宜靠近水库、大沟、大渠、河道、湖泊、铁路、公路、高大建筑物以及对试验有影响的工厂和污染源。试验田的周围如有房屋、围墙、树林等物障，则试验田与其距离应大于物障高度的 5 倍。

试验场区域内的地面宜平坦，试验田的土壤结构及其肥力应均匀一致。试验场建设如需平整土地，应不扰乱原有土壤结构。试验站的道路布置应满足生产、生活、田间管理和观测记载的需要。

2. 对试验区规划的要求

应根据试验场地总面积、土壤肥力分布状况，并结合试验的设计任务，统一规划试验小区。试验小区规划包括各项试验的试区布置，每个试区的小区排列，保护区、隔离区的布置，渠道、沟道及附属建筑物的布置，并应绘出田间规划布置平面图。

在同一重复试区内，各处理试验小区的形状、方向、面积应一致。每个试区的面积应根据试验项目、作物种类、试验地总面积和土壤肥力差异程度以及处理数和重复数等因素来确定。对于作物蒸发蒸腾量、灌溉制度、作物水分生产函数、劣质水安全利用、灌溉方法、灌水技术和灌溉效益试验，低矮或种植密度大的作物每个试验小区面积应大于 $60m^2$，植株高大或种植密度小的作物每个试验小区面积应大于 $130m^2$，中间示范性试验每个试区的面积宜大于 $300m^2$。灌溉方法试验中若有喷灌，其试区面积应根据喷头类型和组合方式确定：采用摇臂式喷头，试区面积应大于 $300m^2$；采用折射式喷头，试区面积应大于 $60m^2$。设施农业条件下的灌溉试验，应结合温室或大棚内的小气候条件和栽培管理要求等安排试区，小区面积可适当减小。

对于矩形试验小区，其长边应顺着土壤差异（肥力差异、潜水、坡度等）大的方向。布设小区时应使同一重复试区内各处理小区之间的自然条件差异最小。

小区排列应有利于消减土壤差异带来的误差，宜采用随机排列、随机区组排列或拉丁方排列，不应采用顺序排列和集中排列。

整个试验区中与小区长边平行的两端应设保护区，每一保护区的宽度不宜小于小区宽度的一半。与小区短边方向平行的两端应设保护带，宽度宜为1～2m。保护区中应安排与相邻小区同样的处理，保护带的处理应与所在的小区相同。保护区、保护带不计入试区面积。对于旱作，当田埂防渗条件差时，应在每两个小区之间设置1～2m宽的隔离带。喷灌试验各小区之间以及喷灌与其他灌溉方法的试区之间，应设置隔离区，其宽度的确定应使相邻小区的喷洒水滴不发生相互交叉。隔离带及隔离区中种植与试验区内相同的作物，但不计入试验区面积。

试验区的灌溉渠道（管道）与排水沟道（管道）应分开布设。

（三）杂粮及经济作物需水量的测定与计算

采用田测法测定杂粮及经济作物需水量。田测法就是直接在大田内观测水量平衡各要素，而后用水量平衡法计算确定作物需水量。田测法成本低，作物代表性好，但易受环境条件，特别是降水过程的影响，试验结果的理性程度难于控制，有时精度及准确性也无法保证。无法测定作物的日需水量，只能确定较长时段内的作物需水量数值。

（1）观测。田测法是在试验小区中直接测定作物需水量。每个田测小区的面积不小于60m$^2$，小区边界做隔水处理，采用黏土夯实的田埂，或用防水材料（砖、混凝土板等）作田埂。小区若用渠沟灌水、排水，则安设三角堰量水，若管道灌水或排水，则安水表量水。

用取土法或中子土壤湿度计测定土壤含水量，每个小区内选2～3个测点，测定深度由地表至耗水层底部止，测定时期为5～10日，或更短时间。用取土法时，取土层次及前后两次取土点的距离从地表至土层底，按土壤层次每10～20cm一层取样，前后两次取土点的水平距离为40～50cm，每次取土后用土将取土孔回填密实。

（2）需水量用下式计算：

$$ET_{1-2}=10\sum_{i=1}^{n}\gamma_i H_i(\theta_{i1}-\theta_{i2})+M+P+K-C \qquad (2-1)$$

式中：$ET_{1-2}$为某时段内的作物需水量，mm；$i$为土壤层次序号；$\theta_{i1}$、$\theta_{i2}$分别为第$i$土层时段始、末土壤的平均含水量，%；$H_i$为第$i$层土壤的深度，mm；$\gamma_i$为第$i$土层土壤的容重，t/m$^3$；$M$为时段内的灌水量，mm；$P$为时段内的降雨量，mm；$K$为时段内的地下水补给量，mm；$C$为时段内的排水量（地表排水与下层排水之和），mm。

由于土壤水势作用，地下水埋深较浅时，地下水将向根系层运移，使根系层土壤水分增大，而且使根系层土壤水分变化幅度变小，从而使实际的作物蒸发蒸腾量增大，但用式（2－1）计算的作物蒸发蒸腾量却较实际的作物蒸发蒸腾量小。因此，在地下水埋深较大，不受地下水补给量影响的农田才适宜采用田测法。这种条件下，无需测计地下水补给量。在地下水埋深较浅时，应采用有底测坑测定作物需水量。

有效降雨与地下水利用量可用专门的仪器设施测定。在地下水埋深大于3～5m的地区，地下水利用量可以忽略不计，无须专门测定。

（3）其他观测项目及观测方法。

1）土壤水分物理参数的测定。田间持水量测定：用同心圆铁环或在田间围土埂灌水后观测，也可取土样用离心机或压力薄膜仪测定。

土壤容重测定：直接在大田或测坑内取土样测量土壤容重，一般按土壤剖面发生层次确定取土层次，深度以覆盖含水量计算层次为准，一般需要达1.5～2m。

2）土壤化学性质或肥力条件测定。通常需要测定土壤含盐量以及 $N$、$P$、$K$ 及有机质含量。

3）气象要素测定。根据规范要求测定有关气象要素。

4）土壤含水量测定。可用钻土取样，或中子仪、TRIME等专用仪器分层测定土壤含水量，一般分为0～20mm、20～40mm、40～60mm、60～80mm、80～100mm等层次测定，深度为1.0m。视需要可加深到1.5m或2.0m。

5）灌水量测定。一般通过在供水管道上安装水表测定灌水量。采用田间测法通过渠道供水时，可用量水堰等设施进行测量。

6）其他测定项目。其他测定的一些项目还包括作物生育期、生长情况、产量及产量构成、棵间蒸发量、有效降雨量及地下水利用量等。

## 四、灌溉制度试验

### （一）灌溉制度的概念

灌溉制度是灌溉工程规划设计的基础，是已建成灌区编制合理用水计划和拟建灌区规划设计的重要依据，关系到灌区内作物产量（效益）和品质的提高，及灌区水土资源的充分利用和灌溉工程设施效益的发挥。

灌溉制度是指某一作物在一定的气候、土壤等自然条件和一定的农业技术措施下，为了获得稳定高产，所制定的一整套向农田灌水的方案，包括作物播种前及全生育期内的灌水次数、每次灌水的灌水时间、灌水定额以及灌溉定额等四项内容。

灌水定额是指一次灌水单位面积上的灌水量，作物全生育期内各次灌水定额之和称为灌溉定额，常以 $m^3/hm^2$ 或mm水深表示。农作物在整个生育期中实施灌溉的次数即为灌水次数。每次灌水的时间即为灌水时间，灌水时间以作物生育期或年、月、日表示。

作物灌溉制度随作物种类、品种、自然条件及农业技术措施的不同而变化。制订灌溉制度的主要依据之一是降雨量，另一个基本依据是作物需水量。由于降雨量在年内、年际的分布不同，所以同一种作物在不同水文年有不同的灌溉制度。根据拟建灌区规划设计或已建灌区管理工作的需要，灌溉制度一般都需要在灌水季节之前加以确定，一定程度上带有预测性质，因此，必须以作物需水规律和气象条件（特别是降水）为主要依据，从当地具体条件出发，针对不同水文年份，拟定湿润年（频率为25%）、一般年（频率为50 %）、干旱年（频率为75%）及特旱年（频率为95%）四种类型的灌溉制度。一般在灌溉工程规划、设计中多采用干旱年的灌溉制度作为设计标准。

（二）灌溉制度的试验方法

我国是一个受季风影响的国家，除西北降水小于500mm的灌溉农业区外，我国大部分地区由于季风气候的影响，降水呈单峰形分布，变率很大，长江以北大部分属于补偿灌溉农业。不同水文年作物灌溉制度不同，灌溉试验需要给出适合不同水文年的灌溉制度，供灌溉管理部门制定用水计划参考，以此向上级管理部门、向流域单位提出用水计划申请。

灌溉制度试验一般采用田间对比试验的方法，把不同的灌溉处理（灌水量、灌水时间、灌水次数的不同组合）配置在不同的田间小区实施，通过对作物生长状况、产量、需水量的资料分析，比较不同组合的优劣确定合理的节水、高产的灌溉制度。在考虑灌溉处理时，结合当地农业生产实际情况、生产水平进行适当配置，并以当地通用的措施作为对照。

旱作物灌溉制度试验以田间小区试验为主。与需水量试验一样，小区周边应当有足够宽度的保护区，保护区的作物与试验小区的一致，农事管理等与试验处理区同时进行。

1. 土壤计划层深度调查研究

土壤计划层深度是计算灌溉水定额重要参数，不同作物、不同生育期的计划层深度不相同，要通过作物不同生育期的根系群分布进行观测分析确定，一般分不同层次：用占植物最大根深百分比 0～20%、20%～40%、40%～60%、60%～80%、80%～100%来划分。在作物各个生育期取根，进行根量测定，而后计算不同层根系重量占总重量的比例，综合分析确定主要根群分布层，以此确定计划湿润层深度。

2. 适宜土壤水分下限试验

作物适宜土壤水分下限是指充分满足作物生长最佳状态时土壤含水量，当高于或低于该值，将影响获取作物最大收获（对不同作物收获目标不同，如果实、

茎叶产量、花卉品质、块茎价值等）。获取该值为精准灌溉提供标准，为灌溉自动化、智能化提供依据。

适宜土壤水分下限试验必须要在人为控制水分条件下进行，要隔绝降雨与地下水的影响。一般采用盆栽与测坑进行试验。或者通过统计分析需水量与灌溉制度试验资料确定。

（1）盆栽法。盆栽的形式与需水量测定的筒等同，但深度一般为50～60cm，不宜太深，否则称土很笨重。每个盆内配置不等的水量（如40%、50%、60%、70%、80%田间持水量等）处理，研究期间可分生育期、也可为全生育期，用称重法或埋设土壤湿度传感器等方法测定土壤水分。

土壤适宜水分下限应该考虑交互影响，适宜水分下限是指对作物的最终目标的适宜程度，前期的适宜可能会影响后期，例如，作物苗期的蹲苗可能对后期形成籽实更有利，所以，试验要作交互试验处理。

（2）坑测法。坑测法是利用测坑，设定不同等级的土壤水分下限值进行不同处理。土壤含水量上下限要在设计寻找适宜值的附近，上下限范围不宜太宽，如果太宽就无法区分各处理的差异，但为了寻找最佳点，处理要多，试验方法可采用均匀试验法，因为正交试验无法处理3个因素以上的试验。坑内土壤水分一般用传感器测定，可实现对土壤水分的连续观测和自动采集。

土壤水分下限值的土层深度可参考计划层深度资料，不同生育阶段不同。而后通过土壤水分与作物生长发育的关系，对产量构成因素的影响、生理指标的影响、土壤肥力、热状况与通气状况的影响，综合分析确定适宜的土壤水分适宜值。作物对水分的敏感期、敏感指数，也可通过这一试验的研究分析得出。

3. 灌溉制度试验观测项目

（1）土壤水分测定：一般分层次测定0～20cm、20～40cm、40～60cm、60～80cm、80～100cm。测定次数视观测仪器不同设置，但间隔时间不宜低于5天。

（2）植株生物学的测定：各生育期测定株高、叶面积、根系、籽实的形成过程、测产、考种、产量调查等。

（3）灌溉水量：计量灌水量。

（4）小气候测定：地温、棵间湿度、温度、风速、光照等。

（5）土壤养分与通气条件的调查。

（6）气象要素的观测记载（用气象站资料即可）。

## 第三节　杂粮及经济作物需水量试验结果与分析

1990—2013年期间，山西省进行了大量的杂粮及经济作物灌溉制度试验和田间作物需水量试验。灌溉制度试验设置了不同的灌水次数和不同的灌水定额，其单个站年的处理数都在4个以上，田间作物需水量试验以控制作物生育期根系层土壤水分不同下限设置处理，单站年处理数一般在3～4个。对于灌溉制度试验处理，以产量最高或较高，同时考虑作物生育阶段耗水量分布的合理性，在每个站年选取一个处理，由此计算作物的需水量与需水规律；对于田间作物需水量试验，则以作物根系层土壤水分不低于田间持水量的60%～65%，且产量较高，确定作物需水量与需水规律。依此逐年求得了杂粮及经济作物需水量和阶段需水量及其需水强度；以阶段需水强度为依据，求得各站多年平均的作物阶段需水强度；统计各年作物生育阶段起止日期，求其年平均值，作为该作物的生育期起止日期，并确定各生育阶段的天数，以此作为多年平均情况下的作物生育阶段，求取作物阶段需水量及其全生育期的需水量。

## 一、经济作物及蔬菜需水量

### 1. 经济作物需水量

根据1992—2012年期间分布于全省的10个试验站经济作物需水量田间试验和灌溉制度试验资料，按照上述方法，分地市求出了油葵、马铃薯、西瓜、甜菜、棉花、苹果、花生、西瓜套种、油菜籽、黄花、葡萄11种作物的多年平均需水量及需水规律，见表2-4～表2-14。

**表2-4　山西省典型站点油葵阶段需水量与需水强度汇总表**

| 地区 | 试验站 | 项　目 | 生育阶段 | | | | 全生育期 | 年份 |
|---|---|---|---|---|---|---|---|---|
| | | | 播种—出盘 | 出盘—开花 | 开花—灌浆 | 灌浆—成熟 | | |
| 吕梁 | 文峪河 | 平均天数/d | 8.3 | 52.3 | 24.0 | 26.3 | 111.0 | 2002—2004 |
| | | 需水量均值/mm | 16.7 | 294.4 | 141.9 | 68.1 | 521.1 | |
| | | 偏差系数 $C_v$/% | 32.44 | 32.33 | 10.94 | 61.67 | 14.37 | |
| | | 日需水量均值/(mm/d) | 2.0 | 5.6 | 6.0 | 2.5 | 4.7 | |
| | | 偏差系数 $C_v$/% | 33.21 | 33.69 | 18.95 | 50.09 | 11.70 | |
| 临汾 | 汾西 | 平均天数/d | 27.0 | 31.5 | 9.3 | 32.0 | 99.8 | 2002—2005 |
| | | 需水量均值/mm | 105.0 | 122.5 | 47.1 | 92.3 | 366.9 | |
| | | 偏差系数 $C_v$/% | 99.57 | 85.23 | 47.31 | 37.94 | 29.15 | |
| | | 日需水量均值/(mm/d) | 3.4 | 3.9 | 5.1 | 3.3 | 3.7 | |
| | | 偏差系数 $C_v$/% | 62.45 | 29.93 | 41.78 | 66.56 | 35.94 | |
| | 利民 | 平均天数/d | 38 | 21 | 21 | 16 | 96 | 2007 |
| | | 需水量均值/mm | 117.8 | 130.5 | 168.9 | 101.4 | 518.6 | |
| | | 日需水量均值/(mm/d) | 3.1 | 6.2 | 8.0 | 6.3 | 5.4 | |

续表

| 地区 | 试验站 | 项　　目 | 生育阶段 | | | | 全生育期 | 年份 |
|---|---|---|---|---|---|---|---|---|
| | | | 播种—出盘 | 出盘—开花 | 开花—灌浆 | 灌浆—成熟 | | |
| 运城 | 鼓水 | 平均天数/d | 35.0 | 11.0 | 11.0 | 38.5 | 95.5 | 2004、2005 |
| | | 需水量均值/mm | 110.7 | 60.5 | 62.9 | 159.8 | 393.8 | |
| | | 偏差系数 $C_v$/% | 18.78 | 6.67 | 33.41 | 10.15 | 7.51 | |
| | | 日需水量均值/(mm/d) | 3.2 | 5.5 | 5.7 | 4.2 | 4.1 | |
| | | 偏差系数 $C_v$/% | 22.73 | 6.22 | 33.41 | 0.98 | 11.20 | |
| | 红旗 | 平均天数/d | 41.5 | 15.8 | 10.0 | 27.3 | 94.5 | 2002—2005 |
| | | 需水量均值/mm | 159.6 | 75.7 | 74.0 | 128.0 | 437.1 | |
| | | 偏差系数 $C_v$/% | 40.62 | 59.34 | 32.20 | 35.05 | 20.67 | |
| | | 日需水量均值/(mm/d) | 3.9 | 4.6 | 7.4 | 4.6 | 4.6 | |
| | | 偏差系数 $C_v$/% | 45.26 | 33.36 | 32.20 | 27.57 | 18.79 | |

**表 2-5　山西省典型站点马铃薯阶段需水量与需水强度汇总表**

| 地区 | 试验站 | 项　　目 | 生育阶段 | | | | | 全生育期 | 年份 |
|---|---|---|---|---|---|---|---|---|---|
| | | | 播种—出苗 | 出苗—分枝 | 分枝—现蕾 | 现蕾—开花 | 开花—成熟 | | |
| 大同 | 御河 | 平均天数/d | 27.8 | 22.6 | 14.6 | 10.0 | 56.8 | 131.8 | 2001—2003、2006、2008 |
| | | 需水量均值/mm | 34.3 | 58.0 | 59.0 | 43.4 | 263.0 | 457.7 | |
| | | 偏差系数 $C_v$/% | 7.80 | 59.15 | 63.74 | 82.54 | 22.13 | 15.09 | |
| | | 日需水量均值/(mm/d) | 1.3 | 2.5 | 4.5 | 4.1 | 4.9 | 3.5 | |
| | | 偏差系数 $C_v$/% | 25.08 | 40.81 | 36.63 | 45.09 | 28.95 | 14.48 | |
| | | 需水量均值/mm | 39.5 | 68.0 | 22.4 | 85.5 | 344.1 | 559.4 | |
| | | 偏差系数 $C_v$/% | 0.88 | 2.06 | 1.66 | 5.70 | 4.75 | 2.61 | |
| 吕梁 | 湫水河 | 平均天数/d | 23.7 | 16.0 | 20.7 | 37.3 | 34.3 | 132.0 | 2004、2006、2012 |
| | | 需水量均值/mm | 25.6 | 41.1 | 63.3 | 153.9 | 146.0 | 429.8 | |
| | | 偏差系数 $C_v$/% | 49.50 | 63.77 | 101.93 | 28.37 | 26.22 | 28.30 | |
| | | 日需水量均值/(mm/d) | 1.1 | 2.7 | 2.5 | 4.1 | 4.3 | 3.2 | |
| | | 偏差系数 $C_v$/% | 52.18 | 69.34 | 101.93 | 14.46 | 32.43 | 20.84 | |

**表 2-6　　山西省典型站点西瓜阶段需水量与需水强度汇总表**

| 地区 | 试验站 | 项　目 | 生育阶段 | | | | | | 全生育期 | 年份 |
|---|---|---|---|---|---|---|---|---|---|---|
| | | | 发芽出苗期 | 幼苗期 | 伸蔓孕蕾期 | 坐果期 | 膨瓜期 | 变瓤期 | | |
| 忻州 | 滹沱河 | 平均天数/d | 16.7 | 26.7 | 20.7 | 9.0 | 23.3 | 21.0 | 117.3 | 2003—2005 |
| | | 需水量均值/mm | 16.6 | 38.4 | 23.0 | 34.0 | 140.5 | 89.6 | 373.1 | |
| | | 偏差系数 $C_v$/% | 86.08 | 61.83 | 16.90 | 90.03 | 13.17 | 38.16 | 1.50 | |
| | | 日需水量均值/(mm/d) | 1.1 | 1.4 | 1.1 | 3.9 | 6.2 | 4.4 | 3.2 | |
| | | 偏差系数 $C_v$/% | 72.89 | 163.78 | 20.94 | 98.06 | 16.36 | 45.51 | 5.15 | |
| 吕梁 | 湫水河 | 平均天数/d | 10.0 | 25.5 | 23.0 | 5.5 | 20.5 | 13.5 | 98.0 | 2003、2004 |
| | | 需水量均值/mm | 20.4 | 55.3 | 73.5 | 28.0 | 137.7 | 59.4 | 374.3 | |
| | | 偏差系数 $C_v$/% | 22.58 | 13.89 | 8.98 | 20.45 | 3.88 | 62.90 | 14.93 | |
| | | 日需水量均值/(mm/d) | 2.1 | 2.2 | 3.2 | 5.1 | 6.7 | 4.2 | 3.8 | |
| | | 偏差系数 $C_v$/% | 36.15 | 5.60 | 9.55 | 7.70 | 7.33 | 29.65 | 6.31 | |

**表 2-7　　山西省典型站点甜菜阶段需水量与需水强度汇总表**

| 地区 | 试验站 | 项　目 | 生育阶段 | | | | | 全生育期 | 年份 |
|---|---|---|---|---|---|---|---|---|---|
| | | | 播种—出苗 | 出苗—苗前 | 苗前—苗后 | 苗后—结实 | 结实—收获 | | |
| 大同 | 御河 | 平均天数/d | 28.3 | 26.3 | 31.0 | 39.0 | 40.5 | 165.0 | 1992、1994—1996 |
| | | 需水量均值/mm | 28.8 | 87.4 | 179.7 | 179.8 | 116.7 | 592.5 | |
| | | 偏差系数 $C_v$/% | 42.72 | 37.59 | 35.14 | 43.65 | 55.45 | 12.22 | |
| | | 日需水量均值/(mm/d) | 1.1 | 4.5 | 5.7 | 4.5 | 2.9 | 3.6 | |
| | | 偏差系数 $C_v$/% | 53.47 | 85.26 | 20.72 | 17.52 | 49.83 | 4.97 | |

**表 2-8　　山西省典型站点棉花阶段需水量与需水强度汇总表**

| 地区 | 试验站 | 项　目 | 生育阶段 | | | | | | 全生育期 | 年份 |
|---|---|---|---|---|---|---|---|---|---|---|
| | | | 播种—出苗 | 出苗—现蕾 | 现蕾—开花 | 开花—结铃 | 结铃—吐絮 | 吐絮—拔杆 | | |
| 运城 | 夹马口 | 平均天数/d | 20.0 | 51.5 | 16.5 | 18.5 | 27.5 | 73.0 | 207.0 | 2008、2012 |
| | | 需水量均值/mm | 17.5 | 105.9 | 39.5 | 128.3 | 215.0 | 119.9 | 626.3 | |
| | | 偏差系数 $C_v$/% | 30.47 | 11.47 | 24.48 | 17.24 | 21.17 | 29.21 | 16.84 | |
| | | 日需水量均值/(mm/d) | 1.0 | 2.1 | 2.6 | 7.0 | 8.3 | 1.6 | 3.0 | |
| | | 偏差系数 $C_v$/% | 51.55 | 14.34 | 16.51 | 19.85 | 36.28 | 6.35 | 9.71 | |

**表 2-9　　山西省典型站点苹果阶段需水量与需水强度汇总表**

| 地区 | 试验站 | 项　目 | 生育阶段 | | | | | | 全生育期 | 年份 |
|---|---|---|---|---|---|---|---|---|---|---|
| | | | 休眠—萌芽 | 萌芽—现蕾 | 现蕾—坐果 | 坐果—膨大 | 膨大—成熟 | 成熟—收获 | | |
| 运城 | 夹马口 | 平均天数/d | 118.5 | 19 | 64 | 34.5 | 99 | 30 | 365 | 2008、2012 |
| | | 需水量均值/mm | 48.3 | 46.1 | 163.2 | 141.2 | 378.8 | 111.7 | 889.3 | |
| | | 偏差系数 $C_v$/% | 42.16 | 12.65 | 17.47 | 51.93 | 10.47 | 92.41 | 7.77 | |
| | | 日需水量均值/(mm/d) | 0.41 | 2.43 | 2.55 | 4.09 | 3.83 | 3.72 | 2.44 | |
| | | 偏差系数 $C_v$/% | 38.32 | 48.72 | 3.79 | 52.99 | 24.25 | 93.72 | 7.96 | |

**表 2-10　　山西省典型站点花生阶段需水量与需水强度汇总表**

| 地区 | 试验站 | 项　目 | 生育阶段 | | | | | 全生育期 | 年份 |
|---|---|---|---|---|---|---|---|---|---|
| | | | 发芽出苗期 | 苗期 | 花针期 | 结荚期 | 成熟期 | | |
| 吕梁 | 湫水河 | 平均天数/d | 12.7 | 32.2 | 28.0 | 32.3 | 42.5 | 147.7 | 1999—2001、2004、2006、2008 |
| | | 需水量均值/mm | 14.1 | 85.7 | 102.5 | 122.9 | 106.2 | 431.5 | |
| | | 偏差系数 $C_v$/% | 74.36 | 53.17 | 26.94 | 29.26 | 29.27 | 29.55 | |
| | | 日需水量均值/(mm/d) | 1.1 | 2.6 | 3.7 | 3.9 | 2.5 | 2.9 | |
| | | 偏差系数 $C_v$/% | 56.67 | 47.49 | 31.57 | 34.11 | 22.55 | 29.41 | |

**表 2-11　　山西省典型站点西瓜套种阶段需水量与需水强度汇总表**

| 地区 | 试验站 | 项　目 | 生育阶段 | | | | | 全生育期 | 年份 |
|---|---|---|---|---|---|---|---|---|---|
| | | | 5月 | 6月 | 7月 | 8月 | 9月 | | |
| 朔州 | 镇子梁 | 天数/d | 21 | 30 | 31 | 31 | 30 | 143 | 2005 |
| | | 需水量均值/mm | 80.4 | 156.3 | 231.8 | 70.7 | 56.6 | 595.7 | |
| | | 日需水量均值/(mm/d) | 3.8 | 5.2 | 7.5 | 2.3 | 1.9 | 4.2 | |

**表 2-12　　山西省典型站点油菜籽阶段需水量与需水强度汇总表**

| 地区 | 试验站 | 项　目 | 生育阶段 | | | | | 全生育期 | 年份 |
|---|---|---|---|---|---|---|---|---|---|
| | | | 播种—出苗 | 出苗—拔节 | 拔节—开花 | 开花—灌浆 | 灌浆—收获 | | |
| 大同 | 御河 | 平均天数/d | 13.3 | 32.7 | 10.3 | 16.0 | 30.7 | 103.0 | 1992—1994 |
| | | 需水量均值/mm | 25.1 | 55.1 | 71.4 | 101.7 | 146.0 | 399.2 | |
| | | 偏差系数 $C_v$/% | 9.82 | 65.25 | 3.64 | 46.24 | 19.62 | 7.13 | |
| | | 日需水量均值/(mm/d) | 1.9 | 1.6 | 7.1 | 6.3 | 5.2 | 3.9 | |
| | | 偏差系数 $C_v$/% | 8.47 | 41.84 | 24.02 | 25.56 | 38.77 | 17.12 | |

**表 2-13　　山西省典型站点黄花阶段需水量与需水强度汇总表**

| 地区 | 试验站 | 项　　目 | 生育阶段 | | | | 全生育期 | 年份 |
|---|---|---|---|---|---|---|---|---|
| | | | 出苗—抽苔 | 抽苔—花期始 | 花期始—花期末 | 花期末—枯萎 | | |
| 大同 | 御河 | 平均天数/d | 61.0 | 25.5 | 32.8 | 53.0 | 172.3 | 2001、2003—2005 |
| | | 需水量均值/mm | 140.3 | 108.3 | 154.9 | 128.8 | 532.3 | |
| | | 偏差系数 $C_v$/% | 42.06 | 14.38 | 35.28 | 31.68 | 23.36 | |
| | | 日需水量均值/(mm/d) | 2.2 | 4.4 | 4.9 | 2.4 | 3.1 | |
| | | 偏差系数 $C_v$/% | 33.24 | 24.24 | 31.48 | 20.55 | 20.97 | |

**表 2-14　　山西省典型站点葡萄阶段需水量与需水强度汇总表**

| 地区 | 试验站 | 项　　目 | 生育阶段 | | | | | 全生育期 | 年份 |
|---|---|---|---|---|---|---|---|---|---|
| | | | 播种—新梢生长 | 新梢生长—开花期 | 开花期—浆果生长 | 浆果生长—浆果成熟 | 浆果成熟—收获 | | |
| 临汾 | 利民 | 平均天数/d | 38.0 | 30.5 | 34.5 | 25.5 | 83.5 | 212.0 | 2002、2003 |
| | | 需水量均值/mm | 95.6 | 98.3 | 135.2 | 98.3 | 193.1 | 620.3 | |
| | | 偏差系数 $C_v$/% | 11.54 | 34.84 | 5.81 | 16.41 | 56.70 | 20.06 | |
| | | 日需水量均值/(mm/d) | 2.5 | 3.2 | 4.0 | 3.9 | 2.2 | 2.9 | |
| | | 偏差系数 $C_v$/% | 0.38 | 37.01 | 12.71 | 14.46 | 42.55 | 16.78 | |

（1）经济作物需水量分析。由表 2-4～表 2-14 可知，经济作物阶段需水量呈现先增加后减少的变化趋势。生长初期，作物植株较小，营养生长较多，需水较少，随着生育期的延续，植株体所需水分不断增加，生殖生长较多，在生长旺盛期达到较大值，植株生长末期，作物对水分需求减小，作物需水量下降较多。

作物需水量由于作物种类的不同而不同，同时受到生育期长短的影响。本研究中涉及的 11 种经济作物，其需水量数值在 350～890mm，其中夹马口的苹果需水量最大为 889.3mm，生育天数为 365 天；汾西的油葵需水量最小为 366.9mm，生育天数为 99.8 天。

（2）经济作物需水量空间变化分析。同种作物不同空间分布的需水量有所不同。油葵、马铃薯和西瓜分别在不同的试验站进行了试验。

由表 2-4 可知，油葵试验分布在吕梁文峪河、临汾汾西和利民、运城鼓水和红旗站五个试验站。油葵全生育期需水量在不同站表现出不同的变化趋势。由地区分布可知，文峪河处于山西中部，汾西、利民、鼓水、红旗站位于山西南部，依次往南，距离较近。随着地理位置由北向南油葵生育天数逐渐较少，需水量基本也呈现变小的趋势。汾西、利民、鼓水、红旗站的油葵在生长各期的需水

量相差不大，变化趋势基本相同。文峪河与其他 3 个站的需水量相差较大，其中该站的最大需水量出现在出盘—开花阶段，最大需水量为 294.4mm，利民站的最大需水量出现在开花—灌浆阶段，其最大需水量为 168.9mm；汾西站的最大需水量出现在出盘—开花阶段，最大需水量为 122.5mm；而红旗站的最大需水量出现在播种—开盘阶段，其最大需水量为 159.6mm。

由表 2-5 可知，马铃薯试验分布在大同御河和吕梁湫水河两个试验站。大同御河属于山西北部，吕梁湫水河属于山西中部。两个地区的马铃薯生育天数均在 130 天左右，全生育期需水量均在 450mm 左右。马铃薯在播种—出苗期，出苗—分枝期，分枝—现蕾期和现蕾—开花期需水量都在小范围内波动，御河站的马铃薯在开花—成熟期需水量大幅上升至最大值，湫水河站的马铃薯反而小幅下降。其中御河站马铃薯的最大需水量为 263mm。湫水河站马铃薯的最大需水量出现在现蕾—开花阶段，其最大需水量为 153.9mm。

由表 2-6 可知，西瓜试验分布在忻州滹沱河和吕梁湫水河两个试验站。两个试验站均位于山西省中部，西瓜生育天数均在 100 天左右，全生育期需水量均在 370mm 左右。全生育期需水量在两个试验站的变化趋势基本相同，均在膨瓜期达到巅峰，发芽出苗期最小。两个站的最大需水量均为 137.7～140.5mm。

(3) 经济作物需水强度变化分析。由图 2-1 可知，经济作物需水强度随生育阶段的延续呈现先增后减的单峰变化趋势。经济作物处于生长初期，营养生长较多，需水强度较小；处于生长盛期，由于生殖生长的需要，需水强度达到最大值；处于生长末期，各种植物生理处于衰退期，需水强度下降。

不同作物的需水强度不同。利民站的油葵全生育期的需水强度最高为 5.4mm/d，运城夹马口站的苹果全生育期需水强度最低为 2.44mm/d。

同种作物空间分布不同，其需水强度变化规律有所不同。

由图 2-1 (a) 可知，在吕梁文峪河、临汾汾西和利民、运城鼓水和红旗站五个试验站中，油葵全生育期需水强度差距较小，均在 5mm/d 左右；油葵阶段需水强度均在开花—灌浆期达到最大值为 5.1～8.0mm/d；生长初期，需水强度较小，为 2.0～3.9mm/d；生长末期，需水强度最小，为 2.3～6.5mm/d。

由图 2-1 (b) 可知，在大同御河站和吕梁湫水河站，两个试验站地区气候条件不同，但是马铃薯全生育期需水强度均在 3.5mm/d；马铃薯需水强度均在开花—成熟期达到最大值为 4.9mm/d。在大同御河站，马铃薯在分枝—现蕾期由于生殖生长的需要，需水强度不断上升达到较大值为 4.5mm/d。而在湫水河站，马铃薯的需水强度随着生育期的延续不断上升，并在开花—成熟期达到最大值为 4.3mm/d。

由图 2-1 (c) 可知，在忻州滹沱河站和吕梁湫水河站，两个试验站距离较近，西瓜全生育期需水强度均在 3.2～3.8mm/d；西瓜生育阶段需水强度均在膨

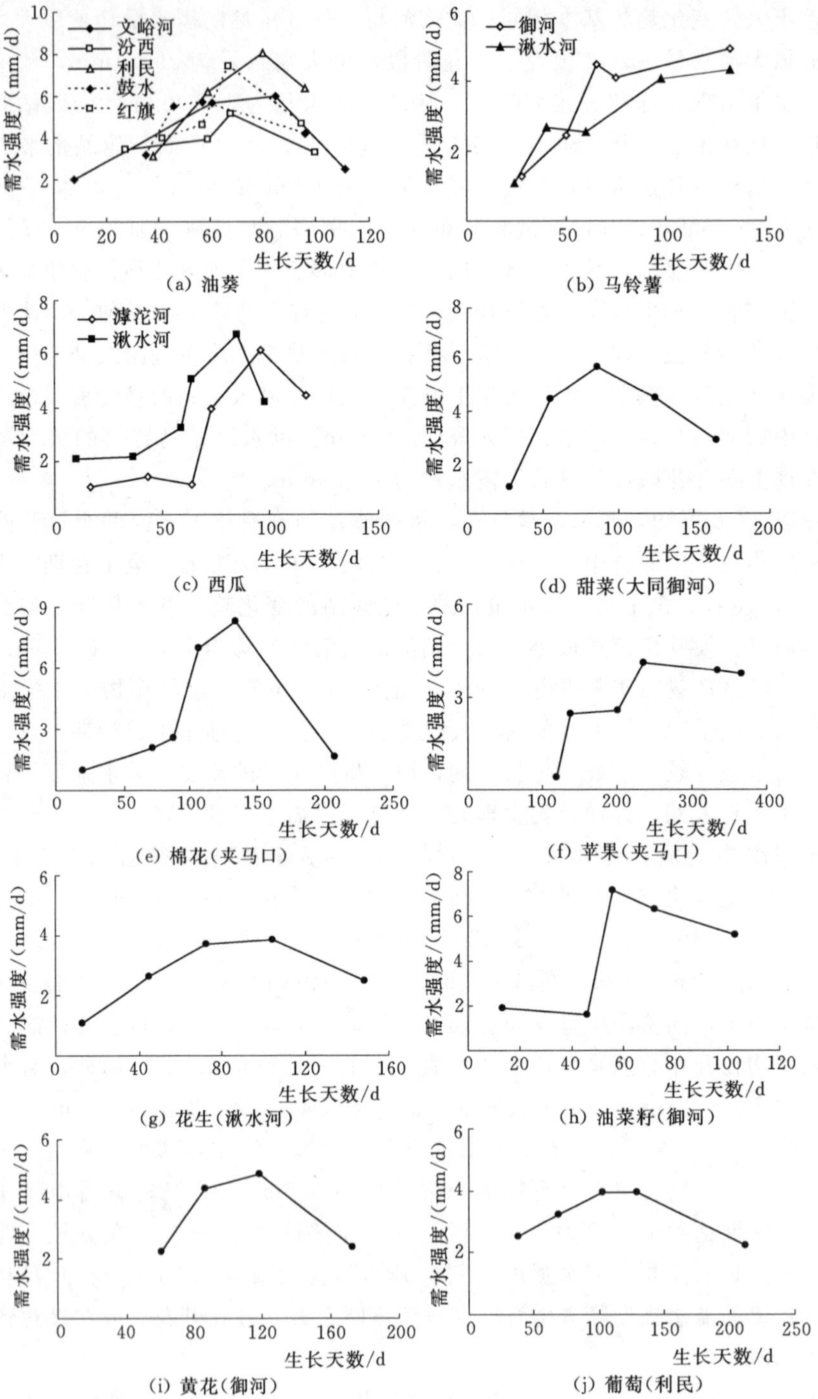

文峪河
汾西
利民
鼓水
红旗

需水强度/(mm/d)

生长天数/d

(a) 油葵

御河
湫水河

需水强度/(mm/d)

生长天数/d

(b) 马铃薯

滹沱河
湫水河

需水强度/(mm/d)

生长天数/d

(c) 西瓜

需水强度/(mm/d)

生长天数/d

(d) 甜菜(大同御河)

需水强度/(mm/d)

生长天数/d

(e) 棉花(夹马口)

需水强度/(mm/d)

生长天数/d

(f) 苹果(夹马口)

需水强度/(mm/d)

生长天数/d

(g) 花生(湫水河)

需水强度/(mm/d)

生长天数/d

(h) 油菜籽(御河)

需水强度/(mm/d)

生长天数/d

(i) 黄花(御河)

需水强度/(mm/d)

生长天数/d

(j) 葡萄(利民)

图 2-1　经济作物需水强度曲线

瓜期达到最大值，为6.2～6.7mm/d。

2. 蔬菜需水量

根据1987—2007年期间分布于全省的4个试验站蔬菜需水量田间试验和灌溉制度试验资料，按照上述方法，分地市求出了茴子白、西葫芦、南瓜、辣椒、黄瓜、尖椒作物的多年平均需水量及需水规律，见表2-15～表2-20。

**表2-15　　茴子白阶段需水量与需水强度汇总表**

| 地区 | 试验站 | 项　目 | 生育阶段 | | | | | 全生育期 | 年份 |
|---|---|---|---|---|---|---|---|---|---|
| | | | 播种—出苗 | 出苗—移栽 | 移栽—莲座 | 莲座—可采 | 可采—成熟 | | |
| 大同 | 御河 | 平均天数/d | 9.0 | 32.5 | 30.5 | 39.3 | 28.3 | 110.0 | 1987—1990 |
| | | 需水量均值/mm | 0 | 82.5 | 109.4 | 157.2 | 84.5 | 433.6 | |
| | | 偏差系数 $C_v$/% | | 59.99 | 49.04 | 32.07 | 90.18 | 21.08 | |
| | | 日需水量均值/(mm/d) | 0 | 2.5 | 3.6 | 4.0 | 3.0 | 4.4 | |
| | | 偏差系数 $C_v$/% | | 66.00 | 24.82 | 24.56 | 18.14 | 17.88 | |

**表2-16　　西葫芦阶段需水量与需水强度汇总表**

| 地区 | 试验站 | 项　目 | 生育阶段 | | | 全生育期 | 年份 |
|---|---|---|---|---|---|---|---|
| | | | 种植—始花 | 始花—始收 | 始收—末收 | | |
| 晋中 | 潇河 | 天数/d | 36 | 16 | 27 | 79 | 2006 |
| | | 需水量均值/mm | 47.3 | 56.9 | 138.8 | 242.9 | |
| | | 日需水量均值/(mm/d) | 1.3 | 5.1 | 4.2 | 3.1 | |

**表2-17　　南瓜阶段需水量与需水强度汇总表**

| 地区 | 试验站 | 项　目 | 生育阶段 | | | 全生育期 | 年份 |
|---|---|---|---|---|---|---|---|
| | | | 种植—始花 | 始花—始收 | 始收—末收 | | |
| 晋中 | 潇河 | 天数/d | 42 | 51 | 42 | 135 | 2006 |
| | | 需水量均值/mm | 55.8 | 117.3 | 84 | 255.9 | |
| | | 日需水量均值/(mm/d) | 1.3 | 2.3 | 2.0 | 2.0 | |

**表2-18　　辣椒阶段需水量与需水强度汇总表**

| 地区 | 试验站 | 项　目 | 生育阶段 | | | | | 全生育期 | 年份 |
|---|---|---|---|---|---|---|---|---|---|
| | | | 定值—缓苗 | 缓苗—开花 | 开花—结果 | 结果—变红 | 变红—收获 | | |
| 临汾 | 利民 | 天数/d | 7 | 50 | 18 | 41 | 61 | 177 | 2007 |
| | | 需水量均值/mm | 4.7 | 107.3 | 99.0 | 213.2 | 209.0 | 633.0 | |
| | | 日需水量均值/(mm/d) | 0.7 | 2.1 | 5.5 | 5.2 | 3.4 | 3.6 | |

表 2-19　　黄瓜阶段需水量与需水强度汇总表

| 地区 | 试验站 | 项　　目 | 生育阶段 | | | 全生育期 | 年份 |
|---|---|---|---|---|---|---|---|
| | | | 种植—始花 | 始花—始收 | 始收—末收 | | |
| 晋中 | 潇河 | 天数/d | 52 | 20 | 63 | 135 | 2006 |
| | | 需水量均值/mm | 126.8 | 62.9 | 195.6 | 385.2 | |
| | | 日需水量均值/(mm/d) | 2.4 | 3.2 | 3.1 | 2.9 | |

表 2-20　　尖椒阶段需水量与需水强度汇总表

| 地区 | 试验站 | 项　　目 | 生育阶段 | | | | 全生育期 | 年份 |
|---|---|---|---|---|---|---|---|---|
| | | | 移植—开花 | 开花—盛果 | 盛果—变红 | 变红—收获 | | |
| 长治 | 黎城 | 天数/d | 65 | 31 | 31 | 30 | 157 | 2004 |
| | | 需水量均值/mm | 121.7 | 137.3 | 75.9 | 56.9 | 391.7 | |
| | | 日需水量均值/(mm/d) | 1.9 | 4.4 | 2.4 | 1.9 | 2.5 | |

由表 2-15～表 2-20 可以看出，蔬菜生育期需水量随着时间的推移呈现先增后减的变化趋势。蔬菜作物在生育初期，需水量较小；生育旺盛期需水量达到峰值；收获期需水量逐渐减小。苗子白、西葫芦、南瓜、辣椒、黄瓜、尖椒 6 种蔬菜在全生育的需水量为 242.9～633.0mm，生育天数为 79～177 天。

由图 2-2 可见，蔬菜需水强度呈现先增后减的单峰曲线规律。全生育期需水强度变化值为 2.0～4.4mm/d。需水强度达到最大值的时期分别为：御河站的苗子白在莲座可采阶段达到最大值为 4mm/d、潇河站的西葫芦在始花始收期达到最大值为 5.1mm/d、潇河站的南瓜在始花—始收期达到最大值为 2.3mm/d、利民站的辣椒在开花—结果期达到最大值为 5.5mm/d；潇河站的黄瓜在始花—始收期达到最大值为 3.2mm/d、黎城站的尖椒在开花—盛果期达到最大值为 4.4mm/d。

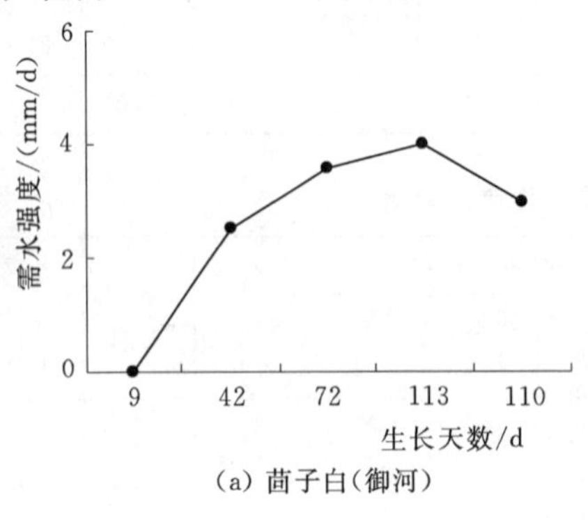

(a) 苗子白(御河)

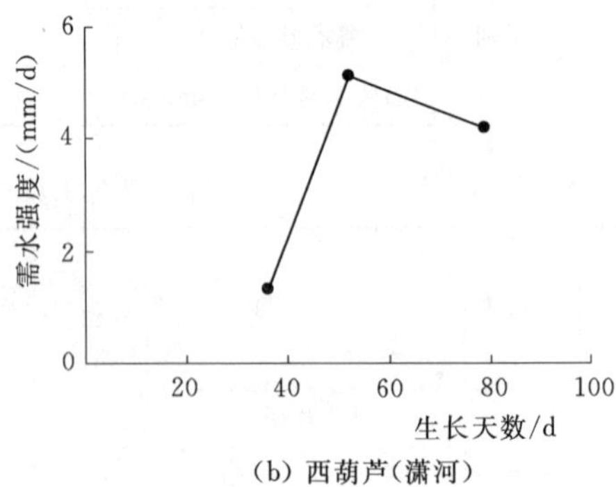

(b) 西葫芦(潇河)

图 2-2（一） 蔬菜需水强度曲线

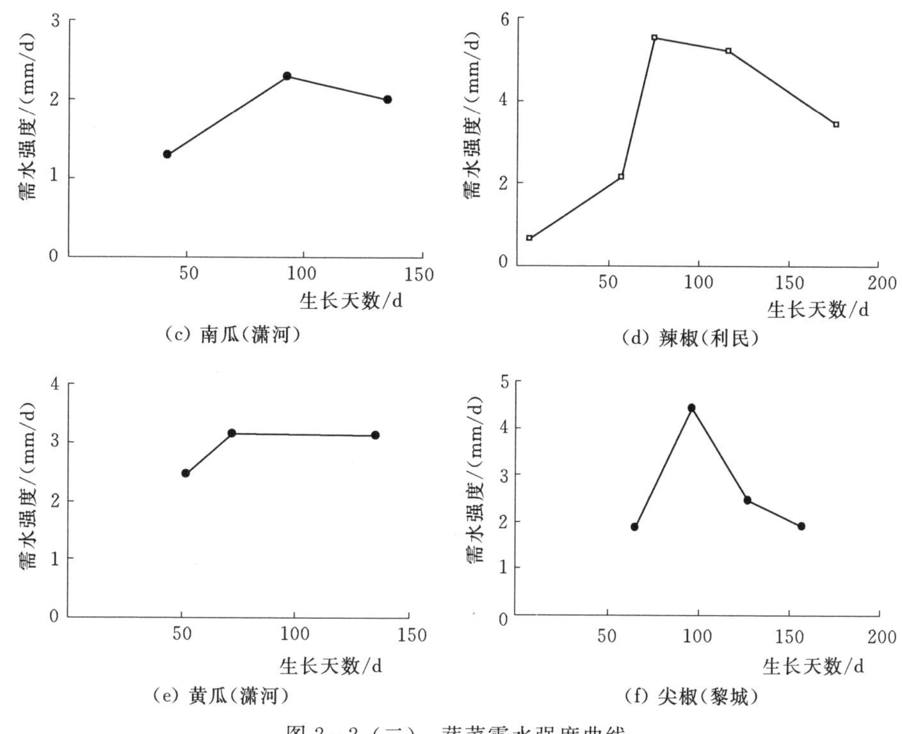


图 2-2（二）　蔬菜需水强度曲线

## 二、杂粮作物需水量

根据 2002—2012 年期间分布于全省的 9 个试验站杂粮需水量田间试验和灌溉制度试验资料，按照上述方法，分地市求出了黄豆、黍子、黑豆、红小豆作物的多年平均需水量及需水规律，见表 2-21～表 2-24。

**表 2-21　　山西省典型站点黄豆阶段需水量与需水强度汇总表**

| 地区 | 试验站 | 项　　目 | 生育阶段 | | | | | 全生育期 | 年份 |
|---|---|---|---|---|---|---|---|---|---|
| | | | 播种—出苗 | 出苗—始花 | 始花—花盛 | 花盛—终花 | 终花—收获 | | |
| 忻州 | 滹沱河 | 平均天数/d | 12.0 | 26.0 | 31.0 | 18.5 | 52.5 | 140.0 | 2007、2008 |
| | | 需水量均值/mm | 23.2 | 64.3 | 145.5 | 115.8 | 220.3 | 569.0 | |
| | | 偏差系数 $C_v$/% | 21.67 | 15.64 | 4.83 | 37.90 | 13.24 | 0.47 | |
| | | 日需水量均值/（mm/d） | 2.0 | 2.5 | 4.7 | 6.2 | 4.2 | 3.3 | |
| | | 偏差系数 $C_v$/% | 44.11 | 11.81 | 0.27 | 19.49 | 9.22 | 25.59 | |
| 吕梁 | 文峪河 | 平均天数/d | 9.5 | 30.5 | 9.0 | 18.5 | 47.0 | 114.5 | 2006、2008 |
| | | 需水量均值/mm | 29.7 | 133.0 | 48.8 | 118.0 | 122.9 | 452.3 | |
| | | 偏差系数 $C_v$/% | 121.52 | 23.10 | 116.26 | 22.03 | 11.91 | 29.27 | |
| | | 日需水量均值/(mm/d) | 3.1 | 4.4 | 5.4 | 6.4 | 2.6 | 4.0 | |
| | | 偏差系数 $C_v$/% | 119.49 | 34.24 | 116.26 | 4.87 | 17.85 | 38.01 | |

续表

| 地区 | 试验站 | 项目 | 生育阶段 | | | | | 全生育期 | 年份 |
|---|---|---|---|---|---|---|---|---|---|
| | | | 播种—出苗 | 出苗—始花 | 始花—花盛 | 花盛—终花 | 终花—收获 | | |
| 晋中 | 中心站 | 平均天数/d | 9.0 | 26.7 | 9.3 | 8.7 | 60.0 | 113.7 | 2004、2005、2009 |
| | | 需水量均值/mm | 18.5 | 60.4 | 39.5 | 51.0 | 159.4 | 288.5 | |
| | | 偏差系数 $C_v$/% | 70.25 | 87.67 | 41.67 | 43.97 | 36.04 | 37.59 | |
| | | 日需水量均值/(mm/d) | 2.0 | 2.3 | 5.6 | 4.3 | 2.1 | 2.5 | |
| | | 偏差系数 $C_v$/% | 88.74 | 51.37 | 59.91 | 36.42 | 41.25 | 31.67 | |
| 长治 | 黎城 | 平均天数/d | 9.7 | 21.0 | 21.0 | 24.3 | 27.7 | 103.7 | 2006、2008、2012 |
| | | 需水量均值/mm | 39.3 | 103.5 | 88.8 | 138.6 | 98.6 | 468.8 | |
| | | 偏差系数 $C_v$/% | 32.93 | 64.13 | 44.96 | 19.29 | 52.68 | 6.37 | |
| | | 日需水量均值/(mm/d) | 3.9 | 4.9 | 4.2 | 5.8 | 3.8 | 4.52 | |
| | | 偏差系数 $C_v$/% | 40.95 | 63.98 | 40.32 | 19.34 | 37.28 | 11.02 | |
| 临汾 | 汾西 | 天数/d | 6 | 24 | 11 | 10 | 61 | 112 | 2008 |
| | | 需水量均值/mm | 15.4 | 95.6 | 45.7 | 48.2 | 200.7 | 405.6 | |
| | | 日需水量均值/(mm/d) | 2.57 | 4 | 4.2 | 4.8 | 3.3 | 3.8 | |
| | 霍泉 | 平均天数/d | 33.7 | 19.5 | 10 | 21 | 34 | 93.5 | 2002、2005、2008、2012 |
| | | 需水量均值/mm | 70.5 | 66.7 | 64.7 | 94.1 | 119.3 | 415.3 | |
| | | 偏差系数 $C_v$/% | 61.71 | 55.3 | 65.66 | 34.24 | 33.03 | 10.23 | |
| | | 日需水量均值/(mm/d) | 2.6 | 3.7 | 4.8 | 5.2 | 3.4 | 6.6 | |
| | | 偏差系数 $C_v$/% | 28.7 | 31.78 | 18.9 | 16.89 | 18.92 | 91.96 | |
| | 利民 | 平均天数/d | 6 | 33 | 15.5 | 20.5 | 50 | 125 | 2009、2012 |
| | | 需水量均值/mm | 16.4 | 107.4 | 59.2 | 95.2 | 166.7 | 444.9 | |
| | | 偏差系数 $C_v$/% | 16.27 | 23.73 | 30.38 | 25.72 | 41.74 | 10.23 | |
| | | 日需水量均值/(mm/d) | 2.7 | 3.2 | 4.0 | 4.6 | 3.3 | 3.7 | |
| | | 偏差系数 $C_v$/% | 7.44 | 2.37 | 21.44 | 22.37 | 41.74 | 22.53 | |

**表 2-22 山西省典型站点黍子阶段需水量与需水强度汇总表**

| 地区 | 试验站 | 项目 | 生育阶段 | | | | | | 全生育期 | 年份 |
|---|---|---|---|---|---|---|---|---|---|---|
| | | | 播种—出苗 | 出苗—分蘖 | 分蘖—拔节 | 拔节—抽穗 | 抽穗—灌浆 | 灌浆—成熟 | | |
| 大同 | 御河 | 平均天数/d | 9.5 | 14.0 | 10.5 | 22.5 | 21.5 | 32.0 | 110.0 | 2004、2006 |
| | | 需水量均值/mm | 7.6 | 26.7 | 24.1 | 112.4 | 119.8 | 138.0 | 428.6 | |
| | | 偏差系数 $C_v$/% | 7.63 | 22.96 | 21.04 | 61.09 | 28.41 | 50.04 | 5.28 | |
| | | 日需水量均值/(mm/d) | 0.8 | 2.0 | 2.3 | 4.8 | 5.7 | 4.3 | 3.9 | |
| | | 偏差系数 $C_v$/% | 29.70 | 42.19 | 14.41 | 16.30 | 37.75 | 50.04 | 12.97 | |

表 2-23　　山西省典型站点黑豆阶段需水量与需水强度汇总表

| 地区 | 试验站 | 项　目 | 生育阶段 | | | | | | 全生育期 | 年份 |
|---|---|---|---|---|---|---|---|---|---|---|
| | | | 播种—出苗 | 出苗—分枝 | 分枝—始花 | 始花—结荚 | 结荚—谷粒 | 谷粒—成熟 | | |
| 晋中 | 潇河 | 天数/d | 10 | 31 | 20 | 10 | 10 | 52 | 133 | 2004、2006 |
| | | 需水量均值/mm | 1.5 | 66.7 | 103.9 | 62.7 | 54.5 | 138.2 | 427.5 | |
| | | 日需水量均值/(mm/d) | 0.2 | 2.2 | 5.2 | 6.3 | 5.5 | 2.7 | 3.2 | |

表 2-24　　山西省典型站点红小豆阶段需水量与需水强度汇总表

| 地区 | 试验站 | 项　目 | 生育阶段 | | | | | 全生育期 | 年份 |
|---|---|---|---|---|---|---|---|---|---|
| | | | 播种—分枝 | 分枝—始花 | 始花—结荚 | 结荚—鼓粒 | 鼓粒—成熟 | | |
| 晋中 | 潇河 | 平均天数/d | 38.5 | 40.0 | 11.3 | 28.3 | 27.3 | 145.3 | 2002—2005 |
| | | 需水量均值/mm | 58.8 | 177.4 | 54.3 | 141.4 | 76.2 | 508.1 | |
| | | 偏差系数 $C_v$/% | 30.74 | 44.98 | 42.81 | 24.42 | 55.93 | 6.06 | |
| | | 日需水量均值/(mm/d) | 1.5 | 4.4 | 4.9 | 5.0 | 2.8 | 3.5 | |
| | | 偏差系数 $C_v$/% | 4.12 | 32.47 | 41.25 | 10.18 | 51.05 | 9.93 | |

(1) 杂粮需水量分析。由表 2-21～表 2-24 可以看出，杂粮需水量在整个生育期内呈现先增加后减小的变化规律。生育初期处于幼苗期，需水量较小；生育中期生长需水量较大，达到最大值；生育末期接近收获，需水量逐渐减小。

作物种类不同、生长天数不同，需水量有所不同。黄豆、黍子、黑豆、红小豆 4 种杂粮作物中，忻州滹沱河的黄豆全生育期需水量最大为 569.0mm，生长天数为 140 天；晋中中心站的黄豆全生育期需水量最小为 288.5mm，生长天数为 113.7 天。晋中潇河的红小豆生长天数最长为 145.3 天；临汾霍泉的黄豆生长天数最短为 93.5 天。

(2) 杂粮需水量空间分布分析。黄豆试验分布在忻州滹沱河、吕梁文峪河、晋中中心站、长治黎城、临汾汾西、临汾霍泉、临汾利民 7 个试验站，其地理位置是由北向南、由西向东。黄豆全生育期需水量呈现逐渐减小的趋势，忻州滹沱河黄豆需水量最大为 569.0mm，生长天数最长为 140 天；晋中中心站黄豆全生育期需水量最小为 288.5mm。临汾霍泉黄豆生长天数最短为 93.5 天。生育阶段需水量均为终花—收获期达到最大值为 119.3～220.3mm。滹沱河站的黄豆在始花—盛花期与其他站不同，出现了明显的上升，黎城站的黄豆在终花—收获期与其他地方相反，产生了明显的下降。

(3) 杂粮需水强度分析。由图 2-3 可知，杂粮需水强度随着生育期的延续呈现倒V字单峰曲线形式。黄豆、黍子、黑豆、红小豆4种杂粮作物均在生育中期需水量较大，达到需水强度的最大值。全生育期需水强度值为2.5～6.6mm/d，阶段需水强度最大值分别为黄豆在花盛—终花期需水强度达到最大值为6.4mm/d；大同御河黍子在抽穗—灌浆期需水强度达到最大值为5.7mm/d；晋中潇河黑豆在始花—结荚期需水强度达到最大值为6.3mm/d；晋中潇河红小豆在结荚—鼓粒期需水强度达到最大值为5.0mm。

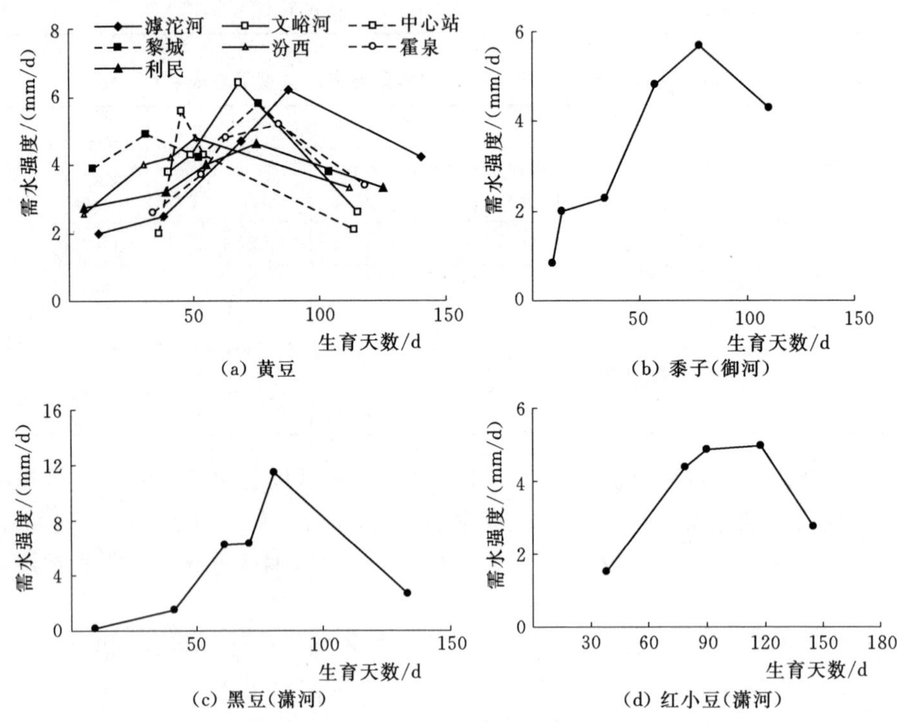


图2-3　4种杂粮需水强度曲线

黄豆试验站为7个站，黄豆需水强度基本呈现先增后减的变化趋势。6个试验站在花盛—终花期黄豆需水强度达到最大值，晋中中心站黄豆需水强度在始花—花盛期达到最大值为5.6mm/d。全生育期需水强度均在4mm/d左右，没有明显变化规律，最大值为临汾霍泉试验站为6.6mm/d，生育天数最短93.5天。

**三、结论**

上述作物需水量是以多年平均值表示的作物需水量，也可称为作物需水量均值。作物需水量均值直观明了，便于应用，其结果在工程规划设计及灌溉用水管理中得到广泛应用。但是作物需水量均值抹杀了作物需水量的年际变化，对工程设计规模会造成不同程度的影响，如干旱年（75%频率）的作物需水量可能普遍

大于一般年（50%频率）的作物需水量值。而设计过程中采用了多年平均值，有可能使灌溉工程规模（灌溉面积）计算偏小。另一方面，试验年限毕竟系列较短，其作物需水量有可能偏丰或者偏枯，影响工程规划设计精度。鉴于此，人们提出了采用气象资料和作物系数逐年计算作物需水量的方法。由此计算的作物需水量可考虑年际间和地区间作物需水量的变化，从而提高作物需水量的计算精度。

## 第四节　杂粮及经济作物的适宜土壤水分下限值

土壤适宜含水量是指最适宜作物生长的土壤含水量。土壤适宜含水量介于 $\theta_{max}$与 $\theta_{min}$之间，随作物品种及其生育阶段、土壤性质等因素而变化。由于田间作物需水的持续性及农田灌水或降雨的间歇性，计划湿润层内的土壤含水量不可能经常维持在最适宜含水量水平，为了保证作物生长，应将土壤含水量控制在适宜的上限（$\theta_{max}$）与下限（$\theta_{min}$）之间。一般应通过试验或调查总结群众经验确定。

土壤含水量的上限应满足以下两个条件：既不产生深层渗漏，又要满足作物对土壤空气含量的要求，故一般取田间持水量。

土壤含水量的下限应以作物生长不受抑制为准，一般以占田间持水量的百分数表示，应大于凋萎系数。对大多数作物，取 60%比较适宜。在土壤盐碱变化比较严重的地区，往往由于土壤溶液浓度过高，而妨碍作物吸取正常生长所需的水分，因此还要依据作物不同生育阶段允许的土壤溶液浓度作为控制条件来确定允许最小含水量，其值应高于 60%。土壤水分下限受到作物种类、作物生育阶段和土壤的质地和容重等因素的影响。

这里通过计算给出了试验站点的经济作物、蔬菜作物和杂粮作物的土壤水分下限值。

### 一、经济作物及蔬菜土壤水分下限值

1. 经济作物土壤水分下限值

根据 1999—2012 年期间分布于全省的 10 个试验站作物需水量田间试验和灌溉制度试验资料，考虑产量及耗水量因素，以控制作物生育期根系层土壤水分不同下限设置处理，单站年处理数一般在 3～4 个，通过对比试验确定经济作物适宜土壤水分下限值。根据以上方法，分地市求出了油葵、马铃薯、西瓜、棉花、苹果、花生、西瓜套种、黄花、葡萄作物生长期适宜土壤水分下限值，见表 2-25～表 2-33。经济作物土壤水分下限值为 60%～70%，且随地理位置由南向北呈现逐渐变小的趋势。各种经济作物的计算偏差系数 $C_v$ 较小，说明计算结果与实际值偏差不大，计算结果可行。

表 2-25　　油葵灌水下限值汇总表

| 地区 | 试验站 | 项　目 | 产量/(kg/hm²) | 耗水量/(m³/亩) | 生育阶段灌水下限均值(占田间持水量)/% | | | | 年份 |
|---|---|---|---|---|---|---|---|---|---|
| | | | | | 播种—出盘 | 出盘—开花 | 开花—灌浆 | 灌浆—成熟 | |
| 吕梁 | 文峪河 | 均值 | 2224.5 | 347.4 | 59.3 | 54.6 | 61.1 | 61.1 | 2002—2004 |
| | | 范围 | 2085～2325 | 289.8～377.0 | 58.4～60.3 | 54.3～54.8 | 59.3～63.7 | 57.3～65.8 | |
| | | 偏差系数 $C_v$/% | 4.6 | 11.7 | 1.3 | 0.4 | 3.1 | 5.8 | |
| 临汾 | 汾西 | 均值 | 3472.5 | 201.6 | 66.6 | 64.4 | 58.3 | 57.0 | 2002—2005 |
| | | 范围 | 2295～4246.5 | 164.3～265.1 | 52.5～83.5 | 52.6～76.9 | 51.7～70.6 | 44.5～75.8 | |
| | | 偏差系数 $C_v$/% | 17.1 | 19.0 | 16.6 | 18.3 | 12.9 | 20.4 | |
| 运城 | 鼓水 | 均值 | 2895 | 262.6 | 61.9 | 76.0 | 61.5 | 67.2 | 2004、2005 |
| | | 范围 | 2745～3045 | 276.5～248.6 | 61.7～62.1 | 73.6～78.3 | 60.9～62.1 | 58.7～75.7 | |
| | | 偏差系数 $C_v$/% | 5.2 | 5.3 | 0.3 | 3.1 | 1.0 | 12.7 | |
| | 红旗 | 均值 | 1797 | 291.4 | 65.1 | 75.6 | 65.9 | 66.3 | 2002—2005 |
| | | 范围 | 1098～2274 | 233.3～366.2 | 49.1～76.8 | 66.8～85.5 | 48.2～80.0 | 58.6～72.3 | |
| | | 偏差系数 $C_v$/% | 24.2 | 17.9 | 15.7 | 9.6 | 18.4 | 7.8 | |

表 2-26　　马铃薯灌水下限值汇总表

| 地区 | 试验站 | 项　目 | 产量/(kg/hm²) | 耗水量/(m³/亩) | 生育阶段灌水下限均值(占田间持水量)/% | | | | | 年份 |
|---|---|---|---|---|---|---|---|---|---|---|
| | | | | | 播种—出苗 | 出苗—分枝 | 分枝—现蕾 | 现蕾—开花 | 开花—成熟 | |
| 大同 | 御河 | 均值 | 22155 | 305.5 | 66.0 | 61.1 | 59.4 | 71.9 | 61.3 | 2001—2003、2006、2008 |
| | | 范围 | 19635～24135 | 232.3～354.8 | 53.8～72.2 | 50.2～67.6 | 48.6～67.6 | 55.6～84.0 | 58.6～64.0 | |
| | | 偏差系数 $C_v$/% | 7.3 | 13.5 | 9.7 | 9.6 | 12.4 | 15.9 | 3.5 | |
| 吕梁 | 湫水河 | 均值 | 28305 | 286.5 | 81.4 | 70.7 | 64.9 | 71.1 | 76.7 | 2004、2006、2012 |
| | | 范围 | 25335～30930 | 211.7～372.7 | 59.5～92.9 | 57.4～85.5 | 55.4～77.6 | 59.1～83.2 | 64.1～86.1 | |
| | | 偏差系数 $C_v$/% | 8.1 | 23.1 | 19.0 | 16.3 | 14.4 | 13.9 | 12.1 | |

表 2-27　　**西瓜灌水下限值汇总表**

| 地区 | 试验站 | 项　目 | 产量/(kg/hm²) | 耗水量/(m³/亩) | 生育阶段灌水下限均值(占田间持水量)/% | | | | | | 年份 |
|---|---|---|---|---|---|---|---|---|---|---|---|
| | | | | | 发芽—出苗 | 幼苗 | 伸蔓—孕蕾 | 坐果 | 膨瓜 | 变瓤 | |
| 忻州 | 滹沱河 | 均值 | 50775 | 248.8 | 79.7 | 69.4 | 72.7 | 76.1 | 59.8 | 62.4 | 2003—2005 |
| | | 范围 | 39450～63825 | 245.7～252.9 | 71.9～87.3 | 59.4～77.8 | 68.4～79.9 | 64.2～82.3 | 62.9～68.7 | 56.0～67.7 | |
| | | 偏差系数 $C_v$/% | 19.7 | 1.2 | 7.9 | 10.9 | 7.0 | 11.0 | 20.0 | 7.8 | |
| 吕梁 | 湫水河 | 均值 | 60555 | 249.5 | 75.2 | 68.4 | 65.4 | 73.1 | 68.1 | 60.3 | 2003、2004 |
| | | 范围 | 3757～4317 | 223.2～275.9 | 69.9～80.4 | 61.1～75.6 | 61.1～69.7 | 71.4～74.8 | 64.9～71.2 | 52.9～67.6 | |
| | | 偏差系数 $C_v$/% | 6.94 | 10.6 | 7.0 | 10.6 | 6.6 | 2.3 | 4.6 | 12.2 | |

表 2-28　　**棉花灌水下限值汇总表**

| 地区 | 试验站 | 项　目 | 产量/(kg/hm²) | 耗水量/(m³/亩) | 生育阶段灌水下限均值(占田间持水量)/% | | | | | | 年份 |
|---|---|---|---|---|---|---|---|---|---|---|---|
| | | | | | 播种—出苗 | 出苗—现蕾 | 现蕾—开花 | 开花—结铃 | 结铃—吐絮 | 吐絮—拔杆 | |
| 运城 | 夹马口 | 均值 | 2160 | 417.5 | 78.2 | 54.2 | 70.6 | 81.7 | 64.6 | 71.3 | 2008、2012 |
| | | 范围 | 1380～2940 | 347.2～487.8 | 77.8～78.7 | 53.2～55.1 | 61.6～79.6 | 81.5～81.9 | 56.9～72.2 | 70.8～71.8 | |
| | | 偏差系数 $C_v$/% | 36.0 | 16.8 | 0.6 | 1.7 | 12.8 | 0.3 | 11.8 | 0.7 | |

表 2-29　　**苹果灌水下限值汇总表**

| 地区 | 试验站 | 项　目 | 产量/(kg/hm²) | 耗水量/(m³/亩) | 生育阶段灌水下限均值(占田间持水量)/% | | | | | | 年份 |
|---|---|---|---|---|---|---|---|---|---|---|---|
| | | | | | 休眠—萌芽 | 萌芽—现蕾 | 现蕾—坐果 | 坐果—膨大 | 膨大—成熟 | 成熟—收获 | |
| 运城 | 夹马口 | 均值 | 46830 | 666.0 | 66.7 | 82.9 | 57.6 | 66.9 | 55.8 | 70.8 | 2008、2012 |
| | | 范围 | 42660～51000 | 629.4～702.6 | 63.0～70.4 | 80.1～85.7 | 47.7～67.6 | 56.9～76.9 | 53.2～58.3 | 67.1～74.5 | |
| | | 偏差系数 $C_v$/% | 8.9 | 5.5 | 5.6 | 3.4 | 17.3 | 14.9 | 4.6 | 5.2 | |

**表 2-30　　花生灌水下限值汇总表**

| 地区 | 试验站 | 项　目 | 产量/(kg/hm²) | 耗水量/(m³/hm²) | 生育阶段灌水下限均值（占田间持水量）% | | | | | 年份 |
|---|---|---|---|---|---|---|---|---|---|---|
| | | | | | 发芽出苗期 | 苗期 | 花针期 | 结荚期 | 成熟期 | |
| 吕梁 | 洑水河 | 均值 | 5235 | 287.7 | 63.7 | 58.0 | 59.4 | 64.9 | 64.0 | 1999—2001、2004、2006、2008 |
| | | 范围 | 4215～5670 | 200.2～388.8 | 55.0～93.4 | 55.0～63.2 | 53.5～75.0 | 55.0～90.8 | 55.0～79.7 | |
| | | 偏差系数 $C_v$/% | 9.7 | 29.6 | 21.4 | 5.2 | 12.9 | 19.5 | 13.5 | |

**表 2-31　　西瓜套种灌水下限值汇总表**

| 地区 | 试验站 | 产量/(kg/hm²) | 耗水量/(m³/亩) | 生育阶段灌水下限均值（占田间持水量）% | | | | | 年份 |
|---|---|---|---|---|---|---|---|---|---|
| | | | | 5月 | 6月 | 7月 | 8月 | 9月 | |
| 朔州 | 镇子梁 | 71805 | 397.1 | 73.7 | 65.6 | 59.3 | 57.6 | 58.2 | 2005 |

**表 2-32　　黄花灌水下限值汇总表**

| 地区 | 试验站 | 项　目 | 产量/(kg/hm²) | 耗水量(m³/亩) | 生育阶段灌水下限均值（占田间持水量）/% | | | | 年份 |
|---|---|---|---|---|---|---|---|---|---|
| | | | | | 出苗—抽苔 | 抽苔—花期始 | 花期始—花期末 | 花期末—枯萎 | |
| 大同 | 御河 | 均值 | 1560 | 354.9 | 57.2 | 59.7 | 62.6 | 61.9 | 2001、2003、2004、2005 |
| | | 范围 | 390～3705 | 234.9～421.1 | 48.4～70.0 | 52.2～78.7 | 65.3～70.0 | 56.0～70.0 | |
| | | 偏差系数 $C_v$/% | 85.0 | 20.2 | 15.6 | 27.2 | 8.9 | 8.2 | |

**表 2-33　　葡萄灌水下限值汇总表**

| 地区 | 试验站 | 项　目 | 产量/(kg/hm²) | 耗水量(m³/亩) | 生育阶段灌水下限均值（占田间持水量）/% | | | | | 年份 |
|---|---|---|---|---|---|---|---|---|---|---|
| | | | | | 发芽出苗期 | 苗期 | 花针期 | 结荚期 | 成熟期 | |
| 临汾 | 利民 | 均值 | | 413.6 | 81.8 | 82.5 | 77.1 | 68.0 | 84.6 | 2002、2003 |
| | | 范围 | | 354.9～472.2 | 70.5～93.2 | 76.9～88.0 | 64.1～90.2 | 57.7～78.2 | 78.2～91.0 | |
| | | 偏差系数 $C_v$/% | | 14.2 | 13.8 | 6.7 | 16.9 | 15.1 | 7.6 | |

2. 蔬菜土壤水分下限值

根据 2004—2007 年期间分布于全省的 3 个试验站作物需水量田间试验和灌溉制度试验资料，按照上述方法，分地市求出了西葫芦、南瓜、辣椒、青椒、茄子、番茄、黄瓜、尖椒作物生长期适宜土壤水分下限值为 50%～70%，蔬菜土

壤水分下限值见表 2-34～表 2-36。

表 2-34　西葫芦、南瓜、青椒等作物灌水下限值汇总表

| 地区 | 试验站 | 作物 | 产量/(kg/hm²) | 耗水量/(m³/亩) | 生育阶段灌水下限均值(占田间持水量)% | | | 年份 |
|---|---|---|---|---|---|---|---|---|
| | | | | | 种植—始花 | 始花—始收 | 始收—末收 | |
| 晋中 | 潇河 | 西葫芦 | 31680 | 161.9 | 59.3 | 76.1 | 65.4 | 2006 |
| | | 南瓜 | 30330 | 178.1 | 52.1 | 54.3 | 67.1 | |
| | | 青椒 | 12990 | 207.9 | 70.4 | 66.4 | 60.7 | |
| | | 茄子 | 55500 | 226.9 | 64.3 | 70.7 | 65.7 | |
| | | 番茄 | 50775 | 347.9 | 72.9 | 65.0 | 69.3 | |
| | | 黄瓜 | 76800 | 256.8 | 56.8 | 67.1 | 69.3 | |

表 2-35　辣椒作物灌水下限值汇总表

| 地区 | 试验站 | 产量/(kg/hm²) | 耗水量/(m³/亩) | 生育阶段灌水下限均值(占田间持水量)/% | | | | | 年份 |
|---|---|---|---|---|---|---|---|---|---|
| | | | | 定值—缓苗 | 缓苗—开花 | 开花—结果 | 结果—变红 | 变红—收获 | |
| 临汾 | 利民 | 9600 | 422.0 | 70.1 | 78.6 | 74.9 | 79.1 | 70.2 | 2007 |

表 2-36　尖椒作物灌水下限值汇总表

| 地区 | 试验站 | 产量/(kg/hm²) | 耗水量/(m³/亩) | 生育阶段灌水下限均值(占田间持水量)/% | | | | 年份 |
|---|---|---|---|---|---|---|---|---|
| | | | | 移植—开花 | 开花—盛果 | 盛果—变红 | 变红—收获 | |
| 长治 | 黎城 | 5475 | 261.1 | 63.7 | 74.0 | 66.4 | 61.4 | 2004 |

## 二、杂粮作物土壤水分下限值

根据 2002—2012 年期间分布于全省的 9 个试验站作物需水量田间试验和灌溉制度试验资料，按照上述方法，分地市求出了黄豆、黍子、黑豆、红小豆作物生长期适宜土壤水分下限值，见表 2-37～表 2-40。杂粮土壤水分下限值为 50%～70%，且随地理位置由南向北呈现逐渐变小的趋势。各种杂粮的计算偏差系数 $C_v$ 较小，说明计算结果与实际值偏差不大，计算结果可行。

表 2-37 **黄豆作物灌水下限值汇总表**

| 地区 | 试验站 | 项目 | 产量/(kg/hm²) | 耗水量/(m³/亩) | 生育阶段灌水下限均值(占田间持水量)/% | | | | | 年份 |
|---|---|---|---|---|---|---|---|---|---|---|
| | | | | | 播种—出苗 | 出苗—始花 | 始花—花盛 | 花盛—终花 | 终花—收获 | |
| 忻州 | 滹沱河 | 均值 | 4125 | 379.3 | 80.0 | 69.0 | 67.4 | 69.8 | 63.7 | 2007、2008 |
| | | 范围 | 3690～4545 | 378.1～380.6 | 76.0～83.0 | 65.0～73.0 | 65.5～69.2 | 68.9～70.7 | 62.6～64.8 | |
| | | 偏差系数 $C_v$/% | 10.3 | 0.3 | 4.8 | 6.1 | 2.8 | 1.3 | 1.7 | |
| 吕梁 | 文峪河 | 均值 | 2655 | 330.7 | 56.6 | 52.8 | 57.1 | 62.0 | 57.3 | 2006、2008 |
| | | 范围 | 2400～2925 | 297.4～363.9 | 56.3～56.9 | 51.9～53.8 | 53.8～60.4 | 58.2～65.8 | 55.5～59.0 | |
| | | 偏差系数 $C_v$/% | 9.9 | 10.1 | 0.6 | 1.8 | 5.8 | 6.1 | 3.0 | |
| 晋中 | 中心站 | 均值 | 3465 | 192.2 | 72.0 | 51.5 | 66.8 | 59.1 | 74.1 | 2004、2005、2009 |
| | | 范围 | 2265～4395 | 108.9～241.4 | 67.5～79.9 | 63.5～69.5 | 63.2～70.6 | 55.8～61.4 | 61.4～95.2 | |
| | | 偏差系数 $C_v$/% | 25.5 | 30.8 | 7.9 | 41.5 | 4.6 | 4.1 | 20.2 | |
| 长治 | 黎城 | 均值 | 2025 | 332.6 | 69.2 | 70.0 | 70.1 | 67.8 | 68.1 | 2006、2008、2012 |
| | | 范围 | 1410～2430 | 309.8～351.7 | 66.38～70.7 | 69.7～70.7 | 70.0～71.5 | 65.9～69.8 | 65.4～69.8 | |
| | | 偏差系数 $C_v$/% | 21.6 | 5.2 | 5.3 | 11.6 | 12.7 | 10.5 | 9.7 | |
| 临汾 | 霍泉 | 均值 | 2625 | 276.9 | 75.8 | 69.9 | 77.2 | 62.5 | 66.5 | 2002、2005、2008、2012 |
| | | 范围 | 1470～3765 | 243.1～311.3 | 54.5～89.8 | 58.5～91.9 | 68.3～86.2 | 47.6～78.1 | 60.2～72.4 | |
| | | 偏差系数 $C_v$/% | 32.7 | 8.9 | 17.4 | 19.1 | 9.3 | 21.8 | 8.1 | |
| | 利民 | 均值 | 3945 | 302.6 | 70.4 | 65.1 | 66.6 | 69.3 | 68.9 | 2009、2012 |
| | | 范围 | 3465～4440 | 280.6～324.5 | 66.4～74.4 | 55.7～74.4 | 54.9～78.2 | 66.0～72.7 | 68.0～69.7 | |
| | | 偏差系数 $C_v$/% | 12.4 | 7.3 | 5.7 | 14.3 | 17.5 | 4.8 | 1.2 | |
| | 汾西 | 测量值 | 93 | 283.7 | 84.1 | 71.5 | 62.7 | 81.2 | 52.9 | 2008 |

表 2-38 **黍子作物灌水下限值汇总表**

| 地区 | 试验站 | 项目 | 产量/(kg/hm²) | 耗水量/(m³/亩) | 生育阶段灌水下限均值(占田间持水量)/% | | | | | | 年份 |
|---|---|---|---|---|---|---|---|---|---|---|---|
| | | | | | 播种—出苗 | 出苗—分蘖 | 分蘖—拔节 | 拔节—抽穗 | 抽穗—灌浆 | 灌浆—成熟 | |
| 大同 | 御河 | 均值 | 3735 | 285.7 | 53.4 | 53.5 | 49.4 | 53.0 | 62.3 | 55.2 | 2004、2006 |
| | | 范围 | 3540～3945 | 275.1～296.4 | 50.0～56.7 | 50.0～56.9 | 48.9～50.0 | 51.0～55.0 | 55.0～69.7 | 50.0～60.4 | |
| | | 偏差系数 $C_v$/% | 5.4 | 3.7 | 6.3 | 6.5 | 1.1 | 3.8 | 11.8 | 9.5 | |

表 2-39　　黑豆作物灌水下限值汇总表

| 地区 | 试验站 | 产量/(kg/hm²) | 耗水量(m³/亩) | 生育阶段灌水下限均值（占田间持水量)/% | | | | | | 年份 |
|---|---|---|---|---|---|---|---|---|---|---|
| | | | | 播种—出苗 | 出苗—分枝 | 分枝—始花 | 始花—结荚 | 结荚—谷粒 | 谷粒—成熟 | |
| 晋中 | 潇河 | 2655 | 284.9 | 82.1 | 72.5 | 68.6 | 74.3 | 72.5 | 53.2 | 2008 |

表 2-40　　红小豆作物灌水下限值汇总表

| 地区 | 试验站 | 项　目 | 产量/(kg/hm²) | 耗水量/(m³/亩) | 生育阶段灌水下限均值（占田间持水量)/% | | | | | 年份 |
|---|---|---|---|---|---|---|---|---|---|---|
| | | | | | 播种—分枝 | 分枝—始花 | 始花—结荚 | 结荚—鼓粒 | 鼓粒—成熟 | |
| 晋中 | 潇河 | 均值 | 2385 | 325.6 | 70.4 | 63.8 | 72.1 | 72.5 | 80.4 | 2002—2005 |
| | | 范围 | 1980～2715 | 307.3～350.2 | 66.4～73.9 | 55.0～75.7 | 47.1～82.9 | 63.2～76.8 | 71.8～85.4 | |
| | | 偏差系数 $C_v$/% | 12.0 | 5.2 | 4.9 | 11.8 | 20.2 | 7.5 | 6.6 | |

# 第五节　杂粮及经济作物土壤水分变化规律

对于一定深度的土层来说，杂粮及经济作物土壤贮水量由于降水或灌溉而增加，其增加量与时段内的降水量、灌溉水量直接相关；贮水量由于腾发（包括土壤蒸发和植物蒸腾）而减少，在土壤水分变化过程中，多数时段处于消退阶段，土壤水分的消退规律是进行土壤水分动态预报的基础。土壤水分的减少是由作物蒸发蒸腾量和深层渗漏造成的，除较大降水或灌溉后短期内有一定量的深层渗漏外，一般情况下，下边界水分通量比作物蒸发蒸腾量要小，在土壤水分胁迫条件下，作物蒸发蒸腾量与耗水量之间近似为线性关系。

## 一、经济作物土壤水分动态变化规律

### 1. 经济作物土壤水分随时间的变化规律

根据 1992—2012 年期间分布于全省的 10 个试验站经济作物需水量田间试验和灌溉制度试验资料，绘出了油葵、马铃薯、西瓜、甜菜、棉花、苹果、花生、西瓜套种、油菜籽、黄花、葡萄作物随时间变化的 0～100cm 土层深度土壤水分动态图，如图 2-4 所示。

由图 2-4 可以看出，每种经济作物的土壤水分均随生育期的延续呈现起伏式前进。土壤水分的消耗主要是作物蒸发蒸腾引起，土壤水分的增加主要是降水和灌溉两种方式。作物每天消耗土壤水分，土壤水分不断下降，下降到土壤水分下限值时进行灌水，土壤水分又上升到土壤水分上限值，继续由作物来消耗土壤水分。在此期间，一旦有降雨发生，降雨立刻补充土壤水分，土壤水分迅速增

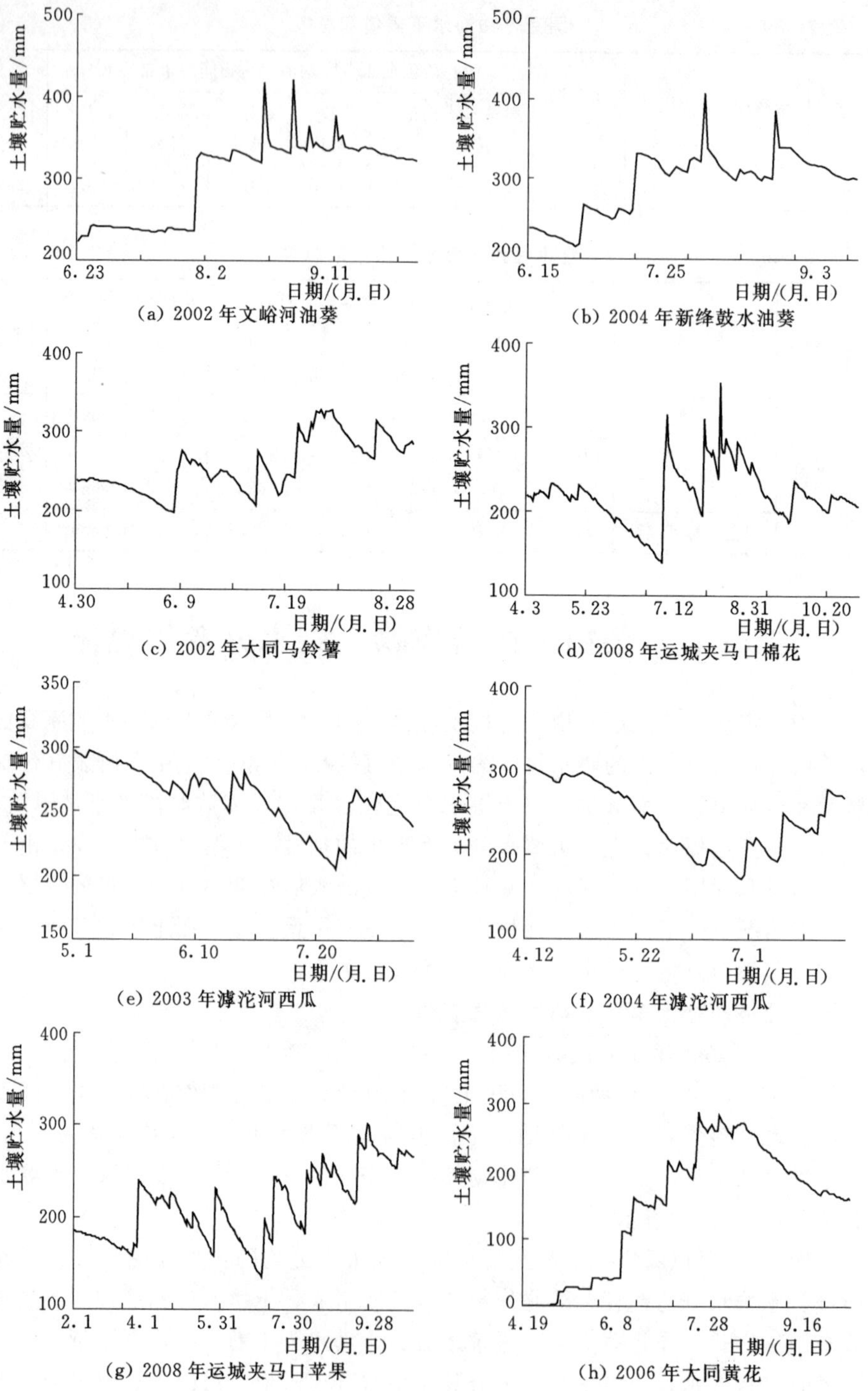
土壤贮水量/mm
500
400
300
200
6.23
8.2
9.11
日期/(月.日)
(a) 2002 年文峪河油葵
土壤贮水量/mm
500
400
300
200
6.15
7.25
9.3
日期/(月.日)
(b) 2004 年新绛鼓水油葵
土壤贮水量/mm
400
300
200
100
4.30
6.9
7.19
8.28
日期/(月.日)
(c) 2002 年大同马铃薯
土壤贮水量/mm
400
300
200
100
4.3
5.23
7.12
8.31
10.20
日期/(月.日)
(d) 2008 年运城夹马口棉花
土壤贮水量/mm
350
300
250
200
150
5.1
6.10
7.20
日期/(月.日)
(e) 2003 年滹沱河西瓜
土壤贮水量/mm
400
300
200
100
4.12
5.22
7.1
日期/(月.日)
(f) 2004 年滹沱河西瓜
土壤贮水量/mm
400
300
200
100
2.1
4.1
5.31
7.30
9.28
日期/(月.日)
(g) 2008 年运城夹马口苹果
土壤贮水量/mm
400
300
200
100
0
4.19
6.8
7.28
9.16
日期/(月.日)
(h) 2006 年大同黄花

图 2-4（一） 经济作物 0～100cm 土层深度土壤贮水量曲线图

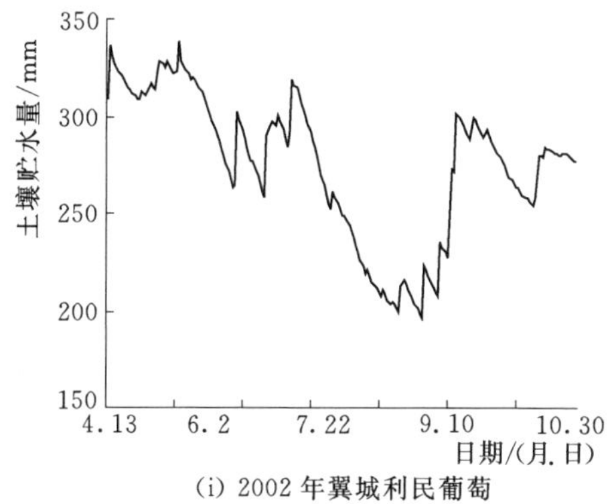

(i) 2002 年翼城利民葡萄

图 2-4（二）　经济作物 0～100cm 土层深度土壤贮水量曲线图

大。从而，构成了生育期土壤水分的变化。

2. 经济作物土壤水分随深度的变化规律

根据 1992—2012 年期间分布于全省的 10 个试验站作物需水量田间试验和灌溉制度试验资料，选取了代表站点的充分灌水和不灌水两个处理，每个处理选取了生育初期、生育中期和生育末期三个时间点的数据，测试深度为 0～100cm，绘出了油葵、马铃薯、西瓜、甜菜、棉花、苹果、花生、西瓜套种、油菜籽、黄花、葡萄作物随深度变化的土壤水分动态图，如图 2-5 所示。

由图 2-5 可以看出，经济作物的土壤水分变化集中发生在 0～80cm 的土层范围，80～100cm 变化较小。0～20cm 土层的土壤水分含量较小，40cm 深度的土壤含水量较大，40～80cm 的土壤含水量有所减小，但是变化幅度不大。充分灌水和不灌水处理相比较，同一日期的土壤含水量变化趋势一致，但是充分灌水处理水分变化幅度较大。不同灌水日期比较，其土壤水分变化趋势基本一致。

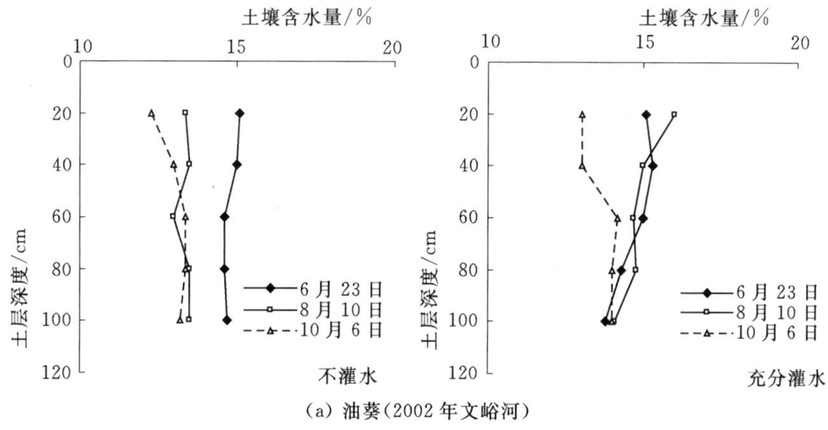

(a) 油葵(2002 年文峪河)

图 2-5（一）　经济作物灌水土壤剖面水分曲线

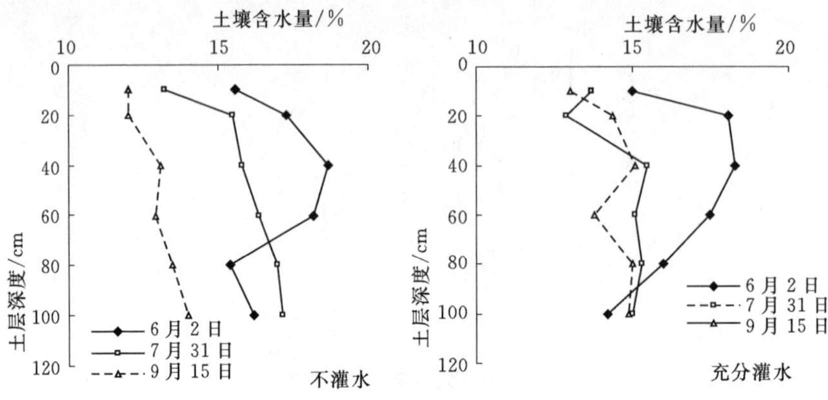


(b) 油葵(2004年新绛鼓水)

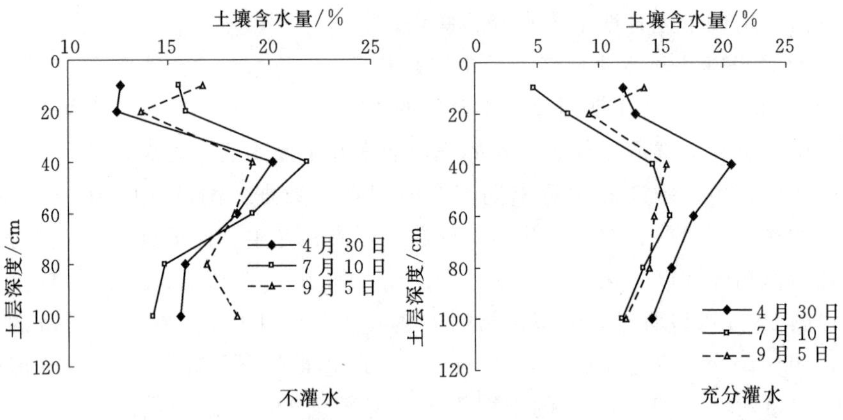


(c) 马铃薯(2006年大同御河)

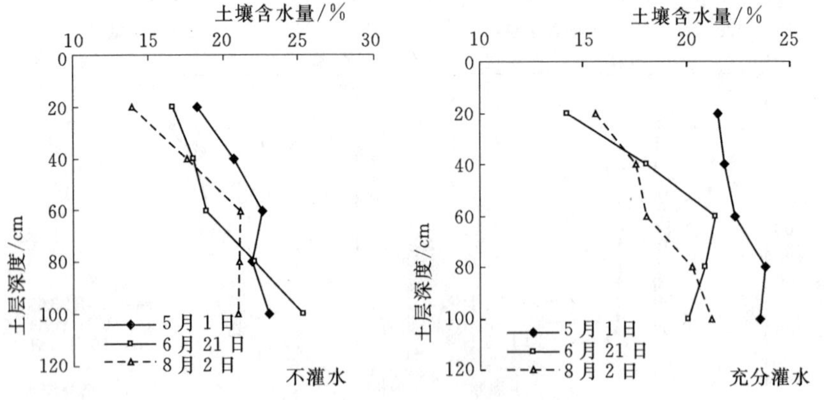


(d) 西瓜(2003年滹沱河)

图2-5(二)　经济作物灌水土壤剖面水分曲线

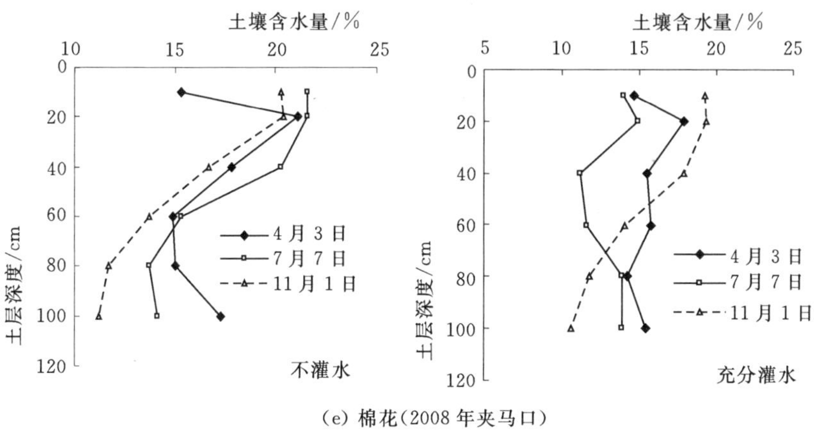


(e) 棉花(2008年夹马口)

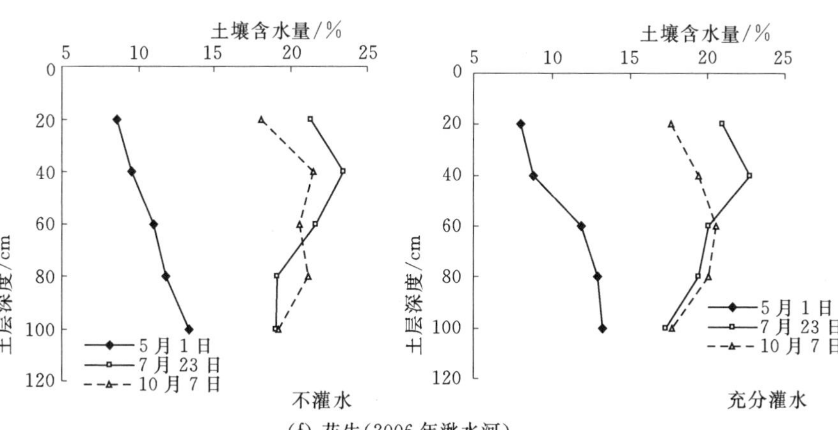


(f) 花生(2006年湫水河)

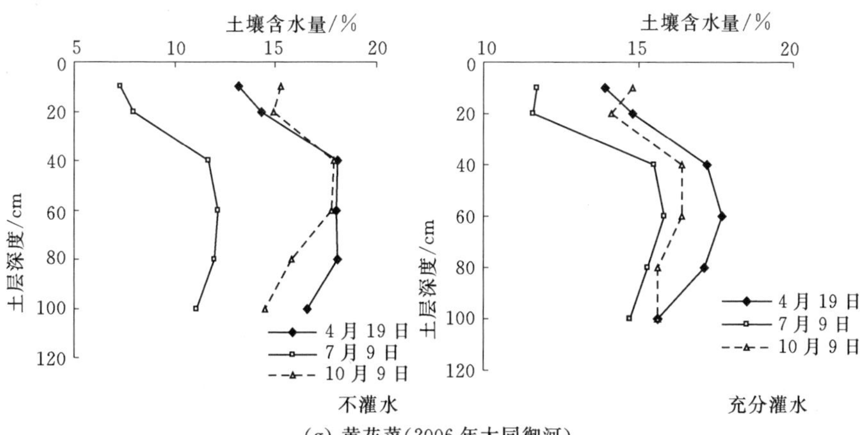


(g) 黄花菜(2006年大同御河)

图2-5(三)　经济作物灌水土壤剖面水分曲线

## 二、杂粮土壤水分动态变化规律

1. 杂粮土壤水分随时间的变化规律

根据2002—2012年期间分布于全省的9个试验站作物需水量田间试验和灌溉制度试验资料，绘出了黄豆、黍子、黑豆、红小豆作物随时间变化的0～100cm土层深度的土壤水分动态图，如图2-6所示。

由图2-6可以看出，杂粮的土壤水分均随生育期的延续呈现波浪形前进。

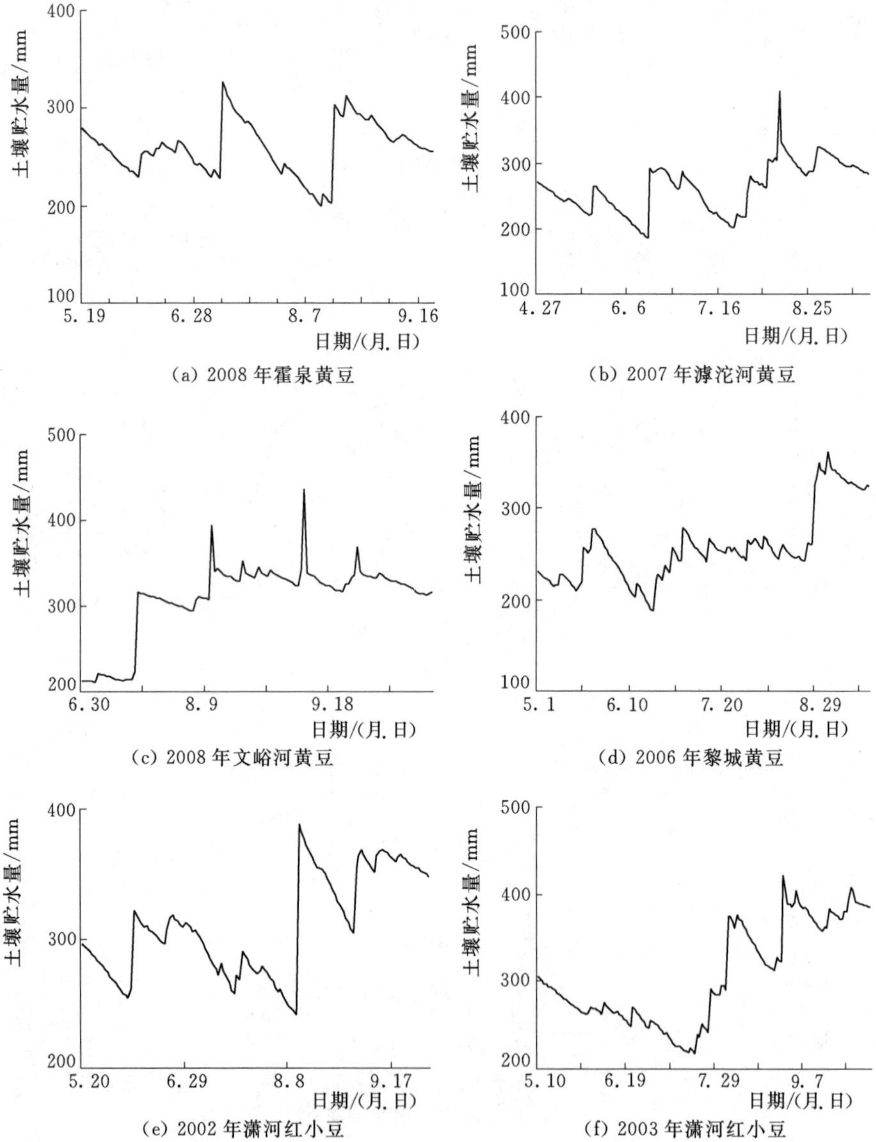

(a) 2008年霍泉黄豆

(b) 2007年滹沱河黄豆

(c) 2008年文峪河黄豆

(d) 2006年黎城黄豆

(e) 2002年潇河红小豆

(f) 2003年潇河红小豆

图2-6（一）　杂粮0～100cm土层深度土壤贮水量曲线图

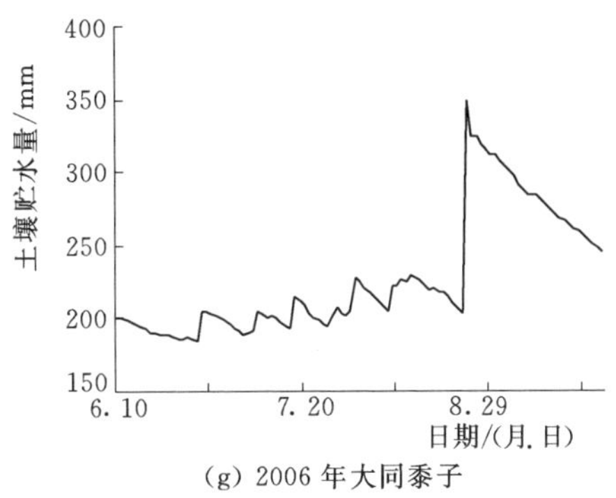


(g) 2006 年大同黍子

图 2-6（二） 杂粮 0～100cm 土层深度土壤贮水量曲线图

随着生育天数的推进，作物每天消耗土壤水分，土壤水分的增加主要是降水和灌溉两种方式。这两种方式都将立刻补充土壤水分，土壤水分迅速增大。生育初期，杂粮需水量较小，土壤水分变化较平缓；生育中期，杂粮生长迅速，需水量较大，土壤水分变化较大；生育末期，接近收获，杂粮需水量减小，其土壤水分呈现缓慢回落的趋势。

2. 经济作物土壤水分随深度的变化规律

根据 2002—2012 年期间分布于全省的 9 个试验站作物需水量田间试验和灌溉制度试验资料，选取了代表站点的充分灌水和不灌水两个处理，每个处理选取了生育初期、生育中期和生育末期三个时间点的数据，测试深度为 0～100cm，绘出了黄豆、黍子、黑豆、红小豆作物随时间变化的土壤水分动态图，如图2-7所示。

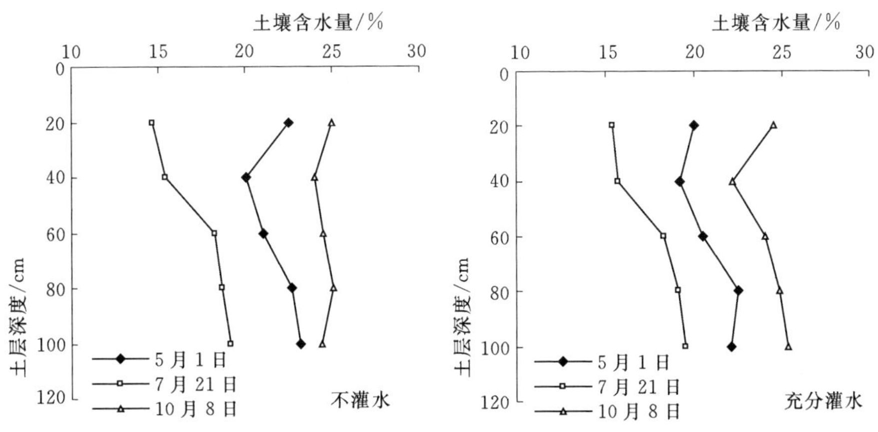


图 2-7 红小豆土壤剖面水分曲线（2003 年潇河）

由图 2-7 可以看出，红小豆的土壤水分变化集中发生在 0～80cm 的土层范围，80～100cm 变化较小。0～40cm 土层的土壤水分含量变化较大，40～80cm 的土壤含水率变化幅度较小。充分灌水和不灌水处理相比较，同一日期的土壤含水率变化趋势一致，但是充分灌水处理水分变化幅度较大。不同灌水日期比较，其土壤水分变化趋势基本一致。

# 第三章　杂粮及经济作物需水量的计算

## 第一节　杂粮及经济作物需水量的计算方法

为了提高灌溉工程规划设计精度，提高灌溉预报精度，在无试验资料地区，须通过作物需水量与气候因子之间的关系进行分析计算；另外，为了考虑年际间作物需水量的变化，也需要分析无试验资料年份的作物需水量。为此，人们对利用气象资料计算作物需水量的方法进行了广泛的研究，提出了多种计算方法，分为两大类，一类是惯用法，也称为直接法，一类是通过参考作物蒸发蒸腾量计算作物需水量的间接法。本文主要采用通过参考作物蒸发蒸腾量计算作物需水量的间接法。

### 一、直接法

直接法是指我国多年来在农田水利工程规划、设计部门习惯采用的方法，即先用“$\alpha$值法”“积温法”和“产量法”或其他的经验公式推求作物全生育期的总需水量（$ET_c$），然后用生育阶段模比系数$K_i$分配，求各生育阶段的需水量，即

$$ET_{ci}=\frac{K_i}{100}ET_c \tag{3-1}$$

式中：$ET_{ci}$为某生育阶段的作物需水量（mm或$m^3$/亩）；$K_i$为某生育阶段的需水模系数（%）；$ET_c$为作物全生育期总需水量（mm或$m^3$/亩）。

作物需水模系数$K_i$系指作物某生育阶段的需水量占全生育期总需水量的百分数。一般由田间试验资料算出或运用类似地区资料分析确定。按上述方法求得的各阶段作物需水量很大程度上取决于需水模系数的准确程度。大量试验结果和现代作物需水量计算结果均表明，由于影响需水模系数的因素较多，如作物品种、气象条件，以及土、水、肥条件和生育阶段划分的不严格等，使同一生育阶段在不同年份内同品种作物的需水模系数并不稳定，而不同品种的作物需水模系数则变幅更大。据大量分析计算结果表明，用惯用法分别求各阶段需水量的误差在±(100%～200%）左右（康绍忠，1995)。但是，用该类方法计算全生育期总需水量仍有参考作用，常用的全生育期总需水量$ET_c$的计算方法有如下几种。

*1. 以产量为参数（简称“K值法”）的经验公式*

作物产量是太阳能的累积与水、土、肥、热、气诸因素的协调及农业技术措

施的综合结果，但在一定的气象和农业技术措施条件下，作物产量与需水量有较好的关系。因而把作物在一定的自然条件和农业技术措施下所获得的产量与其相适应的需水量联系起来，以需水系数 $K$ 表示它们之间的关系，即

$$ET=Ky \tag{3-2}$$

或

$$ET=Ky^n+C \tag{3-3}$$

式中：$ET$ 为作物全生育期的总需水量，$m^3$/亩；$K$ 为需水系数，即生产 1kg 产量所消耗的水量；$y$ 为作物产量，kg/亩；$n$ 及 $C$ 为经验指数及常数，一般 $n=0.3\sim0.5$。

此法简便，只要确定了产量，便可算出此产量条件下的作物需水量，同时，将需水量与产量相联系，有助于进行灌溉经济分析。但是采用该方法其参数的确定很困难，需要较长系列的试验观测资料，因为式（3－2）或式（3－3）应是在当年作物基本不因供水不足而减产条件下，由于作物品种改良，农艺措施改进等使作物产量提高而使作物需水量增加。再者，由于年际间光照、气温的差异也会导致产量的变化。使得其参数的确定变得困难。目前以产量为参数的“$K$ 值法”已较少使用。

2. 水面蒸发量法（$\alpha$ 值法）

用水面蒸发量为参数估算作物需水量的方法美国的 Briggs 和 Shanz 早在 1916—1917 年就曾提出过（康绍忠，1995），其后世界上不少国家也在这方面进行了研究，该法采用的公式为

$$ET=\alpha E_0 \tag{3-4}$$

或

$$ET=\alpha E_0+b \tag{3-5}$$

式中：$E_0$ 为全生育期内的水面蒸发量；$\alpha$ 为需水系数，即全生育期总需水量与 $E_0$ 的比值；$b$ 为经验常数；其他符号意义同前。

由于水面蒸发量易于观测，因此该法较为简便实用，国外曾有人以水面蒸发量作为作物需水量预报和田间实时预报的基本参数，进行自动化灌溉管理。由于作物蒸发蒸腾量与水面蒸发量都是水汽扩散，故用水面蒸发推求需水量较“$K$ 值法”更合理。

3. 积温法

积温法公式为

$$ET=\beta T \tag{3-6}$$

或

$$ET=\beta T+S \tag{3-7}$$

式中：$T$ 为作物全生育期内的日平均气温的累积值，℃；$\beta$ 为经验系数，mm/℃；$S$ 为经验常数；其他符号意义同前。

其他方法还有如日照时数法，以饱和差为参数的方法，以水面蒸发、产量或以积温和产量为参数的多因素法（康绍忠，1995）。由于公式经验系数随地区变

化较大，都不便于使用。

## 二、基于参考作物蒸发蒸腾量的间接法

通过参考作物蒸发蒸腾量计算作物需水量的方法是近年来国内外普遍推荐采用的方法。该类方法计算作物需水量的主要过程是首先利用气象因子计算参考作物蒸发蒸腾量，然后用作物需水量试验求得的作物系数乘以参考作物蒸发蒸腾量计算作物需水量，即

$$ET_{ci}=K_{ci}ET_{0i} \tag{3-8}$$

式中：$ET_{0i}$为计算时段内的参考作物蒸发蒸腾量；$K_{ci}$为相应时段的作物系数；$ET_{ci}$为作物时段 $i$ 的需水量。作物系数是指某阶段的作物需水量与相应阶段内的参考作物蒸发蒸腾量的比值，一般由实测资料确定。作物系数是利用参考作物蒸发蒸腾量计算作物需水量的关键性参数，应由专门作物需水量试验求得。

随着人们对作物需水量研究的深入，对作物需水量认识程度的提高，参考作物蒸发蒸腾量的定义也变得更为完善实用。1998 年，联合国粮农组织推荐采用的彭曼-蒙蒂斯法，则进一步地把参考作物蒸发蒸腾量定义为：一种假想的参照作物冠层的蒸发蒸腾速率。假设作物高度为 0.12cm，固定的叶面阻力为 70s/m，反射率为 0.23，非常类似于表面开阔、高度一致、生长旺盛，完全覆盖地面而不缺水的绿色草地的蒸发蒸腾量（Allen，1994）。这一定义具体，便于实际操作应用，完全可通过计算求得，而不必依赖于试验进行验证。

参考作物蒸发蒸腾量只与气象因素有关，一般采用经验公式或半理论半经验公式估算。目前国内外应用较多的有彭曼法和彭曼-蒙蒂斯法。

### （一）彭曼（H. L. Penman）公式

彭曼公式是国内外应用最普遍的综合法公式，可利用普通的气象资料，计算出参考作物蒸发蒸腾量。彭曼公式的框架不是经验的而是理论的，它在能量平衡法的基础上，引用干燥力（Drying Power）的概念，经过简捷的推导，得到一个能利用普通气象资料就可计算参考作物蒸发蒸腾量的公式。几经修正，目前国内外最通用的形式为

$$ET_{0i}=\frac{\frac{p_0}{p}\frac{\Delta}{\gamma}R_n+E_a}{\frac{p_0}{p}\frac{\Delta}{\gamma}+1.0} \tag{3-9}$$

把计算净辐射 $R_n$ 和干燥力 $E_a$ 的经验公式代入，即得

$$ET_{0i}=\left\{\frac{p_0}{p}\frac{\Delta}{\gamma}\left[0.75Q_A\left(a+b\frac{n}{N}\right)-\sigma T_K^4(0.56-0.079\sqrt{e_a})\left(0.1+0.9\frac{n}{N}\right)\right]+0.26(e_s-e_a)(1+C_{u_2})\right\}\Big/\left(\frac{p_0}{p}\frac{\Delta}{\gamma}+1.0\right) \tag{3-10}$$

式中：$p_0$、$p$ 分别为海平面标准大气压和计算地点的实际气压，hPa；$\Delta$ 为饱和

水汽压-温度曲线上的斜率，hPa/℃；$\gamma$ 为湿度计常数；$e_s$、$e_a$ 分别为饱和水汽压和实际水汽压，kPa；$Q_A$ 为理论太阳辐射；$n$、$N$ 分别为实际日照时数和理论日照时数，h；$\sigma$ 为斯蒂芬-玻尔兹曼常数；$C$ 为风速修正系数；$a$、$b$ 为用日照时数计算太阳辐射的经验系数，其值与地区条件有关，应根据各地观测资料分析选用。

气压修正项$\frac{p_0}{p}$，可采用下式计算：

$$\frac{p_0}{p}=10^{\frac{L_H}{18400(1+T_a/273)}} \tag{3-11}$$

式中：$L_H$ 为海拔高度，m；$T_a$ 为气温，℃。

饱和水汽压-温度曲线上的斜率 $\Delta$ 采用下述公式确定：

$$\Delta=\frac{5966.89}{(241.9+T_a)^2}\times10^{\frac{7.63T_a}{241.9+T_a}} \quad (T_a>0℃) \tag{3-12}$$

$$\Delta=\frac{35485.05}{(265.5+T_a)^2}\times10^{\frac{9.5T_a}{265.5+T_a}} \quad (T_a\leqslant0℃) \tag{3-13}$$

湿度计常数 $\gamma$ 与温度有关，采用下式计算：

$$\gamma=0.6455+0.00064T_a \tag{3-14}$$

$\frac{p_0}{p}\frac{\Delta}{\gamma}$称为权重因子项，也可依据气温和海拔高度从表 3-1 中查得。

**表 3-1　　权重因子项$\frac{p_0}{p}\frac{\Delta}{\gamma}$的查算值表**

| 气温/℃ | 海拔高度/m | | | | | | | | | | | | | | | |
|---|---|---|---|---|---|---|---|---|---|---|---|---|---|---|---|---|
| | 0 | 200 | 400 | 600 | 800 | 1000 | 1200 | 1400 | 1600 | 1800 | 2000 | 2200 | 2400 | 2600 | 2800 | 3000 |
| 0 | 0.67 | 0.69 | 0.71 | 0.72 | 0.74 | 0.76 | 0.78 | 0.80 | 0.82 | 0.84 | 0.86 | 0.88 | 0.90 | 0.93 | 0.95 | 0.97 |
| 1 | 0.72 | 0.74 | 0.75 | 0.77 | 0.79 | 0.81 | 0.83 | 0.85 | 0.87 | 0.89 | 0.92 | 0.94 | 0.96 | 0.99 | 1.01 | 1.04 |
| 2 | 0.76 | 0.78 | 0.80 | 0.82 | 0.84 | 0.86 | 0.88 | 0.91 | 0.93 | 0.95 | 0.97 | 1.00 | 1.03 | 1.05 | 1.07 | 1.10 |
| 3 | 0.81 | 0.83 | 0.86 | 0.88 | 0.90 | 0.92 | 0.94 | 0.97 | 0.99 | 1.01 | 1.04 | 1.07 | 1.09 | 1.12 | 1.15 | 1.18 |
| 4 | 0.87 | 0.89 | 0.91 | 0.93 | 0.96 | 0.98 | 1.00 | 1.03 | 1.05 | 1.08 | 1.11 | 1.13 | 1.16 | 1.19 | 1.22 | 1.25 |
| 5 | 0.92 | 0.94 | 0.97 | 0.99 | 1.01 | 1.04 | 1.07 | 1.03 | 1.12 | 1.15 | 1.17 | 1.21 | 1.24 | 1.27 | 1.30 | 1.33 |
| 6 | 0.98 | 1.00 | 1.03 | 1.05 | 1.08 | 1.10 | 1.13 | 1.16 | 1.19 | 1.22 | 1.25 | 1.28 | 1.31 | 1.35 | 1.38 | 1.41 |
| 7 | 1.04 | 1.07 | 1.09 | 1.12 | 1.15 | 1.17 | 1.21 | 1.24 | 1.27 | 1.30 | 1.33 | 1.36 | 1.40 | 1.43 | 1.47 | 1.51 |
| 8 | 1.11 | 1.13 | 1.16 | 1.19 | 1.22 | 1.25 | 1.28 | 1.31 | 1.35 | 1.38 | 1.41 | 1.45 | 1.48 | 1.52 | 1.56 | 1.60 |
| 9 | 1.17 | 1.20 | 1.23 | 1.26 | 1.29 | 1.33 | 1.36 | 1.39 | 1.43 | 1.46 | 1.50 | 1.54 | 1.58 | 1.62 | 1.66 | 1.70 |
| 10 | 1.25 | 1.28 | 1.31 | 1.34 | 1.37 | 1.41 | 1.44 | 1.48 | 1.52 | 1.55 | 1.59 | 1.63 | 1.67 | 1.76 | 1.78 | 1.80 |
| 11 | 1.32 | 1.35 | 1.39 | 1.42 | 1.45 | 1.49 | 1.53 | 1.57 | 1.61 | 1.65 | 1.68 | 1.73 | 1.77 | 1.82 | 1.86 | 1.91 |

续表

| 气温/℃ | 海　拔　高　度/m | | | | | | | | | | | | | | | |
|---|---|---|---|---|---|---|---|---|---|---|---|---|---|---|---|---|
| | 0 | 200 | 400 | 600 | 800 | 1000 | 1200 | 1400 | 1600 | 1800 | 2000 | 2200 | 2400 | 2600 | 2800 | 3000 |
| 12 | 1.40 | 1.43 | 1.47 | 1.50 | 1.54 | 1.57 | 1.62 | 1.66 | 1.70 | 1.74 | 1.78 | 1.83 | 1.87 | 1.92 | 1.97 | 2.02 |
| 13 | 1.48 | 1.52 | 1.55 | 1.59 | 1.65 | 1.67 | 1.74 | 1.76 | 1.80 | 1.84 | 1.89 | 1.94 | 1.99 | 2.04 | 2.09 | 2.14 |
| 14 | 1.57 | 1.63 | 1.64 | 1.68 | 1.72 | 1.77 | 1.81 | 1.86 | 1.91 | 1.95 | 2.00 | 2.05 | 2.10 | 2.16 | 2.21 | 2.26 |
| 15 | 1.66 | 1.70 | 1.74 | 1.78 | 1.82 | 1.87 | 1.92 | 1.97 | 2.02 | 2.06 | 2.11 | 2.17 | 2.22 | 2.28 | 2.34 | 2.40 |
| 16 | 1.76 | 1.80 | 1.85 | 1.89 | 1.94 | 1.98 | 2.07 | 2.09 | 2.14 | 2.19 | 2.24 | 2.30 | 2.36 | 2.42 | 2.48 | 2.54 |
| 17 | 1.86 | 1.91 | 1.95 | 2.00 | 2.05 | 2.10 | 2.15 | 2.21 | 2.26 | 2.32 | 2.37 | 2.43 | 2.50 | 2.56 | 2.62 | 2.69 |
| 18 | 1.97 | 2.02 | 2.06 | 2.11 | 2.17 | 2.22 | 2.28 | 2.33 | 2.39 | 2.45 | 2.51 | 2.57 | 2.64 | 2.71 | 2.77 | 2.84 |
| 19 | 2.08 | 2.13 | 2.18 | 2.23 | 2.29 | 2.34 | 2.40 | 2.47 | 2.53 | 2.59 | 2.65 | 2.72 | 2.79 | 2.86 | 2.93 | 3.00 |
| 20 | 2.19 | 2.25 | 2.30 | 2.36 | 2.42 | 2.47 | 2.54 | 2.60 | 2.67 | 2.73 | 2.80 | 2.87 | 2.79 | 3.02 | 3.09 | 3.17 |
| 21 | 2.32 | 2.37 | 2.43 | 2.49 | 2.55 | 2.61 | 2.68 | 2.75 | 2.82 | 2.88 | 2.95 | 3.03 | 3.11 | 3.19 | 3.26 | 3.35 |
| 22 | 2.44 | 2.50 | 2.56 | 2.63 | 2.69 | 2.75 | 2.83 | 2.90 | 2.97 | 3.04 | 3.71 | 3.19 | 2.28 | 3.36 | 3.44 | 3.53 |
| 23 | 2.38 | 2.64 | 2.71 | 2.77 | 2.84 | 2.90 | 2.98 | 3.06 | 3.13 | 2.21 | 3.29 | 3.37 | 3.46 | 3.55 | 3.63 | 3.72 |
| 24 | 2.72 | 2.78 | 2.85 | 2.92 | 2.99 | 3.06 | 3.14 | 3.22 | 3.30 | 3.38 | 3.46 | 3.55 | 3.64 | 3.74 | 3.83 | — |
| 25 | 2.86 | 2.93 | 3.00 | 3.08 | 3.15 | 3.22 | 3.31 | 3.40 | 3.48 | 3.56 | 3.64 | 3.74 | 3.84 | 3.94 | — | |
| 26 | 3.01 | 3.09 | 3.16 | 3.24 | 3.32 | 3.40 | 3.49 | 3.58 | 3.66 | 3.75 | 3.84 | 3.74 | 4.04 | — | | |
| 27 | 3.17 | 3.25 | 3.33 | 3.41 | 3.49 | 3.57 | 3.67 | 3.76 | 3.86 | 3.95 | 4.04 | 4.15 | — | | | |
| 28 | 3.34 | 3.42 | 3.50 | 3.59 | 3.67 | 3.76 | 3.86 | 3.96 | 4.06 | 4.16 | 4.25 | — | | | | |
| 29 | 3.51 | 3.60 | 3.68 | 3.77 | 3.86 | 3.95 | 4.06 | 4.17 | 4.27 | 4.37 | — | | | | | |
| 30 | 3.69 | 3.78 | 3.87 | 3.97 | 4.06 | 4.16 | 4.27 | 4.38 | 4.49 | — | | | | | | |
| 31 | 3.88 | 3.98 | 4.07 | 4.17 | 4.37 | 4.49 | 4.49 | 4.60 | — | | | | | | | |
| 32 | 4.07 | 4.18 | 4.28 | 4.38 | 4.49 | 4.59 | 4.71 | — | | | | | | | | |
| 33 | 4.27 | 4.31 | 4.48 | 4.59 | 4.70 | 4.81 | — | | | | | | | | | |
| 34 | 4.48 | 4.59 | 4.7 | 4.82 | 4.90 | — | | | | | | | | | | |
| 35 | 4.71 | 4.83 | 4.95 | 4.06 | — | | | | | | | | | | | |

理论太阳辐射 $Q_A$ 能依据纬度和月份从表 3-2 查得。

**表 3-2　不同纬度各月的理论太阳辐射 $Q_A$（以每日蒸发水层的毫米数表示）**

| 北纬 | 1月 | 2月 | 3月 | 4月 | 5月 | 6月 | 7月 | 8月 | 9月 | 10月 | 11月 | 12月 |
|---|---|---|---|---|---|---|---|---|---|---|---|---|
| 50° | 3.81 | 6.10 | 9.41 | 12.71 | 15.76 | 17.12 | 16.44 | 14.07 | 10.85 | 7.37 | 4.49 | 3.22 |
| 48° | 4.33 | 6.60 | 9.81 | 13.02 | 15.88 | 17.15 | 16.50 | 14.29 | 11.19 | 7381 | 4.99 | 3.72 |
| 46° | 4.85 | 7.10 | 10.21 | 13.32 | 16.00 | 17.19 | 16.55 | 14.51 | 11.53 | 8.25 | 5.49 | 4.27 |

续表

| 北纬 | 1月 | 2月 | 3月 | 4月 | 5月 | 6月 | 7月 | 8月 | 9月 | 10月 | 11月 | 12月 |
|---|---|---|---|---|---|---|---|---|---|---|---|---|
| 44° | 5.30 | 7.60 | 10.61 | 13.65 | 16.12 | 17.23 | 16.60 | 14.73 | 11.87 | 8.69 | 5.00 | 4.70 |
| 42° | 5.86 | 8.05 | 11.00 | 13.99 | 16.24 | 17.26 | 16.65 | 14.95 | 12.20 | 9.13 | 6.51 | 5.19 |
| 40° | 6.44 | 8.56 | 11.40 | 14.32 | 16.36 | 17.29 | 16.70 | 15.17 | 12.54 | 9.58 | 7.03 | 5.68 |
| 38° | 6.91 | 8.98 | 11.75 | 14.50 | 16.39 | 17.22 | 16.72 | 15.27 | 12.81 | 9.98 | 7.52 | 6.10 |
| 36° | 7.38 | 9.39 | 12.10 | 14.67 | 16.43 | 17.16 | 16.73 | 15.37 | 13.08 | 10.59 | 8.00 | 6.62 |
| 34° | 7.85 | 9.82 | 12.44 | 14.84 | 16.46 | 17.06 | 16.75 | 15.48 | 13.35 | 10.79 | 8.50 | 7.18 |
| 32° | 8.32 | 10.24 | 12.77 | 15.00 | 16.50 | 17.02 | 16.76 | 15.58 | 13.63 | 11.20 | 8.99 | 7.76 |

理论日照时数 $N$ 可由纬度和月份从表 3-3 中查得。

**表 3-3　　各月理论日照时数 $N$ 值**　　单位：h

| 北纬 | 1月 | 2月 | 3月 | 4月 | 5月 | 6月 | 7月 | 8月 | 9月 | 10月 | 11月 | 12月 |
|---|---|---|---|---|---|---|---|---|---|---|---|---|
| 50° | 8.5 | 10.1 | 11.8 | 13.8 | 15.4 | 16.3 | 15.9 | 14.5 | 12.7 | 10.8 | 9.1 | 8.1 |
| 48° | 8.8 | 10.2 | 11.8 | 13.6 | 15.2 | 16.0 | 15.6 | 14.3 | 12.6 | 10.9 | 9.3 | 8.3 |
| 46° | 9.1 | 10.4 | 11.9 | 13.5 | 14.9 | 15.7 | 15.4 | 14.2 | 12.6 | 10.9 | 9.5 | 8.7 |
| 44° | 9.3 | 10.5 | 11.9 | 13.4 | 14.7 | 15.4 | 15.2 | 14.0 | 12.6 | 11.0 | 9.7 | 8.9 |
| 42° | 9.4 | 10.6 | 11.9 | 13.4 | 14.6 | 15.2 | 14.9 | 13.9 | 12.6 | 11.1 | 9.8 | 9.1 |
| 40° | 9.6 | 10.7 | 11.9 | 13.3 | 14.4 | 15.0 | 14.7 | 13.7 | 12.5 | 11.2 | 10.0 | 9.2 |
| 35° | 10.1 | 11.0 | 11.9 | 13.1 | 14.0 | 14.5 | 14.3 | 13.5 | 12.4 | 11.3 | 10.3 | 9.8 |
| 30° | 10.4 | 11.1 | 12.0 | 12.9 | 13.6 | 14.0 | 13.9 | 13.2 | 12.4 | 11.5 | 10.6 | 10.2 |

上述理论太阳辐射 $Q_A$ 和各月可能的日照时数，也可按后面介绍的公式计算。在计算机非常普及的今天，采用公式计算可能更为方便。

饱和水汽压 $e_s$ 与 $T_a$ 有关，采用下式计算：

$$e_s = 6.11 \times 10^{\frac{7.63T_a}{241.9+T_a}} \quad (T_a > 0℃) \tag{3-15}$$

$$e_s = 6.11 \times 10^{\frac{9.5T_a}{265.5+T_a}} \quad (T_a \leqslant 0℃) \tag{3-16}$$

$e_s$ 也可从表 3-4 中由气温查得。

由我国气象站常规高度的风速测定值换算成 2m 高处的风速值时需要乘以 0.75 的系数。在干旱半干旱地区，为了考虑干热空气平流作用和温度层对风速的影响，需要对风速进行修正，其修正系数值 $C$ 见表 3-5，或根据如下公式估算：

$$C = 0.07\Delta\overline{T}_m - 0.265 \ (\Delta\overline{T}_m > 12℃ \text{ 且 } \overline{T}_{min} > 5℃) \tag{3-17}$$

其他条件下 $C=0.54$。式中 $\Delta\overline{T}_m = \overline{T}_{max} - \overline{T}_{min}$，其中 $\overline{T}_{max}$ 是月最高平均气温

(℃)，$\overline{T}_{min}$是月最低平均气温(℃)。

**表 3-4　　　　饱和水汽压(kPa)与温度的关系**

| T/℃ | 0.0 | 0.1 | 0.2 | 0.3 | 0.4 | 0.5 | 0.6 | 0.7 | 0.8 | 0.9 |
|---|---|---|---|---|---|---|---|---|---|---|
| 0 | 6.10 | 6.15 | 6.20 | 6.24 | 6.29 | 6.30 | 6.38 | 6.43 | 6.47 | 6.52 |
| 1 | 6.57 | 6.61 | 6.66 | 6.71 | 6.76 | 6.81 | 6.86 | 6.90 | 6.95 | 7.00 |
| 2 | 7.05 | 7.11 | 7.16 | 7.21 | 7.26 | 7.31 | 7.36 | 7.40 | 7.47 | 7.52 |
| 3 | 7.58 | 7.63 | 7.68 | 7.74 | 7.79 | 7.85 | 7.90 | 7.96 | 8.92 | 8.07 |
| 4 | 8.13 | 8.19 | 8.24 | 8.30 | 8.36 | 8.42 | 8.48 | 8.54 | 8.56 | 8.66 |
| 5 | 8.72 | 8.78 | 8.84 | 8.90 | 8.97 | 9.03 | 9.09 | 9.15 | 9.12 | 9.28 |
| 6 | 9.35 | 9.41 | 9.48 | 9.54 | 9.61 | 9.67 | 9.74 | 9.81 | 9.88 | 9.94 |
| 7 | 10.01 | 10.08 | 10.15 | 10.22 | 10.29 | 10.36 | 10.43 | 10.51 | 10.58 | 10.65 |
| 8 | 10.72 | 10.80 | 10.87 | 10.94 | 11.02 | 11.09 | 11.17 | 11.21 | 11.32 | 11.40 |
| 9 | 11.47 | 11.55 | 11.43 | 11.71 | 11.79 | 11.87 | 11.95 | 12.03 | 12.11 | 12.19 |
| 10 | 12.27 | 12.36 | 12.44 | 12.52 | 12.61 | 12.69 | 12.78 | 12.86 | 12.95 | 13.03 |
| 11 | 13.12 | 13.21 | 13.30 | 13.38 | 13.47 | 13.56 | 13.65 | 13.74 | 13.83 | 13.93 |
| 12 | 14.02 | 14.11 | 14.20 | 14.30 | 14.39 | 14.49 | 14.58 | 14.68 | 14.77 | 14.87 |
| 13 | 14.97 | 15.07 | 15.17 | 15.27 | 15.37 | 15.47 | 15.57 | 15.67 | 15.47 | 15.87 |
| 14 | 15.98 | 16.08 | 16.19 | 16.29 | 16.40 | 16.50 | 16.61 | 16.72 | 16.83 | 16.94 |
| 15 | 17.04 | 17.15 | 17.26 | 17.38 | 17.49 | 17.60 | 17.71 | 17.83 | 17.94 | 18.06 |
| 16 | 18.17 | 18.29 | 18.41 | 18.53 | 18.64 | 18.76 | 18.88 | 19.00 | 19.12 | 19.25 |
| 17 | 19.37 | 19.49 | 19.61 | 19.74 | 19.86 | 19.99 | 20.12 | 20.24 | 20.37 | 20.50 |
| 18 | 20.63 | 20.76 | 20.89 | 21.02 | 21.16 | 21.29 | 21.42 | 21.56 | 21.69 | 21.83 |
| 19 | 21.96 | 22.10 | 22.24 | 22.38 | 22.52 | 22.66 | 22.80 | 22.94 | 23.09 | 23.29 |
| 20 | 23.87 | 23.52 | 23.66 | 23.81 | 23.96 | 24.11 | 24.26 | 24.41 | 24.56 | 24.71 |
| 21 | 24.46 | 25.01 | 25.17 | 25.32 | 25.48 | 25.64 | 25.79 | 25.95 | 26.11 | 26.27 |
| 22 | 26.03 | 26.59 | 26.75 | 26.92 | 27.08 | 27.25 | 27.41 | 27.58 | 27.75 | 27.92 |
| 23 | 28.89 | 28.26 | 28.42 | 28.60 | 28.77 | 28.95 | 29.12 | 29.30 | 29.48 | 29.65 |
| 24 | 29.63 | 30.01 | 30.19 | 30.37 | 30.56 | 30.74 | 30.92 | 31.11 | 31.30 | 31.48 |
| 25 | 31.67 | 31.86 | 32.05 | 32.24 | 32.43 | 32.63 | 32.82 | 34.02 | 33.21 | 33.41 |
| 26 | 33.61 | 33.81 | 34.01 | 34.21 | 34.21 | 34.62 | 35.82 | 35.03 | 35.23 | 35.44 |
| 27 | 35.65 | 35.86 | 36.07 | 36.28 | 36.50 | 36.71 | 36.92 | 37.14 | 37.36 | 37.58 |
| 28 | 37.80 | 38.02 | 38.24 | 38.46 | 38.69 | 38.91 | 39.14 | 39.37 | 39.59 | 39.82 |
| 29 | 40.06 | 40.29 | 40.52 | 40.76 | 40.99 | 41.23 | 41.47 | 41.71 | 41.95 | 42.19 |
| 30 | 42.43 | 42.67 | 42.92 | 43.17 | 43.41 | 43.66 | 43.91 | 44.17 | 44.42 | 44.67 |

续表

| $T$/℃ | 0.0 | 0.1 | 0.2 | 0.3 | 0.4 | 0.5 | 0.6 | 0.7 | 0.8 | 0.9 |
|---|---|---|---|---|---|---|---|---|---|---|
| 31 | 44.93 | 45.18 | 45.44 | 45.70 | 45.96 | 46.22 | 46.49 | 46.75 | 47.02 | 47.28 |
| 32 | 47.55 | 47.82 | 48.09 | 48.36 | 48.44 | 48.91 | 49.19 | 49.47 | 49.57 | 50.03 |
| 33 | 50.31 | 50.59 | 50.87 | 51.16 | 51.45 | 51.74 | 52.03 | 52.32 | 52.61 | 52.90 |
| 34 | 50.32 | 53.50 | 53.80 | 54.10 | 54.40 | 54.70 | 55.00 | 55.31 | 55.62 | 55.93 |
| 35 | 56.24 | 56.55 | 56.86 | 57.18 | 57.49 | 57.81 | 58.13 | 58.45 | 58.77 | 59.10 |
| 36 | 59.42 | 59.75 | 60.08 | 60.41 | 60.74 | 61.07 | 61.41 | 61.47 | 62.68 | 62.42 |
| 37 | 62.16 | 63.11 | 63.45 | 63.80 | 64.14 | 64.49 | 64.84 | 65.20 | 65.55 | 65.91 |
| 38 | 66.26 | 66.62 | 66.99 | 67.35 | 67.71 | 68.08 | 68.45 | 68.82 | 69.19 | 69.56 |
| 39 | 69.93 | 70.13 | 70.69 | 71.07 | 71.45 | 71.83 | 72.22 | 72.61 | 73.00 | 73.39 |

**表 3-5　　　　风速修正系数 *C***

| 月最低平均气温/℃ | 月最高平均气温 $T_{max}$ 与最低平均气温 $T_{min}$ 的差值/℃ | $C$ |
|---|---|---|
| — | $T_{max}-T_{min}\leqslant 12$ | 0.54 |
| >5 | $12<T_{max}-T_{min}\leqslant 13$ | 0.61 |
| >5 | $13<T_{max}-T_{min}\leqslant 14$ | 0.68 |
| >5 | $14<T_{max}-T_{min}\leqslant 15$ | 0.75 |
| >5 | $15<T_{max}-T_{min}\leqslant 16$ | 0.82 |
| >5 | $16<T_{max}-T_{min}$ | 0.89 |

联合国粮农组织（FAO）针对全世界范围推荐了三组由日照时数估算太阳辐射的经验系数 $a$、$b$ 值，见表 3-6。我国绝大部分地区属温带气候，因此，其经验系数 $a=0.18$，$b=0.55$，但根据估算这与实际情况误差较大。实际上 $a$ 和 $b$ 受云的类型、距海远近、海拔高度、空气混浊度等许多因素的影响，表现出较为复杂的关系。康绍忠（1995）给出了我国各地用日照时数估算太阳辐射的经验系数 $a$、$b$ 的值，见表 3-7。在计算作物需水量时最好采用与计算地区距离最近的辐射台的观测资料分析选用适合于当的 $a$、$b$ 值，这样可以提高其计算精度。

**表 3-6　　　　联合国粮农组织推荐的 *a*、*b* 系数**

| 经验系数＼地区 | 寒温带 | 干热带 | 湿热带 |
|---|---|---|---|
| $a$ | 0.18 | 0.25 | 0.29 |
| $b$ | 0.55 | 0.45 | 0.42 |

表 3-7 我国各地的 $a$、$b$ 值

| 项目<br>地点 | 夏半年 | | | | | 冬半年 | | | | |
|---|---|---|---|---|---|---|---|---|---|---|
| | $a$ | $b$ | $r_1$ | $D_1$ | $D_2$ | $a$ | $b$ | $r_1$ | $D_1$ | $D_2$ |
| 乌鲁木齐 | 0.15 | 0.60 | 0.72 | 3.9 | 3.9 | 0.23 | 0.48 | 0.79 | 6.32 | 6.84 |
| 格尔木 | 0.27 | 0.51 | 0.80 | 2.9 | 9.8 | 0.23 | 0.58 | 0.88 | 2.76 | 13.40 |
| 西宁 | 0.26 | 0.48 | 0.84 | 2.8 | 7.2 | 0.26 | 0.52 | 0.85 | 3.21 | 10.01 |
| 银川 | 0.28 | 0.41 | 0.76 | 3.8 | 3.6 | 0.21 | 0.55 | 0.88 | 3.56 | 5.23 |
| 西安 | 0.12 | 0.60 | 0.97 | 3.2 | 8.7 | 0.14 | 0.60 | 0.91 | 6.09 | 7.81 |
| 成都 | 0.20 | 0.45 | 0.84 | 4.5 | 6.0 | 0.17 | 0.55 | 0.96 | 4.62 | 5.72 |
| 宜昌 | 0.13 | 0.54 | 0.80 | 7.6 | 8.8 | 0.14 | 0.54 | 0.87 | 7.39 | 16.09 |
| 长沙 | 0.14 | 0.59 | 0.96 | 6.0 | 9.0 | 0.13 | 0.62 | 0.94 | 6.79 | 11.24 |
| 南京 | 0.15 | 0.54 | 0.94 | 4.8 | 9.4 | 0.10 | 0.65 | 0.91 | 4.79 | 8.16 |
| 济南 | 0.05 | 0.67 | 0.93 | 3.9 | 12.6 | 0.07 | 0.67 | 0.92 | 4.57 | 8.34 |
| 太原 | 0.16 | 0.59 | 0.81 | 6.8 | 7.0 | 0.25 | 0.49 | 0.72 | 7.06 | 9.05 |
| 呼和浩特 | 0.13 | 0.65 | 0.87 | 4.2 | 4.8 | 0.19 | 0.60 | 0.79 | 4.60 | 7.81 |
| 北京 | 0.19 | 0.54 | 0.96 | 2.7 | 2.8 | 0.21 | 0.56 | 0.89 | 3.95 | 6.54 |
| 哈尔滨 | 0.13 | 0.60 | 0.85 | 4.8 | 6.9 | 0.20 | 0.52 | 0.75 | 5.74 | 5.62 |
| 长春 | 0.06 | 0.71 | 0.90 | 5.4 | 9.5 | 0.28 | 0.44 | 0.75 | 4.59 | 5.74 |
| 沈阳 | 0.05 | 0.73 | 0.95 | 4.0 | 6.9 | 0.22 | 0.47 | 0.84 | 3.44 | 3.32 |
| 郑州 | 0.17 | 0.45 | 0.83 | 7.2 | 17.7 | 0.14 | 0.45 | 0.84 | 7.93 | 12.20 |
| 固始 | 0.16 | 0.57 | 0.94 | 4.6 | 4.9 | 0.14 | 0.66 | 0.96 | 4.06 | 5.21 |
| 郾城 | 0.16 | 0.60 | 0.97 | 4.7 | 5.1 | 0.18 | 0.61 | 0.94 | 3.94 | 5.81 |

注 $r_1$ 为相关系数；$D_1$ 为用当地经验系数 $a$、$b$ 计算辐射值的相对误差；$D_2$ 为用 FAO 的 $a$、$b$ 值计算辐射值的相对误差。

综上所述用彭曼公式计算参考作物蒸发蒸腾量需要气温（包括月平均气温、最高平均气温和最低平均气温）、日照时数、风速、水汽压及地理纬度和月序数等资料。

（二）彭曼-蒙蒂斯法（Penman - Monteith）

FAO 推荐的彭曼-蒙蒂斯公式：

$$ET_0=\frac{0.408\Delta(R_n-G)+\gamma\dfrac{900}{T+273}u_2(e_s-e_a)}{\Delta+\gamma(1+0.34u_2)} \tag{3-18}$$

式中：$ET_0$ 为参考作物腾发量，mm/d；$R_n$ 为作物冠层顶的净辐射（net radiation at the crop surface），MJ/(m$^2$ · d)；$G$ 为土壤热流强度，MJ/(m$^2$ · d)；$T$ 为 2m 高度处的日平均气温，℃；$u_2$ 为 2m 高度处的风速，m/s；其他符号意义同前。

1. 大气参数

空气压力 $P$ 是由地面上空大气的重量产生的。蒸发量随着海拔高度增大而增大，在 20℃的标准大气温度下，空气压力可用下式计算：

$$P=101.3\times\left(\frac{293-0.0065z}{293}\right)^{5.26} \tag{3-19}$$

式中：$P$ 为大气压，kPa；$z$ 为海拔高度，m。

2. 蒸发潜热 $\lambda$

蒸发潜热 $\lambda$ 是指在某一恒定气压和恒定气温过程中单位液态水转化为气态水所需要的能量，在 20℃的气温情况下，$\lambda$ 取 2.45MJ/kg。

3. 湿度计常数 $\gamma$

湿度计常数 $\gamma$ 由下式给出：

$$\gamma=\frac{C_p P}{\varepsilon\lambda}=0.665\times10^{-3}P \tag{3-20}$$

式中：$\gamma$ 为湿度计常数，kPa/℃；$P$ 为大气压，kPa；$\lambda$ 为蒸发潜热，等于 2.45MJ/kg；$C_p$ 为恒压下的比热，$1.013\times10^{-3}$MJ/（kg·℃）；$\varepsilon$ 为水蒸气与干空气分子重量之比，等于 0.622。

4. 平均饱和水汽压 $e_s$

饱和水汽压与空气温度有关，能够利用气温计算，计算公式如下：

$$e_s(T)=0.6108\exp\left(\frac{17.27T}{T+237.3}\right) \tag{3-21}$$

式中：$e_s(T)$ 为气温为 $T$ 时的饱和蒸汽压，kPa；$T$ 为气温，℃；exp(…) 为 2.7183（自然对数的底数）指数运算。

5. 饱和水汽压-温度曲线斜率 $\Delta$

作物蒸发蒸腾量的计算需要饱和水汽压-温度曲线斜率（$\Delta$），由下式给出：

$$\Delta=\frac{4098\times\left[0.6108\exp\left(\frac{17.27T}{T+237.3}\right)\right]}{(T+237.3)^2} \tag{3-22}$$

式中：$\Delta$ 为饱和水汽压-温度曲线斜率，kPa/℃；其他符号意义同前。

这里气温用实际观测值，也可用下式计算：

$$T=(T_{max}-T_{min})/2$$

6. 风速

2m 高度处风速可由 10m 高度处风速计算，计算公式如下：

$$u_2=u_z\frac{4.87}{\ln(67.8z-5.42)} \tag{3-23}$$

式中：$u_2$ 为地面以上 2m 高度处的风速，m/s；$u_z$ 为地面以上 10m 高度处的风速，m/s；$z$ 为地面以上观测高度，m。

采用 10m 高度处的风速计算时，即 $z=10$m。

$$u_2=0.748u_{10}$$

式中：$u_{10}$ 为 10m 高处的风速，m/s。

7. 理论太阳辐射 $Q_a$

不同纬度上每天的紫外辐射，即理论太阳辐射 $Q_a$，可利用太阳常数、太阳磁偏角和年时计算。

$$Q_a=\frac{24(60)}{\pi}G_{sc}d_r[\omega_s\sin\phi\sin\delta+\cos\phi\cos\delta\sin\omega_s] \tag{3-24}$$

式中：$Q_a$ 为理论太阳总辐射，MJ/(m$^2$ · d)；$G_{sc}$ 为太阳常数，等于 0.0820MJ/(m$^2$ · min)；$d_r$ 为日-地相对距离［式(4-26)］；$\phi$ 为纬度［弧度 rad 按式（3-25）计算］；$\delta$ 为太阳磁偏角［式（3-27)］，rad。

$$弧度=\pi/180(角度) \tag{3-25}$$

日地相对距离 $d_r$ 和太阳磁偏角，用下式计算：

$$d_r=1+0.033\cos\left(\frac{2\pi}{365}J\right) \tag{3-26}$$

$$\delta=0.409\sin\left(\frac{2\pi}{365}J-1.39\right) \tag{3-27}$$

式中：$J$ 为日序号，从 1 月 1 日开始 $J=1$ 到 12 月 31 日 $J=365$ 或 366。

$J$ 用下式计算：

$$J=\text{INTEGER}(30.4M-15)$$

式中：$J$ 为月中的近似值；$M$ 为月序号；INTEGER 为取整函数。

8. 日落时角 $\omega_s$

由下式给出：

$$\omega_s=\arccos[-\tan\phi\tan\delta] \tag{3-28}$$

因为许多计算机语言没有反余弦，因此日落时角也可使用下式计算：

$$\omega_s=\frac{\pi}{2}-\arctan\left[\frac{-\tan\phi\tan\delta}{x^{0.5}}\right] \tag{3-29}$$

其中

$$x=1-(\tan\phi)^2(\tan\delta)^2 \tag{3-30}$$

且当 $x\leqslant 0$ 时，取 $x=0.00001$。

每月 15 日的 $Q_a$ 可制成表，见表 3-4。

9. 可能日照时数 $N$

可能日照时数与纬度和太阳磁偏角有关：

$$N=\frac{24}{\pi}\omega_s \tag{3-31}$$

这里 $\omega_s$ 为由式（3-21）或式（3-22）计算得日落时角。每月 15 日的日照时数可制成表格，见表 3-5。

10. 太阳辐射 $Q_s$

在没有观测的太阳辐射 $Q_s$ 时，可用碧空太阳总辐射和相对日照时数计算：

$$Q_s=\left(a_s+b_s\frac{n}{N}\right)Q_a$$

式中：$Q_s$ 为太阳辐射或称为短波辐射，MJ/(m$^2$ · d)；$n$ 为实际日照时数，h；$N$ 为最大可能的日照时数，h；$a_s$ 为回归系数，表示天空完全遮盖（$n=0$）时的太阳辐射系数；$a_s$ 和 $b_s$ 为完全晴天（$n=N$）时太阳总辐射到达地面的比例系数。

11. 天空完全晴朗的太阳辐射 $Q_{so}$

$$Q_{so}=(0.75+2\times10^{-5}z)Q_a$$

式中：$z$ 为海拔高度，m。

当得不到系数 $a_s$ 和 $b_s$ 时，可采用下式计算到达地面的太阳辐射：

$$Q_{so}=(a_s+b_s)Q_a$$

式中：$Q_{so}$ 为完全晴天时的太阳辐射，MJ/(m$^2$ · d)；其他符号意义同前。

12. 净太阳辐射即净短波辐射 $Q_{ns}$

净短波辐射是地面接收的太阳能与反射的太阳能之间的差值，由下式计算：

$$Q_{ns}=(1-\alpha)Q_s$$

式中：$Q_{ns}$ 为净太阳辐射，MJ/(m$^2$ · d)；$\alpha$ 为反射率，即冠层反射系数，对于假设的参考作物牧草，其值为 0.23；$Q_s$ 意义同前。

净长波辐射 $Q_{nl}$，用下式计算：

$$Q_{nl}=\sigma\left(\frac{T_{\max,K}^4+T_{\min,K}^4}{2}\right)(0.34-0.14\sqrt{e_a})\left(1.35\frac{Q_s}{Q_{so}}-0.35\right) \tag{3-32}$$

式中：$Q_{nl}$ 为净长波辐射，MJ/(m$^2$ · d)；$\sigma$ 为斯蒂芬-波尔兹曼常数，等于 $4.903\times10^{-9}$ MJ/（k$^4$ · m$^2$ · d）；$T_{\max,K}$ 为日最大绝对气温；$T_{\min,K}$ 为日最小绝对气温；$e_a$ 为实际水汽压，kPa；其他符号意义同前。

若有平均气温观测值时，也可采用日平均气温的绝对温度，即

$$Q_{nl}=\sigma T_K^4(0.34-0.14\sqrt{e_a})\left(1.35\frac{Q_s}{Q_{so}}-0.35\right) \tag{3-33}$$

式中：$T_K$ 为平均气温下的 K 氏温度，即绝对温度。

13. 净辐射 $R_n$

净辐射是地面接收的净短波辐射 $Q_{ns}$ 与支出的长波辐射 $Q_{nl}$ 之差。

$$R_n=Q_{ns}-Q_{nl} \tag{3-34}$$

14. 土壤热流 $G$

土壤热流较净太阳辐射小，特别是当地面被植被覆盖时，计算时间步长为

24h，10 天或 15 天。可利用气温计算：

$$G=C_s\frac{T_i-T_{i-1}}{\Delta t}\Delta Z \tag{3-35}$$

式中：$G$ 为土壤热流，MJ/($m^2$ · d)；$C_s$ 为土壤热容量，MJ/($m^2$ · d)；$T_i$ 为时间 $i$ 时的气温，℃；$T_{i-1}$为时间 $i-1$ 时的气温，℃；$\Delta t$ 为时间间隔长度，天；$\Delta Z$ 为有效土壤深度，m。

当计算时段为 1 天或 10 天时：

$$G_{day}\approx 0 \tag{3-36}$$

当计算时段为 1 个月时：

$$G_{month,i}=0.14(T_{month,i}-T_{month,i-1}) \tag{3-37}$$

式中：$G_{month,i}$为 $i$ 月的平均气温气温，℃；$T_{month,i-1}$为 $i-1$ 月的平均气温，℃。

# 第二节　杂粮及经济作物的作物系数

## 一、作物系数的概念

参照作物蒸发蒸腾量只考虑了气象因素对作物需水量的影响，实际作物需水量还应考虑作物因素和土壤含水量进行修正。Wright (1982) 最早提出作物系数，用于计算实际作物需水量，并被联合国粮农组织 (FAO) 推荐采用。

### 1. 作物系数的概念

研究结果表明，作物系数取决于作物冠层的生长发育。作物冠层的发育状况通常用叶面积指数 (LAI) 描述。叶面积指数为叶面积数值与其覆盖下的土地面积的比率。随着作物的生长，LAI 逐步从零增加到最大值。作物系数的变化过程与生育期 LAI 的变化过程相近。作物系数 $K_c$ 在作物全生育期内的变化规律是：在生育期初始，作物系数很小。随着作物生长，作物系数也随着冠层的发育而逐渐增大。在某一阶段，冠层得到充分发育，作物系数达到最大值。此后作物系数会在一定时期内保持稳定。随着作物成熟及叶片衰老，作物系数开始下降。对于那些衰老前就已经收获的作物，其作物系数直至收获都可以保持在峰值。由于实际作物需水量与参照作物蒸发蒸腾量两者受气象因素的影响是同步的，因此，在同一产量水平下，不同水文年份的作物系数相对较稳定。

作物系数受土壤、气候、作物生长状况和管理方式等诸多因素影响，因此确定作物系数的主要方法是通过田间试验，利用试验资料反求作物系数。在没有实测资料的情况下，也可采用计算的方法确定作物系数。FAO (1998) 给出了分段单值平均法来计算作物系数，这是一种比较简单实用的方法，可用于灌溉系统的规划设计和灌溉管理。分段单值平均法把作物系数的变化过程概化为几个阶段，对于大多数一年生作物，依植被覆盖率的变化可概化为四个阶段。四个阶段的划分如下。

（1）初始生长期，从播种到作物覆盖率接近10%，此阶段内的作物系数为$K_{cini}$。

（2）快速发育期，从覆盖率10%到充分覆盖（大田作物覆盖率达到70%～80%），该阶段内作物系数从$K_{cini}$快速增加到$K_{cmid}$。

（3）生育中期，从充分覆盖到成熟期开始，叶片开始变黄，此阶段内作物系数为$K_{cmid}$。

（4）成熟期，从叶片开始变黄到生理成熟或收获，其作物系数从$K_{cmid}$，下降到$K_{cend}$。

段爱旺等（2004）采用分段单值平均法分析计算给出了我国北方地区主要作物的作物系数。

2. 作物系数的计算方法

作物系数反映作物和参考作物之间需水量的差异，可用一个系数来综合反映，即所谓的单作物系数。目前关于作物需水量的计算，大多采用单作物系数法。

在对作物系数的研究中总是把植株蒸腾和土壤蒸发统一考虑，即用单作物系数。其计算公式为

$$ET=K_sK_cET_0 \tag{3-38}$$

式中：$ET$为实际作物蒸发蒸腾量；$ET_0$为参照作物蒸发蒸腾量；$K_c$为作物系数，与作物种类、品种、生育期和作物的群体叶面积指数等因素有关，是作物自身生物学特性的反映；$K_s$为土壤水分修正系数，反映根区土壤水分不足对作物需水量的影响。

## 二、作物系数的确定

1. 实测作物需水量的确定

同上述作物需水量计算一样，作物系数的计算中，对处理选择，应按照作物需水量的定义，遵循如下两个原则：

（1）产量较高。但不一定是最高产量，同时考虑耗水系数$K$（$K$=耗水量/产量，即生产单位经济产量所消耗的水量）比较小。这样在两个产量比较接近时，尽量取较小的耗水量。具体在某一年时，按产量排队从高到低选择2～3个处理分析比较。

（2）尽量符合一般的耗水规律。从上述选出的2～3个处理中，再进一步考查其需水规律，选择出没有异常现象，符合一般需水规律的处理，进行作物系数的计算。然后选择各年变化较小的$K_c$值计算该站多年平均的作物系数值。

2. 计算作物系数

作物系数在一定程度上消除了作物需水量对不同区域气象因素的影响，它主

要受到作物本身的需水特性的影响。作物系数（$K_c$）计算采用下式：

$$K_c=\frac{ET}{ET_0} \tag{3-39}$$

式中：$ET$ 为实测作物需水量，单位：$m^3$/亩；$ET_0$ 为该种作物的参考作物蒸发蒸腾量，$m^3$/亩。

其中实测作物需水量采用田测试验方法确定，参考作物蒸发蒸腾量采用 Peman - Monteith方法计算。

在进行作物系数的计算时，由于作物不同年份计算出的作物系数值有所不同，所以采用偏差系数来表明各个年份之间的差异性。$C_v$ 为 $K_c$ 值的偏差系数，计算公式为

$$C_v=\frac{\sigma}{K_c} \tag{3-40}$$

$$\sigma=\sqrt{\frac{\sum(K_{ci}-K_c)^2}{n-1}} \tag{3-41}$$

式中：$\sigma$ 为标准差；$C_v$ 为 $K_c$ 值的偏差系数；$K_c$ 为作物系数多年平均值；$n$ 为具有作物系数的年数，即试验年数；$K_{ci}$ 为第 $i$ 年的作物系数值。

3. 杂粮及经济作物的作物系数

（1）经济作物的作物系数。根据 1992—2008 年期间分布于全省的 5 个试验站数据，分年度求得了作物需水量，由 Penman - Monteith 方法计算出相应年度的参考作物蒸发蒸腾量，由此计算出各种作物的作物系数。按照上述方法，分地市求出了马铃薯、甜菜、油菜籽、黄花、苹果、棉花、油葵等经济作物的作物系数，见表 3 - 8～表 3 - 14，如图 3 - 1 所示。

**表 3 - 8　　马铃薯的作物系数 $K_c$ 及其偏差系数 $C_v$ 汇总表**

| 地区 | 试验站 | 项　目 | 生育阶段 | | | | | 全生育期 | 年份 |
|---|---|---|---|---|---|---|---|---|---|
| | | | 播种—出苗 | 出苗—分枝 | 分枝—现蕾 | 现蕾—开花 | 开花—成熟 | | |
| 大同 | 御河 | 作物系数 $K_c$ 均值 | 0.30 | 0.59 | 1.01 | 0.85 | 0.78 | 0.86 | 2001—2003、2006、2008 |
| | | 偏差系数 $C_v$/% | 25.06 | 35.85 | 40.33 | 49.29 | 31.67 | 12.43 | |

**表 3 - 9　　甜菜的作物系数 $K_c$ 及其偏差系数 $C_v$ 汇总表**

| 地区 | 试验站 | 项　目 | 生育阶段 | | | | | 全生育期 | 年份 |
|---|---|---|---|---|---|---|---|---|---|
| | | | 播种—出苗 | 出苗—苗前 | 苗前—苗后 | 苗后—结实 | 结实—收获 | | |
| 大同 | 御河 | 作物系数 $K_c$ 均值 | 0.22 | 0.52 | 1.22 | 1.46 | 1.03 | 0.88 | 1992、1994—1996 |
| | | 偏差系数 $C_v$/% | 38.42 | 28.41 | 22.82 | 21.14 | 23.85 | 9.11 | |

表 3-10　　油菜籽的作物系数 $K_c$ 及其偏差系数 $C_v$ 汇总表

| 地区 | 试验站 | 项　目 | 生育阶段 | | | | | 全生育期 | 年份 |
|---|---|---|---|---|---|---|---|---|---|
| | | | 播种—出苗 | 出苗—拔节 | 拔节—开花 | 开花—灌浆 | 灌浆—收获 | | |
| 大同 | 御河 | 作物系数 $K_c$ 均值 | 0.46 | 0.31 | 1.46 | 1.51 | 1.19 | 0.92 | 1992—1994 |
| | | 偏差系数 $C_v$/% | 21.18 | 46.10 | 10.84 | 23.01 | 53.86 | 5.86 | |

表 3-11　　黄花的作物系数 $K_c$ 及其偏差系数 $C_v$ 汇总表

| 地区 | 试验站 | 项　目 | 生育阶段 | | | | 全生育期 | 年份 |
|---|---|---|---|---|---|---|---|---|
| | | | 移植—开花 | 开花—盛果 | 盛果—变红 | 变红—收获 | | |
| 大同 | 御河 | 作物系数 $K_c$ 均值 | 0.52 | 0.99 | 1.23 | 0.90 | 0.82 | 2001、2003—2005 |
| | | 偏差系数 $C_v$/% | 40.07 | 21.76 | 31.55 | 24.29 | 25.83 | |

表 3-12　　苹果的作物系数 $K_c$ 汇总表

| 地区 | 试验站 | 项　目 | 生育阶段 | | | | | | | 全生育期 | 年份 |
|---|---|---|---|---|---|---|---|---|---|---|---|
| | | | 休眠—萌芽 | 萌芽—现蕾 | 现蕾—开花 | 开花—坐果 | 坐果—膨大 | 膨大—成熟 | 成熟—收获 | | |
| 运城 | 夹马口 | 作物系数 $K_c$ | 0.50 | 0.98 | 1.08 | 1.17 | 1.26 | 1.40 | 1.31 | 1.12 | 2008 |

表 3-13　　棉花的作物系数 $K_c$ 汇总表

| 地区 | 试验站 | 项　目 | 生育阶段 | | | | | | 全生育期 | 年份 |
|---|---|---|---|---|---|---|---|---|---|---|
| | | | 播种—出苗 | 出苗—现蕾 | 现蕾—开花 | 开花—结铃 | 结铃—吐絮 | 吐絮—拔杆 | | |
| 运城 | 夹马口 | 作物系数 $K_c$ | 0.49 | 0.43 | 0.52 | 1.44 | 1.51 | 0.76 | 0.98 | 2008 |

表 3-14　　油葵的作物系数 $K_c$ 及其偏差系数 $C_v$ 汇总表

| 地区 | 试验站 | 项　目 | 生育阶段 | | | | 全生育期 | 年份 |
|---|---|---|---|---|---|---|---|---|
| | | | 移植—开花 | 开花—盛果 | 盛果—变红 | 变红—收获 | | |
| 临汾 | 汾西 | 作物系数 $K_c$ 均值 | 0.55 | 0.69 | 0.99 | 0.79 | 0.71 | 2002—2005 |
| | | 偏差系数 $C_v$/% | 65.17 | 38.85 | 50.14 | 57.37 | 31.10 | |
| 运城 | 鼓水 | 作物系数 $K_c$ 均值 | 0.71 | 1.21 | 1.67 | 1.62 | 1.21 | 2004、2005 |
| | | 偏差系数 $C_v$/% | 14.95 | 3.28 | 23.63 | 1.89 | 6.91 | |
| | 红旗 | 作物系数 $K_c$ 均值 | 0.99 | 1.04 | 1.35 | 1.17 | 1.25 | 2002—2005 |
| | | 偏差系数 $C_v$/% | 54.32 | 23.53 | 42.18 | 39.02 | 33.44 | |

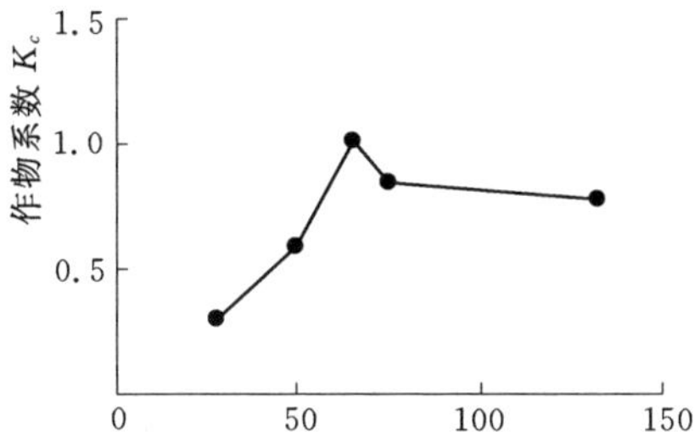

(a) 马铃薯(御河)

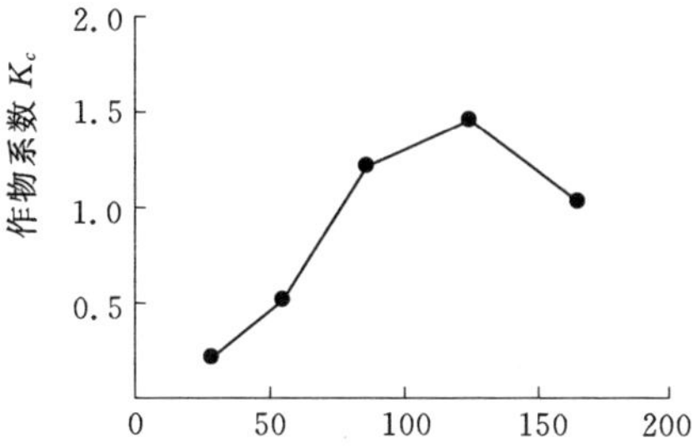

(b) 甜菜(御河)

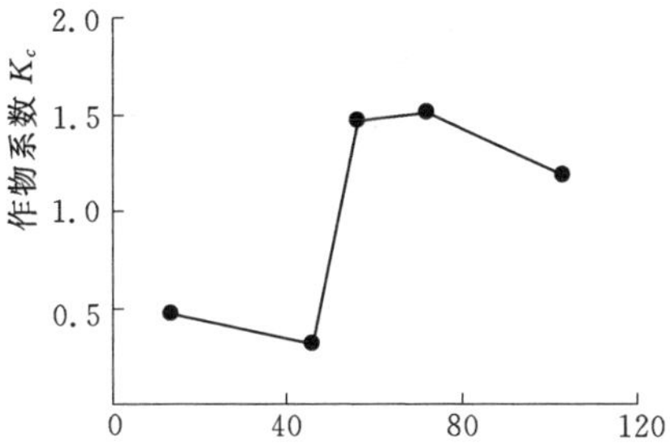

(c) 油菜(御河)

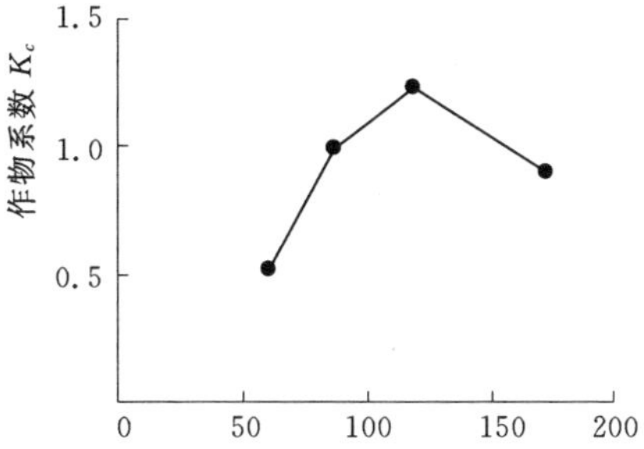

(d) 黄花(御河)

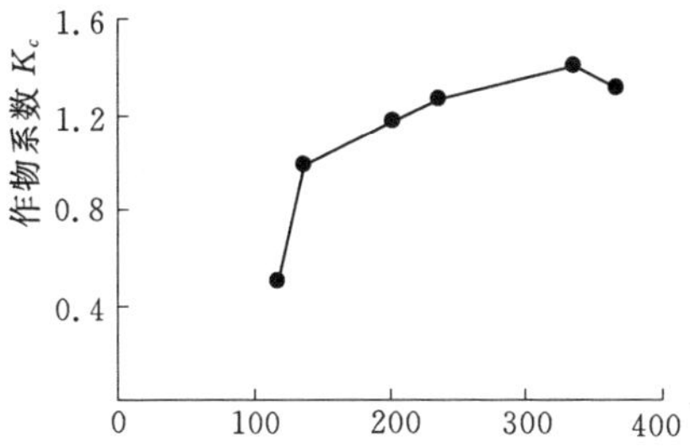

(e) 苹果(夹马口)

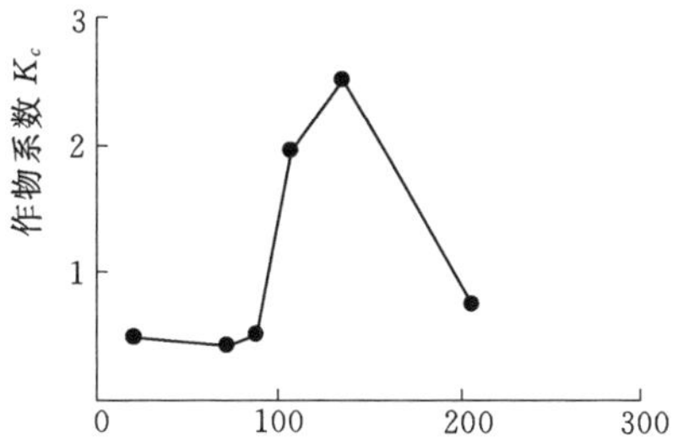

(f) 棉花(夹马口)

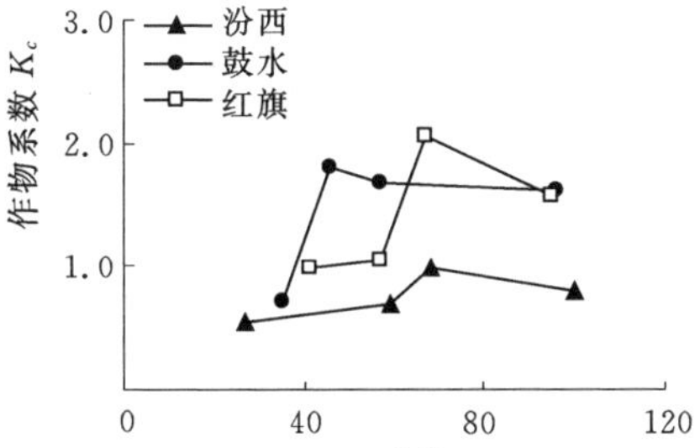

(g) 油葵

图 3-1　经济作物的作物系数变化图

经济作物的作物系数随着生育期的延续呈现出先增大后减小的规律。生育初期，植株幼苗需水较少，作物系数较小；生长快速期，植株覆盖度不断增加，作物需水量显著增长，作物系数增大；生育中期，植株处于生殖生长的关键时期，作物需水量达到最大值，作物系数达到最大值；生长末期，作物需水量减小，作物系数较小。经济作物系数基本都符合四个阶段作物系数变化规律，测试结果合理。

经济作物全生育期作物系数值为 0.71～1.25，各个阶段作物系数数值范围为 0.2～1.67。作物系数阶段最大值分别为：御河站的马铃薯在分枝—现蕾期作物系数达到最大值为 1.01，御河的甜菜在苗后—结实期作物系数达到最大值为 1.46，御河站的油菜在开花—灌浆期作物系数达到最大为 1.51，御河站的黄花在盛果—变红期达到最大值为 1.23，夹马口站的苹果在膨大—成熟期达到最大值为 1.40，夹马口站的棉花在结铃—吐絮期达到最大值为 1.51，汾西、鼓水、红旗的油葵在盛果—变红期达到最大为 0.99～1.67。

油葵试验分布在汾西、鼓水、红旗 3 个试验站，其作物系数的变化规律基本一致，均在盛果—变红期达到最大值。临汾的汾西作物系数比运城的鼓水、红旗地区的作物系数小一些，说明由南向北油葵作物系数有减小趋势。

(2) 蔬菜的作物系数。根据 1987—2006 年期间分布于全省的 3 个试验站数据，分年度求得了作物需水量，由 Peman - Monteith 方法计算出相应年度的参考作物蒸发蒸腾量，由此计算出各种作物的作物系数。按照上述方法，分地市求出了茴子白、尖椒、西葫芦、南瓜、辣椒、青椒、茄子、番茄、黄瓜的作物系数，见表 3 - 15～表 3 - 23 和如图 3 - 2 所示。

**表 3 - 15　　茴子白的作物系数 $K_c$ 及其偏差系数 $C_v$ 汇总表**

| 地区 | 试验站 | 项　目 | 生育阶段 | | | | | 全生育期 | 年份 |
|---|---|---|---|---|---|---|---|---|---|
| | | | 播种—出苗 | 出苗—拔节 | 拔节—开花 | 开花—灌浆 | 灌浆—收获 | | |
| 大同 | 御河 | 作物系数 $K_c$ 均值 | 0 | 0.42 | 0.82 | 1.07 | 1.02 | 0.84 | 1987—1990 |
| | | 偏差系数 $C_v$/% | | 134.43 | 26.82 | 34.53 | 29.93 | 30.37 | |

**表 3 - 16　　尖椒的作物系数 $K_c$ 汇总表**

| 地区 | 试验站 | 项　目 | 生育阶段 | | | | 全生育期 | 年份 |
|---|---|---|---|---|---|---|---|---|
| | | | 移植—开花 | 开花—盛果 | 盛果—变红 | 变红—收获 | | |
| 长治 | 黎城 | 作物系数 $K_c$ | 0.46 | 1.58 | 1.00 | 0.86 | 0.80 | 2004 |

**表 3-17　　西葫芦的作物系数 $K_c$ 汇总表**

| 地区 | 试验站 | 项　目 | 生育阶段 | | | 全生育期 | 年份 |
|---|---|---|---|---|---|---|---|
| | | | 种植—始花 | 始花—始收 | 始收—末收 | | |
| 晋中 | 潇河 | 作物系数 $K_c$ | 0.34 | 1.43 | 1.30 | 0.34 | 2006 |

**表 3-18　　南瓜的作物系数 $K_c$ 汇总表**

| 地区 | 试验站 | 项　目 | 生育阶段 | | | 全生育期 | 年份 |
|---|---|---|---|---|---|---|---|
| | | | 种植—始花 | 始花—始收 | 始收—末收 | | |
| 晋中 | 潇河 | 作物系数 $K_c$ | 0.33 | 1.06 | 0.78 | 0.53 | 2006 |

**表 3-19　　辣椒的作物系数 $K_c$ 汇总表**

| 地区 | 试验站 | 项　目 | 生育阶段 | | | 全生育期 | 年份 |
|---|---|---|---|---|---|---|---|
| | | | 种植—始花 | 始花—始收 | 始收—末收 | | |
| 晋中 | 潇河 | 作物系数 $K_c$ | 0.40 | 1.34 | 1.22 | 0.68 | 2006 |

**表 3-20　　青椒的作物系数 $K_c$ 汇总表**

| 地区 | 试验站 | 项　目 | 生育阶段 | | | 全生育期 | 年份 |
|---|---|---|---|---|---|---|---|
| | | | 种植—始花 | 始花—始收 | 始收—末收 | | |
| 晋中 | 潇河 | 作物系数 $K_c$ | 0.51 | 1.30 | 1.15 | 0.67 | 2006 |

**表 3-21　　茄子的作物系数 $K_c$ 汇总表**

| 地区 | 试验站 | 项　目 | 生育阶段 | | | 全生育期 | 年份 |
|---|---|---|---|---|---|---|---|
| | | | 种植—始花 | 始花—始收 | 始收—末收 | | |
| 晋中 | 潇河 | 作物系数 $K_c$ | 0.67 | 1.25 | 1.15 | 0.74 | 2006 |

**表 3-22　　番茄的作物系数 $K_c$ 汇总表**

| 地区 | 试验站 | 项　目 | 生育阶段 | | | 全生育期 | 年份 |
|---|---|---|---|---|---|---|---|
| | | | 种植—始花 | 始花—始收 | 始收—末收 | | |
| 晋中 | 潇河 | 作物系数 $K_c$ | 0.96 | 1.44 | 1.37 | 1.13 | 2006 |

**表 3-23　　黄瓜的作物系数 $K_c$ 汇总表**

| 地区 | 试验站 | 项　目 | 生育阶段 | | | 全生育期 | 年份 |
|---|---|---|---|---|---|---|---|
| | | | 种植—始花 | 始花—始收 | 始收—末收 | | |
| 晋中 | 潇河 | 作物系数 $K_c$ | 0.58 | 1.08 | 0.96 | 0.77 | 2006 |

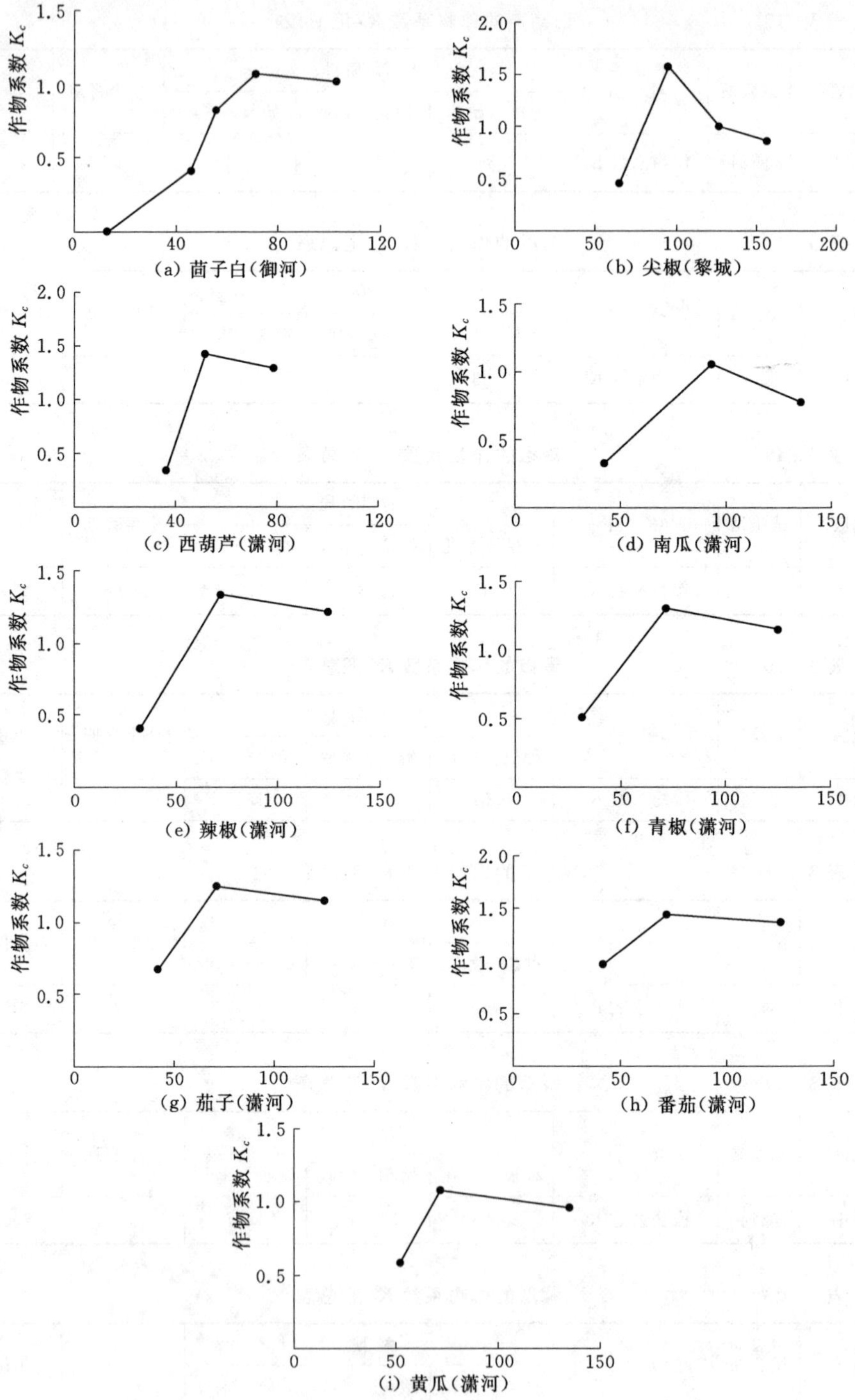

(a) 茴子白(御河)

(b) 尖椒(黎城)

(c) 西葫芦(潇河)

(d) 南瓜(潇河)

(e) 辣椒(潇河)

(f) 青椒(潇河)

(g) 茄子(潇河)

(h) 番茄(潇河)

(i) 黄瓜(潇河)

图 3-2　蔬菜的作物系数变化图

蔬菜的作物系数在整个生育期内呈现先增后减的变化规律，基本符合四个阶段作物系数变化规律，测试结果合理。

蔬菜生育期作物系数值为 0.34～1.13，生育阶段作物系数值为 0.33～1.58。作物系数阶段最大值分别为：御河站的茴子在开花—灌浆期达到最大值为 1.07，黎城站的尖椒开花—盛果期达到最大值为 1.58，潇河站的西葫芦在始花—始收期达到最大值为 1.43，潇河站的南瓜在始花—始收期达到最大值为 1.06，潇河站的辣椒在始花—始收期达到最大值为 1.34，潇河站的青椒在始花—始收期达到最大值为 1.30，潇河站的茄子在始花—始收期达到最大值为 1.25，潇河站的番茄在始花—始收期达到最大值为 1.44，潇河站的黄瓜在始花—始收期达到最大值为 1.08。

（3）杂粮的作物系数。根据统计分析 2002—2012 年期间分布于全省的 5 个试验站数据，分年度求得了作物需水量，由 Peman - Monteith 方法计算出相应年度的参考作物蒸发蒸腾量，由此计算出各种作物的作物系数。按照上述方法，分地市求出了黍子、黄豆、黑豆、红小豆的作物系数，见表 3 - 24～表 3 - 27，如图 3 - 3 所示。

**表 3 - 24　　黍子的作物系数 $K_c$ 及其偏差系数 $C_v$ 汇总表**

| 地区 | 试验站 | 项　目 | 生育阶段 | | | | | | 全生育期 | 年份 |
|---|---|---|---|---|---|---|---|---|---|---|
| | | | 播种—出苗 | 出苗—分蘖 | 分蘖—拔节 | 拔节—抽穗 | 抽穗—灌浆 | 灌浆—成熟 | | |
| 大同 | 御河 | 作物系数 $K_c$ 均值 | 0.18 | 0.47 | 0.55 | 1.19 | 1.27 | 1.00 | 1.09 | 2004、2006 |
| | | 偏差系数 $C_v$/% | 38.44 | 55.40 | 16.11 | 11.72 | 36.31 | 39.82 | 7.36 | |

**表 3 - 25　　黄豆的作物系数 $K_c$ 及其偏差系数 $C_v$ 汇总表**

| 地区 | 试验站 | 项　目 | 生育阶段 | | | | | 全生育期 | 年份 |
|---|---|---|---|---|---|---|---|---|---|
| | | | 播种—出苗 | 出苗—始花 | 始花—花盛 | 花盛—终花 | 终花—收获 | | |
| 长治 | 黎城 | 作物系数 $K_c$ 均值 | 1.07 | 1.35 | 1.46 | 1.65 | 1.08 | 1.21 | 2006、2008、2012 |
| | | 偏差系数 $C_v$/% | 27.74 | 28.55 | 46.89 | 10.64 | 48.70 | 5.00 | |
| 临汾 | 汾西 | 作物系数 $K_c$ | 0.94 | 0.65 | 0.64 | 0.97 | 0.87 | 0.78 | 2008 |
| | 霍泉 | 作物系数 $K_c$ 均值 | 0.42 | 0.65 | 0.92 | 1.11 | 0.86 | 0.71 | 2002、2005、2008、2012 |
| | | 偏差系数 $C_v$/% | 20.57 | 46.31 | 25.95 | 46.56 | 24.72 | 20.15 | |

**表 3 - 26　　黑豆的作物系数 $K_c$ 汇总表**

| 地区 | 试验站 | 项　目 | 生育阶段 | | | | | | 全生育期 | 年份 |
|---|---|---|---|---|---|---|---|---|---|---|
| | | | 播种—出苗 | 出苗—分枝 | 分枝—始花 | 始花—结荚 | 结荚—谷粒 | 谷粒—成熟 | | |
| 晋中 | 潇河 | 作物系数 $K_c$ | 0.04 | 0.34 | 1.24 | 1.36 | 1.50 | 0.71 | 0.32 | 2008 |

表 3-27　红小豆的作物系数 $K_c$ 及其偏差系数 $C_v$ 汇总表

| 地区 | 试验站 | 项　目 | 生育阶段 | | | | | 全生育期 | 年份 |
|---|---|---|---|---|---|---|---|---|---|
| | | | 播种—分枝 | 分枝—始花 | 始花—结荚 | 结荚—鼓粒 | 鼓粒—成熟 | | |
| 晋中 | 潇河 | 作物系数 $K_c$ 均值 | 0.38 | 1.12 | 1.16 | 1.40 | 1.15 | 0.97 | 2003—2005 |
| | | 偏差系数 $C_v$/% | 6.61 | 27.90 | 28.38 | 25.51 | 40.78 | 8.41 | |

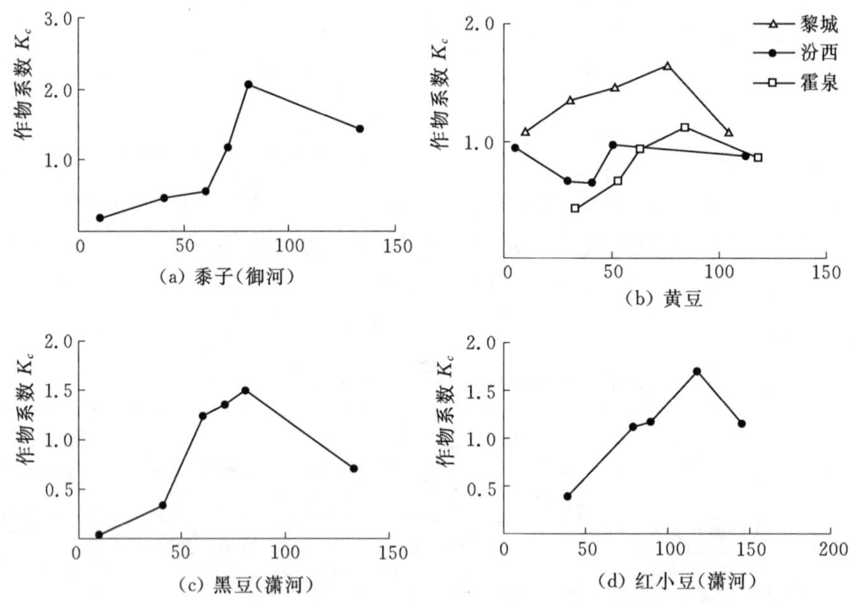


图 3-3　杂粮的作物系数变化图

杂粮的作物系数随着作物的生长呈现先增后减的趋势，杂粮作物系数基本都符合四个阶段作物系数变化规律，测试结果合理。

杂粮作物系数全生育期数值为 0.32～1.21，各个生育阶段的作物系数值为 0.04～1.65。作物系数阶段最大值分别为：御河站的黍子在抽穗—灌浆期达到最大值为 1.27，黎城、汾西和霍泉站黄豆的作物系数花盛—终花期达到最大值为 0.97～1.65，黑豆在结荚—谷粒期达到最大值为 1.50，潇河站红小豆在结荚—鼓粒期上升至最大值为 1.40。

作物系数的区域变化情况，各试验站作物系数有一定的区域变化规律。黎城黄豆的需水量整体高于汾西和霍泉，作物系数值高于汾西和霍泉站，即由南向北黄豆作物系数呈现增加的趋势。黎城站黄豆的作物系数波动较大，汾西和霍泉站的黄豆的作物系数的波动较小。

(4) 作物系数变化规律。作物系数 $K_c$ 值的年际变化情况，尽管各试验站计

算出的逐年 $K_c$ 值有差异，但基本上还是在一个小范围内变动的，其偏差系数见表 3-8～表 3-27。由表中数值可见，生育阶段 $K_c$ 值的偏差系数要比全生育期的大，这是因为阶段需水量的绝对值小，对误差的敏感性强。而全生育期则有一些误差可以相互抵消，且需水量绝对值又大，对误差敏感性小。偏差系数可以作为评价作物需水量试验精度的一个指标，偏差系数越小，试验精度越高；反之，试验精度就差。造成这种误差的原因是多方面的，但其中主要因素是对水分供给不能有效控制（主要是降雨量和作物根系层下界面水分通量），量水精度也不够高。所以人们考虑采用有底坑测以排除作物根系层下界面水分通量干扰，设置遮雨篷以隔绝降雨，量水采用水表或水桶量水，从而提高作物需水量数据的精确性。

由于作物需水量试验系列较短，而且试验站点较少，上述作物系数在作物间的变化规律和在区域间的变化规律尚有待于进一步试验分析。

作物需水量不仅与作物种类有关，而且与作物品种、气候等都有密切的关系，需要长期地、不间断地设置至少 3 个以上的处理进行试验。在进行灌溉试验资料总结分析时，应该增加一项 $K_c$ 值的计算内容，绘制逐旬的 $K_c$ 值变化图，为今后需水量预报提供基本参数。

# 第四章 杂粮及经济作物产量-用水量关系

## 第一节 水分生产函数概念

作物水分生产函数，又称为作物-水模型，是表示或描述作物产量与水分关系的一系列数学表达式，也称为数学模型。通过数学模型的方法可以把作物生长和其外部环境因素对作物生长的影响复杂和客观的联系，并进行抽象的、概化的描述，从而使问题简单化，使人们能够有重点地考察分析某些环境因素对作物生长的影响。

影响作物生长的因素是多种多样的，有光照、气温等不可人为调控的因素，有水分、施肥、病虫害，以及作物自身品种特性等可调控的因素。研究的目的是充分认识可调控因素，通过可调控因素的合理调节，使之最大限度地适合于不可调控的因素，从而实现资源的持续利用和经济的持续发展。在可调控因素中：首先是作物自身特性，如作物生产潜力，也称为作物最大产量。作物最大产量是指所有影响作物生长的外部环境因子都达到最适宜作物生长状况时的产量，作物最大产量由作物自身生物学特性所决定。提高作物生产潜力的措施主要是品种改良。其次，影响作物生产潜力的是环境因素，在实际情况下，影响作物生长的各种因素不可能或至少不可能全部都达到作物生长的适宜值。因此，作物实际产量都小于作物的最大产量。农业生产管理的目的之一就是通过对各种可控因素的合理调控，使之与当地自然资源达到最佳的耦合、匹配，以最大限度地满足作物生长需求。为此，人们对影响作物生长的各种因素与作物产量及其产品品质之间的关系进行了广泛的研究，并根据不同研究目的和生产要求建立了相当多的作物生长和产量与其影响因素之间的关系。水分是影响作物生长的重要环境因素之一，作物产量与水分之间的关系称为作物水分生产函数，是合理调控水分使之有利于作物生长的重要依据之一。研究作物水分生产函数的目的是为合理利用有限水资源，达到最大的作物产量或产值；为合理确定作物优化灌溉制度，实现有限供水在作物生长期、作物间，亦即在时间和空间上的合理配置提供定量依据。

## 第二节 水分生产函数的形式与分类

作物水分生产函数，根据不同分类方法或从不同认识角度出发，可以划分为

若干类型。对国内外目前主要的作物产量与水分关系模型的考察分析，大致可分为三类：第一类为产量与水分的单因子模型；第二类为产量与水和肥或产量与水和盐分等多因子模型；第三类是以作物生长模拟模型为基础的产量与水分关系模型。这里主要介绍作物水分生产函数的单因子模型。

作物水分生产函数的单因子模型仅以水分作为变量建立产量与水分的关系。依水分表达形式不同，又产生了多种作物水分生产函数的形式，有较为直观的灌溉水量、全生育期腾发量，到后来的相对腾发量、阶段相对腾发量、土壤含水量等。这也反映了人们在作物水分生产函数研究中，对作物产量与水分关系的理解和认识的发展过程。

**一、产量与灌溉供水量的关系**

产量与灌溉供水量的关系最直观的认识是在某一特定气候条件下，即降雨量、农业管理措施、作物品种一定条件下，对作物供水越多，产量越高，但超过一定限度时，产量不再增加，有时甚至减产。分析结果表明产量与用水量或灌溉供水量的关系散点图较为分散，难以确定一个合理的关系式。主要原因是这种函数关系隐含了一个假定，即灌水时间对作物生长和产量没有影响。这一假定明显不符合作物对灌溉供水的反应。

**二、产量与全生育期蒸发蒸腾量的关系**

以全生育期蒸发蒸腾量为自变量建立的作物水分生产函数主要有线性和抛物线两种类型。

线性模型
$$y=a_1+b_1ET \tag{4-1}$$

抛物线性模
$$y=a_2+b_2ET+c_2ET^2 \tag{4-2}$$

式中：$a_1$、$b_1$、$a_2$、$b_2$、$c_2$ 为经验系数，由试验资料回归分析确定；$y$ 为产量；$ET$ 为作物腾发量。

大量分析结果表明，不同站点和不同年份，上述经验系数变化较大，难于推广应用。其主要原因是年际间和地区间大气蒸发力不同，使得作物遭受同样程度干旱时，亦即作物达到同样产量时，作物腾发量是不相同的。由此，人们提出了相对值模型，即用相对产量与相对腾发量建立的作物水分生产函数。

**三、水分生产函数的相对值模型**

作物水分生产函数的相对值模型是指作物相对产量与全生育期腾发量相对值之间的关系。主要代表形式是 Stewart（1977）模型。

$$1-\frac{y}{y_m}=\beta\left(1-\frac{ET}{ET_m}\right) \tag{4-3}$$

式中：$y$ 为作物实际产量；$ET$ 为作物全生育期腾发量；$y_m$ 为作物最大产量，是指水、肥、病虫害等不限制作物正常生长，某种优良品种在当年气候条件下，可获得的产量，亦即充分灌溉条件下的产量；$ET_m$ 为与 $y_m$ 相对应的作物全生育期的腾发量；$\beta$ 为称为减产率的一个常数，Doorenbos 和 Kassam 等称其为产量反应系数，并以 $K_y$ 表示，是相对减产量（$1-y/y_m$）与相对缺水量（$1-ET/ET_m$）的比值。

式（4-3）为相对产量与相对腾发量的线性关系，当作物产量达到较高程度时相对产量与相对腾发量更符合非线性关系，即

$$1-\frac{y}{y_m}=\beta\left(1-\frac{ET}{ET_m}\right)^{\sigma} \tag{4-4}$$

式中：$\sigma$ 为根据受旱试验资料分析求得的经验指数；其他符号意义同前。

作物水分生产函数的相对值模型，在一定程度上消除了气候变化、品种变化对作物产量与水分关系的影响，因而较绝对值模型有更好的时间和空间延伸特性，即年际间和地区间作物减产系数 $\beta$ 变化较小，试验数据的拟合精度也较高。

Doorenbos 和 Kassam（1977）使用 Stewart 模型提出了世界各地（不包括中国）18 种作物的产量反应系数值，见表 4-1。

**表 4-1　　产量反应系数 $K_y$（FAO，1981）**

| 作物 | | 缺水阶段 $(K_y)_i$ | | | | | | 全生育期 $K_y$ |
|---|---|---|---|---|---|---|---|---|
| | | 营养生长期 | | | 开花期 | 产品形成期 | 成熟期 | |
| | | 初期 | 末期 | 小计 | | | | |
| 粮食作物 | 高粱 | | | 0.20 | 0.55 | 0.45 | 0.20 | 0.90 |
| | 大豆 | | | 0.20 | 0.80 | 1.00 | | 0.85 |
| 经济作物 | 棉花 | | | 0.20 | 0.50 | | 0.25 | 0.85 |
| | 花生 | | | 0.20 | 0.80 | 0.60 | 0.20 | 0.70 |
| | 向日葵 | 0.25 | 0.50 | | 1.00 | 0.80 | | 0.95 |
| | 甜菜 | | | | | | | 0.70～1.10 |
| | 烟草 | 0.20 | 1.00 | | | 0.50 | | 0.90 |
| 果树蔬菜 | 甘蓝 | 0.20 | | | | 0.45 | 0.60 | 0.95 |
| | 葡萄 | | | | | | | 0.85 |
| | 西红柿 | | | 0.40 | 1.10 | 0.80 | 0.40 | 1.05 |
| | 西瓜 | 0.45 | 0.70 | | 0.80 | 0.80 | 0.30 | 1.10 |

## 四、时间水分生产函数

时间水分生产函数是以阶段相对腾发量为自变量建立的相对产量与阶段相对腾发量的关系。因为阶段腾发量包含了作物生长的时间概念，故称为时间水分生产函数。时间水分生产函数有多种形式，依模型结构可分为单阶段型、加法型和乘法型三种类型。单阶段型以 Doorenbos - Kassam 模型为代表，加法型水分生产函数以 Blank 模型为代表，乘法型模型以 Jensen 模型为代表。

(1) 单阶段型。Doorenbos 和 Kassam（1979）提出用式（4-3）形式的模型

来定量描述阶段水分亏缺对产量的影响，其中相对腾发量变为某一阶段（$i$）的相对腾发量，相应的产量反应系数也变为阶段 $i$ 的产量反应系数，即

$$1-\frac{y}{y_m}=K_{yi}\left(1-\frac{ET_i}{ET_{mi}}\right) \tag{4-5}$$

式中：$K_{yi}$ 为作物第 $i$ 阶段的产量反应系数；$ET_{mi}$ 为与 $y_m$ 对应的，即充分灌溉条件下作物阶段 $i$ 的腾发量；$ET_i$ 为与 $y$ 对应的，即非充分灌溉条件下阶段 $i$ 的腾发量；其余符号意义同前。

从式（4－5）可看出，在同等水分亏缺程度条件下，产量反应系数越大的阶段，发生水分亏缺时，作物减产损失可能越大，即该阶段对水分亏缺的敏感性越大。由此可以比较直观地看出作物需水敏感期，或称为需水关键期。但不是灌水关键期，需水关键期仅是就作物自身生理需水特性而言，而灌水关键期则是考虑了作物自身生理需水特性和当地气候、降水分布等因素综合作用后，求得的合理的灌溉供水时间。按照灌水关键期灌溉可使作物受旱减产损失达到最低程度。

作物产量反应系数为灌溉用水优化管理提供了一个关键性参数。为了提高有限灌溉供水的生产效率，应对 $K_y$ 值较大的作物优先供水，对同一种作物则应对 $K_y$ 值较大的缺水阶段优先供水。Doorebos－Kassam 阶段水分生产函数在水资源规划管理中得到较广泛的应用。但是在应用和研究过程中，人们发现作物相对减产量 $1-y/y_m$ 和相对缺水量 $1-ET/ET_m$ 之间并非都是线性关系，更多的是非线性关系。因此对 Doorenbos－Kassam 模型进行了改进，见表 4－2。但作者认为，式（4－6）形式的模型，可能更为合理，且便于参数求解。

**表 4－2　　作物单阶段时间水分生产函数**

| 地　区 | 作物水模型的结构 | 来　源 |
|---|---|---|
| 河北望都站 | $\left(\frac{ET_{ai}}{ET_{mi}}\right)=C_i+\left(\frac{y}{y_m}\right)^{\lambda_i}$<br>$\left(1-\frac{ET_{ai}}{ET_{mi}}\right)=a_{oi}+b_{li}\left(1-\frac{y}{y_m}\right)^{\lambda_i}$ | 武汉水利电力大学、<br>黑龙江水科所 |
| 内蒙古通辽站 | $\left(\frac{y_a}{y_m}\right)_i=C_i+\left(\frac{ET_a}{ET_m}\right)_i^{\lambda_i}$<br>$\left(1-\frac{y_a}{y_m}\right)_i=a_i+b_i\left(1-\frac{ET_a}{ET_m}\right)_i^{\lambda_i}$ | 内蒙古农牧学院、<br>内蒙古水科所 |

注　$a_{oi}$，$a_i$，$b_{li}$，$b_i$，$C_i$，$\lambda_i$ 均为 $i$ 阶段经验系数。

$$1-\frac{y}{y_m}=K_{yi}\left(1-\frac{ET_i}{ET_{mi}}\right)^{\lambda_i} \tag{4-6}$$

式中：$\lambda_i$ 为一指数形式的参数；$K_{yi}$ 和 $\lambda_i$ 的值应通过非充分灌溉试验确定。

（2）加法模型。以各阶段的相对腾发量或相对缺水量作自变量，用相加形式的数学关系构成的作物产量与水分关系，称为加法形式的水分生产函数，简称加法模型。代表性的模型有 Blank（1975）模型，Stewart 模型（1976），Singh 模型（1987）和 Hiller－Clark 模型（1971）。

1）Blank 模型。以相对腾发量为自变量：

$$\frac{y}{y_m} = \sum_{i=1}^{n} K_i \left(\frac{ET}{ET_m}\right)_i \tag{4-7}$$

式中：$K_i$ 为作物第 $i$ 阶段缺水对产量影响的水分敏感系数，$i=1,2,\cdots,n$ 为生育阶段序号；$n$ 为划分的生育阶段数。

2）Singh 模型。以相对缺水量为自变量：

$$\frac{y}{y_m} = \sum_{i=1}^{n} K_i \left[1-\left(1-\frac{ET}{ET_m}\right)^{b_0}\right]_i \tag{4-8}$$

式中：$K_i$ 为缺水敏感性系数；$b_0$ 为幂指数，常取 $b_0=2$。

3）Hiller－Clark 模型。E. A. Hiller 和 R. N. Clark（1971）提出用水分胁迫因子作加数和相对缺水量为自变量的加法模型：

$$\frac{y}{y_m} = \sum_{i=1}^{n} (SD_i + CS_i) \tag{4-9}$$

$$SD_i = 1-\left(\frac{ET}{ET_m}\right)_i$$

式中：$CS_i$ 为日平均水分胁迫因子，用于量度作物缺水时间和程度。

分析考察上述加法模型，为便于模型参数求解，便于与其他相关研究成果结合和资料的获取，以及符合逻辑性等原则，以 Blank 和 Singh 模型较为合理。

（3）乘法模型。以阶段相对腾发量或相对缺水量作自变量，用连乘的数学关系式构成了阶段水分亏缺对产量影响的乘法模型。代表性的乘法模型有 Jensen 模型（1968），以相对腾发量为自变量的一个过程模型（王仰仁等，1997），Minhas 模型（1974）和 Rao 模型（1988）。

1）Jensen 模型。以阶段相对腾发量为自变量：

$$\frac{y}{y_m} = \prod_{i=1}^{n} \left(\frac{ET}{ET_{mi}}\right)_i^{\lambda_i} \tag{4-10}$$

式中：$\lambda_i$ 为作物生育阶段 $i$ 缺水分对作物产量影响的敏感性指数，简称水分敏感指数。

由于 $(ET/ET_m)_i \leqslant 1.0$，且 $\lambda_i \geqslant 0$，故 $\lambda_i$ 值愈大，将会使连乘后的 $y/y_m$ 愈小，表示对产量的影响愈大；反之 $\lambda_i$ 愈小，对同等受旱程度，即同样的相对腾发量，会使 $y/y_m$ 愈大，表示对产量的影响愈小。因此，$\lambda_i$ 是表示作物生长对缺水反应的关键性参数。

Hill 等人（1979）考虑作物生长过程中的延迟播种（$S_{YF}$）和发生倒伏（$L_F$）因子，对 Jensen 模型进行了修正，提出了如下大豆模型：

$$\frac{y}{y_m} = \prod_{i=1}^{n} \left(\frac{ET}{ET_m}\right)_i^{\lambda_i} S_{YF} L_F \tag{4-11}$$

这一修正系数为人们对Jensen模型的应用与进一步改进提供了思路，即把$S_{YF}$表示为播种延迟时间（$\Delta t$）的函数$S_{YF}(\Delta t)$，把$L_F$表示为倒伏程度（$x$）的函数$L_F(x)$，可能更好，而不仅仅是一个固定的系数值。对人们的另一个启发是，可以Jensen为基础，构建水肥生产函数或水盐生产函数等，而且可分步确定有关参数，这样就可以充分利用已有的大量的水分敏感指数研究成果和大量的施肥试验数据和咸水灌溉试验数据等分别构建水肥生产函数和水盐生产函数。

2）以相对腾发量为自变量的一个过程模型。考虑到Jensen模型的结构特性，即，假如把相邻两个阶段合并为一个阶段时，水分敏感指数似乎有相加的特性，尽管不是很严格，即

$$\left(\frac{ET_1+ET_2}{ET_{m1}+ET_{m2}}\right)^{\lambda_1+\lambda_2}\approx\left(\frac{ET_1}{ET_{m1}}\right)^{\lambda_1}\left(\frac{ET_2}{ET_{m2}}\right)^{\lambda_2} \tag{4-12}$$

而且，仔细观察阶段水分敏感指数累加值与生长天数的关系，可发现，其变化规律基本符合逻辑斯蒂函数，说明水分敏感指数较好地反映了作物的生长过程特性，即作物产量对阶段水分亏缺的敏感性也符合作物生长前期和后期生长势（如干物质积累速率）弱，中期生长势强的生长特性。据此王仰仁等（1997）提出了如下以相对腾发量为自变量的过程模型：

$$\frac{y}{y_m}=\prod_{i=0}^{n}\left[\frac{ET(\Delta t_i)}{ET_m(\Delta t_i)}\right]^{\lambda(\Delta t_i)} \tag{4-13}$$

$$\lambda(\Delta t_i)=z(t_i)-z(t_{i-1}) \tag{4-14}$$

$$Z(t)=\frac{c}{1+e^{a-bt}} \tag{4-15}$$

$$\Delta t_i=t_i-t_{i-1}$$

式中：$t_i$为从播种日或某一指定日期算起的作物生长天数；$\lambda(\Delta t_i)$为时段$\Delta t_i=t_i-t_{i-1}$的水分敏感指数值；$Z(t)$为水分敏感指数累积曲线；$ET(\Delta t_i)$和$ET_m(\Delta t_i)$分别为与$y$和$y_m$相对应的$\Delta t_i$时段的作物腾发量；$a$、$b$、$c$为待定系数。

3）Minhas模型。由B. minhas，K. Parkhm和N. Sriniva San（1974）等人提出：

$$\frac{y}{y_m}=a_0\prod_{i=1}^{n}\left[1-\left(1-\frac{ET_i}{ET_{mi}}\right)^{b_0}\right]^{\lambda_i} \tag{4-16}$$

式中：$\lambda_i$为水分敏感指数，但数值上不同于Jensen模型的$\lambda_i$；一般取$b_0=2.0$；$a_0$可以认为是实际水分亏缺以外的其他因素对产量的影响修正系数，在单因子水分生产函数中，$a_0=1$。

4）Rao模型。用阶段相对缺水量作自变量，N. H. Rao（1988）给出了如下模型：

$$\frac{y}{y_m}=\sum_{i=1}^{n}\left[1-K_i\left(1-\frac{ET_i}{ET_{mi}}\right)\right] \tag{4-17}$$

式中：$K_i$ 为作物不同生育阶段缺水对产量的敏感系数，其物理意义相似于阶段 Doorenbos - Kassam 模型中的 $K_{yi}$，从模型结构式（4-17）可见，由于 $K_i$ 值的变大会使自变量 $K_i(1-ET_i/ET_{mi})$ 值增大，最终会使 $y/y_m$ 减小，使目标值产量变小，反之 $K_i$ 值小，会使目标值变大。因而对 Rao 模型中的敏感系数：$K_i$ 值愈大，敏感性愈大（即会使 $y$ 距 $y_m$ 愈大）；$K_i$ 值愈小，敏感性愈小。这一概念与 Doorenbos Kassam 模型中的 $K_{yi}$ 一致，与 Jensen 模型的水分敏感指数对产量的影响的概念也一致。

## 第三节　产量-用水量关系模型的参数率定

### 一、绝对值模型及其参数确定

1. 模型描述

作物水分生产函数绝对值模型是指作物产量与全生育期蒸发蒸腾量的关系，多用二次抛物线表示，采用式（4-2）进行计算。根据已有的试验数据，进行回归分析，得到抛物线模型。抛物线模型能够说明产量与耗水量的相对关系，能提供最大产量及其相应的耗水量值。

2. 二次抛物线模型的参数计算

根据山西省大同御河、中心试验站、湫水河、临汾、黎城、夹马口、滹沱河、潇河、神溪、文峪河、镇子梁、原平阳武河、平陆、霍泉、新绛鼓水、利民等灌溉试验站的数据分析计算了黄豆、红小豆、黍子、马铃薯、油葵等水分生产函数为二次抛物线模型的参数，见表 4-3。

（1）经济作物。根据山西省灌溉试验站的试验数据，采用 2～5 年的灌溉试验数据，计算了油葵、马铃薯、棉花、苹果、黍子、花生 6 种经济作物的二次抛物线模型，并确定了计算参数。计算所使用样本数为 5～26 个，相关系数为 0.45～1.0，数据相关性较好，$F$ 检验数值为 6.79～2704，$F$ 检验大于相对应的 $F_{0.05}$，产量与耗水量为显著相关水平。

油葵试验分布在临汾、文峪河、平陆红旗、新绛鼓水和利民 5 个试验站，根据上述计算过程利用 5 个试验站的试验资料分别拟合了五种二次抛物线模型并对每个模型的参数进行了确定。由表 4-3 可知，临汾站采用 2002 年、2003 年、2004 年、2005 年 4 年的数据，公式适用的耗水量范围为 180.4～397.6mm；文峪河采用 2002 年、2003 年、2004 年 3 年的数据，公式适用的耗水量范围为 169.8～565.5mm；平陆红旗采用 2002 年、2003 年、2004 年、2005 年 4 年的数据，公式适用的耗水量范围为 157.3～595.8mm；新绛鼓水采用 2004 年、2005 年两年的数据，公式适用的耗水量范围为 244.9～414.7mm；利民采用 2007 年的数据，公式适用的耗水量范围为 337.8～518.5mm。

表 4-3 山西省不同地区、不同作物的水分生产函数绝对值模型参数

| 作物名称 | 站名 | 二次抛物线模型参数 | | | 样本数 | 相关系数 $R$ | 标准误差 $S_{yx}$ | $F$ 值 | $\alpha$ 值 | 实测最大 | | 计算最大 | | 公式适用的耗水量范围/mm | 年份 |
|---|---|---|---|---|---|---|---|---|---|---|---|---|---|---|---|
| | | $a$ | $b$ | $c$ | | | | | | 产量/(kg/hm²) | 耗水量/mm | 产量/(kg/hm²) | 耗水量/mm | | |
| 油葵 | 临汾 | −0.0148 | 6.818 | −550.9 | 10 | 0.66 | 47.06 | 6.79 | 0.023 | 4246.5 | 271.3 | 3549.0 | 346.50 | 180.4～397.6 | 2002、2003、2004、2005 |
| | 文峪河 | −0.0009 | 0.772 | −25.6 | 18 | 0.55 | 23.73 | 9.12 | 0.003 | 2325.0 | 284.7 | 2109.0 | 646.20 | 169.8～565.5 | 2002、2003、2004 |
| | 平陆红旗 | −0.0029 | 1.399 | −45.9 | 21 | 0.51 | 21.73 | 9.24 | 0.002 | 2274.0 | 379.9 | 1810.5 | 357.15 | 157.3～595.8 | 2002、2003、2004、2005 |
| | 新绛鼓水 | −0.0193 | 9.436 | −957.8 | 10 | 0.82 | 22.63 | 15.73 | 0.003 | 3045.0 | 372.9 | 2964.0 | 367.35 | 244.9～414.7 | 2004、2005 |
| | 利民 | −0.0006 | 1.293 | −154.1 | 6 | 0.96 | 12.42 | 33.49 | 0.009 | 3450.0 | 345.7 | — | — | 337.8～518.5 | 2007 |
| 黄豆 | 霍泉 | −0.1281 | 75.078 | −10843.7 | 6 | 0.91 | 7.64 | 15.41 | 0.026 | 2221.5 | 424.3 | 2308.5 | 439.50 | 408.6～456.9 | 2012 |
| | 利民 | −0.0183 | 10.460 | −1233.5 | 12 | 0.71 | 43.05 | 10.92 | 0.004 | 4440.0 | 421.1 | 3858.0 | 427.65 | 268.9～486.7 | 2009、2012 |
| 茴子白 | 大同御河 | −0.0125 | 18.639 | −1792.4 | 8 | 0.52 | 777.01 | 2.75 | 0.157 | 78750.0 | 541.8 | 56961.9 | 764.90 | 521.8～1162.3 | 1989、1990 |
| 尖椒 | 黎城 | −0.0535 | 28.048 | −3315.3 | 6 | 0.71 | 23.90 | 3.74 | 0.153 | 5475.0 | 391.6 | 5407.5 | 393.15 | 391.6～447.0 | 2004 |
| 辣椒 | 利民 | −0.0058 | 7.389 | −1582.0 | 6 | 0.80 | 92.93 | 5.99 | 0.090 | 9600.0 | 454.2 | 11761.8 | 650.00 | 472.8～681.3 | 2007 |
| 马铃薯 | 大同御河 | −0.0200 | 13.420 | 938.0 | 25 | 0.45 | 261.33 | 9.14 | 0.001 | 24139.5 | 559.4 | 47907.0 | 504.30 | 208.9～559.3 | 2001、2002、2003、2006、2008 |
| | 镇子梁 | 0.0178 | −4.173 | 629.4 | 6 | 0.99 | 73.95 | 103.04 | 0.002 | 24450.0 | — | — | 175.50 | 279.0～559.3 | 2008 |
| | 临县湫水河 | 0.0164 | −7.028 | 2308.1 | 26 | 0.63 | 112.58 | 19.50 | 0 | 30930.0 | — | — | 320.55 | 345.9～346.9 | 2004、2006、2012 |

续表

| 作物名称 | 站名 | 二次抛物线模型参数 | | | 样本数 | 相关系数 $R$ | 标准误差 $S_{yx}$ | $F$ 值 | $\alpha$ 值 | 实测最大 | | 计算最大 | | 公式适用的耗水量范围/mm | 年份 |
|---|---|---|---|---|---|---|---|---|---|---|---|---|---|---|---|
| | | $a$ | $b$ | $c$ | | | | | | 产量/(kg/hm²) | 耗水量/mm | 产量/(kg/hm²) | 耗水量/mm | | |
| 棉花 | 夹马口 | −0.0051 | 3.877 | −534.6 | 5 | 1.00 | 1.34 | 2704.23 | 0 | 2941.5 | 520.6 | 3018.0 | 569.40 | 333.0～731.7 | 2008、2012 |
| 苹果 | 夹马口 | 0.0012 | −1.600 | 2760.7 | 5 | 0.99 | 24.68 | 145.00 | 0.007 | 51000.0 | — | — | — | 717.3～2068.6 | 2008、2013 |
| 黍子 | 大同御河 | −0.0018 | 1.161 | 93.6 | 6 | 0.95 | 3.36 | 29.05 | 0.011 | 4185.0 | 444.5 | 4191.0 | 480.00 | 237.3～514.3 | 2004、2006 |
| 花生 | 湫水河 | −0.0030 | 2.958 | −419.4 | 13 | 0.65 | 51.30 | 9.39 | 0.005 | 5055.0 | 566.1 | — | — | 309.9～625.3 | 2006、2008 |
| 黑豆 | 潇河 | −0.0023 | 1.590 | −85.9 | 5 | 0.68 | 18.92 | 2.17 | 0.315 | 2653.5 | 427.3 | 2811.0 | 515.70 | 277.8～427.3 | 2008 |
| 红小豆 | 潇河 | −0.0138 | 9.127 | −1354.6 | 11 | 0.73 | 19.00 | 10.62 | 0.006 | 2601.0 | 488.8 | 2364.0 | 497.10 | 379.5～539.5 | 2002、2005 |
| 黄豆 | 滹沱河 | 0.0028 | −1.086 | 285.8 | 12 | 0.73 | 21.32 | 12.39 | 0.003 | 4543.5 | 568.2 | — | — | 314.5～570.9 | 2007、2008 |
| | 中心试验站 | −0.0022 | 0.289 | 190.7 | 19 | 0.61 | 23.30 | 12.28 | 0.001 | 3750.0 | 287.9 | — | — | 126.0～368.4 | 2004、2009 |
| | 文峪河 | −0.0012 | 1.031 | −34.0 | 12 | 0.84 | 15.98 | 23.25 | 0 | 2925.0 | 496.3 | 2898.0 | 660.90 | 178.5～545.8 | 2006、2008 |
| | 霍泉 | −0.1281 | 75.078 | −10843.7 | 6 | 0.91 | 7.64 | 15.41 | 0.026 | 2221.5 | 424.3 | 2308.5 | 439.50 | 408.6～456.9 | 2012 |
| | 利民 | −0.0183 | 10.460 | −1233.5 | 12 | 0.71 | 43.05 | 10.92 | 0.004 | 4440.0 | 421.1 | 3858.0 | 427.65 | 268.9～486.7 | 2009、2012 |

马铃薯试验分布在大同御河、镇子梁、临县湫水河 3 个试验站，分别拟合了三种二次抛物线模型并对每个模型的参数进行了计算。由表 4－3 可知，大同御河站采用 2001 年、2002 年、2003 年、2006 年、2008 年 5 年数据，公式适用的耗水量范围为 208.9～559.3mm；镇子梁站采用 2008 年数据，公式适用的耗水量范围为 279.0～559.3mm；临县湫水河站采用 2004 年、2006 年、2012 年 3 年数据，公式适用的耗水量范围为 345.9～346.9mm。以马铃薯为例，绘制了大同御河、临县湫水河两个站的抛物线曲线，如图 4－1 所示，表明马铃薯耗水量与产量之间的二次曲线关系，拟合良好。

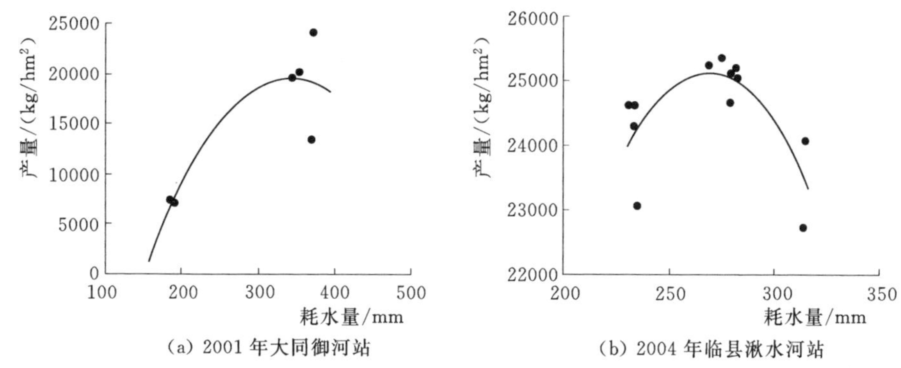


图 4－1　马铃薯水分生产函数抛物线模型

（2）蔬菜作物。根据山西省灌溉试验站的试验数据，采用 1～2 年的灌溉试验数据，计算了茴子白、尖椒和辣椒等 3 种蔬菜的二次抛物线模型，并确定了计算参数。计算所使用样本数为 6～8 个，相关系数为 0.52～0.8，数据相关性较好，$F$ 检验数值为 2.75～5.99，F 检验大于相对应的 $F_{0.05}$，产量与耗水量为显著相关水平。

由表 4－3 可知，大同御河站茴子白采用 1989 年、1990 年两年数据，公式适用的耗水量范围为 521.8～1162.3mm；黎城站尖椒采用 2004 年数据，公式适用的耗水量范围为 391.6～447.0mm。利民站辣椒采用 2007 年数据，公式适用的耗水量范围为 472.8～681.3mm。绘制了大同御河站茴子白和利民站辣椒的抛物线曲线，如图 4－2 所示，曲线拟合较好。

（3）杂粮作物。根据山西省灌溉试验站的试验数据，采用 1～2 年的灌溉试验数据，计算了黄豆、红小豆、黑豆等 3 种杂粮的二次抛物线模型，并确定了计算参数。计算所使用样本数为 5～19 个，相关系数为 0.61～0.91，数据相关性较好，$F$ 检验数值为 2.17～23.25，$F$ 检验大于相对应的 $F_{0.05}$，产量与耗水量为显著相关水平。

黄豆试验分布在滹沱河、中心试验站、文峪河、霍泉、利民等 5 个试验站，

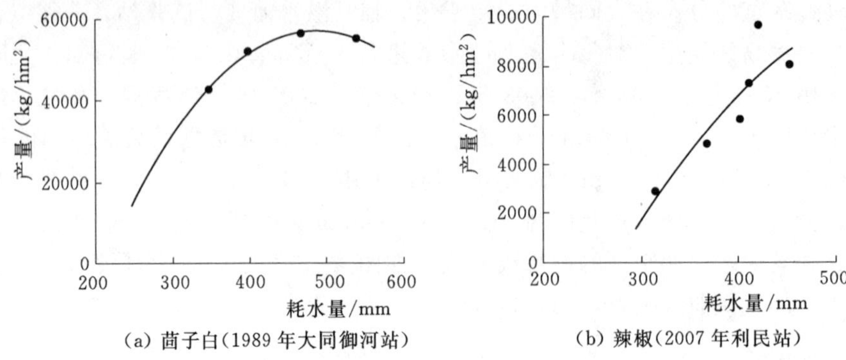

(a) 茴子白(1989年大同御河站)　　(b) 辣椒(2007年利民站)

图4-2　蔬菜水分生产函数抛物线模型

根据各个灌溉试验站的数据分别计算了黄豆水分生产函数，并确定了二次抛物线模型的参数。由表4-3可知，滹沱河站采用2007年、2008年两年数据，公式适用的耗水量范围为314.5～570.9mm；中心试验站采用2004年、2009年两年数据，公式适用的耗水量范围为126.0～368.4mm；文峪河站采用2006年、2008年两年数据，公式适用的耗水量范围为178.5～545.8mm。霍泉站采用2002年、2005年、2008年、2012年4年数据，公式适用的耗水量范围为343.1～527.5mm；利民站实验数据采用2009年、2012年两年数据，公式适用的耗水量范围为268.9～486.7mm。

绘制了黄豆中心试验站和文峪河、潇河黑豆、潇河红小豆的抛物线曲线，如图4-3所示，曲线拟合较好。

(4) 总结。通过田间试验数据计算得到的抛物线模型，大部分作物的抛物线形状为正常的开口朝下，表明随着耗水量的增加，作物产量不断增加，当耗水量达到一定数值时，作物产量达到最大值，耗水量继续增加，作物产量反而减小。可以通过抛物线模型得到产量最大时所需要的耗水量数值。但也有一部分作物的抛物线形状为开口朝上，表明随着耗水量不断增加，产量还未达到最大值，即作物最大产量所对应的耗水量数值还没有在抛物线上出现，其原因可能是试验的数据即耗水量还没有达到一定数值，产量也就没有达到最大值，说明试验整个阶段处于耗水量较小的阶段，试验数据不够全面，试验数量较少，试验研究还需要加大需水量数据。

## 二、全生育期相对值模型及其参数确定

### 1. 模型描述

考虑到不同地区、不同年份、不同自然条件与不同作物的经验系数变化较大，可用相对产量和相对蒸发蒸腾量建立作物产量与全生育期耗水量之间的关系，参见式（4-3）和式（4-4）。根据已有的试验数据，进行回归分析，得到

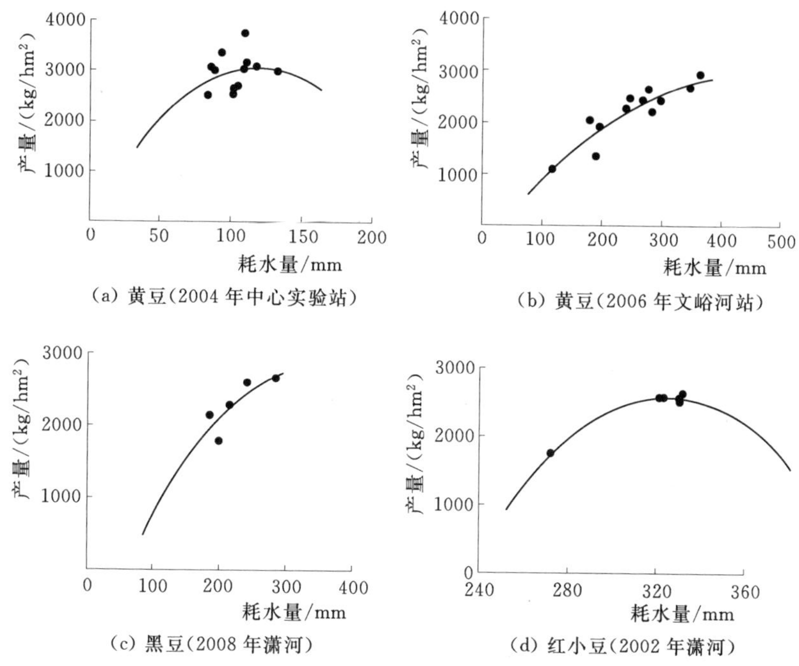


图 4－3　杂粮水分生产函数抛物线模型

水分生产函数为全生育期相对值模型。

2. 全生育期相对值模型的参数计算

根据山西省大同御河、中心试验站、湫水河、临汾、黎城、夹马口、滹沱河、潇河、神溪、文峪河、镇子梁、原平阳武河、平陆、霍泉、新绛鼓水、利民等灌溉试验站的数据分析计算了黄豆、红小豆、黍子、棉花、西瓜套种、马铃薯、油葵等水分生产函数为全生育期相对值模型的参数，模型 1 和模型 2 分别参照计算式（4－3）和式（4－4），详见表 4－4。

**表 4－4　山西省不同地区、不同作物的水分生产函数全生育期模型参数**

| 作物名称 | 站名 | 相对值模型 1 [式（4－3）] 参数 | | 相对值模型 2 [式（4－4）] 参数 | | | 样本数 | 公式适用范围 $ET$ /mm | 年　份 |
|---|---|---|---|---|---|---|---|---|---|
| | | $\beta$ | $R^2$ | $\beta$ | $\alpha$ | $R^2$ | | | |
| 油菜籽 | 大同御河 | 1.131 | 0.95 | — | — | — | 20 | 190.1～416.9 | 1992、1993、1994 |
| 油葵 | 文峪河 | 0.960 | 0.42 | 0.575 | 0.616 | 0.40 | 18 | 113.2～377.0 | 2002、2003、2004 |
| | 平陆红旗 | 0.792 | 0.76 | 0.367 | 0.785 | 0.42 | 21 | 104.9～397.2 | 2002、2003、2004、2005 |

续表

| 作物名称 | 站名 | 相对值模型1［式（4-3）］参数 | | 相对值模型2［式（4-4）］参数 | | | 样本数 | 公式适用范围 $ET$ /mm | 年　份 |
|---|---|---|---|---|---|---|---|---|---|
| | | $\beta$ | $R^2$ | $\beta$ | $\alpha$ | $R^2$ | | | |
| 油葵 | 鼓水 | 1.145 | 0.47 | 8.529 | 2.718 | 0.83 | 10 | 163.3～276.5 | 2004、2005 |
| | 利民 | 1.609 | 0.85 | 0.790 | 0.489 | 0.94 | 6 | 225.2～345.7 | 2007 |
| 马铃薯 | 镇子梁 | 1.503 | 0.87 | 1.048 | 0.583 | 0.99 | 6 | 186.0～372.9 | 2008 |
| | 大同御河 | 1.094 | 0.48 | — | — | — | 25 | 139.3～372.9 | 2001、2002、2003、2006、2008 |
| | 利民 | 1.408 | 0.96 | 1.614 | 1.137 | 0.95 | 12 | 179.3～324.5 | 2009、2012 |
| 茴子白 | 大同御河 | 0.710 | 0.56 | 5.658 | 2.405 | 0.82 | 8 | 347.9～474.9 | 1989、1990 |
| 苹果 | 夹马口 | 1.675 | 0.96 | 1.976 | 1.205 | 0.93 | 11 | 222.0～487.8 | 2008、2012 |
| 棉花 | 夹马口 | 0.776 | 0.81 | 0.971 | 1.123 | 0.93 | 10 | 478.2～1379.1 | 2008、2012 |
| 西瓜 | 滹沱河 | 0.662 | 0.93 | — | — | — | 9 | 159.1～283.3 | 2003、2004、2005 |
| | 临县湫水河 | 0.845 | 0.95 | — | — | — | 12 | 110.8～287.6 | 2003、2004 |
| 西瓜套种 | 朔州镇子梁 | 0.796 | 1.00 | — | — | — | 5 | 280.5～523.9 | 2005 |
| 黑豆 | 潇河 | 0.704 | 0.49 | 5.464 | 2.703 | 0.85 | 5 | 185.2～284.9 | 2008 |
| 红小豆 | 潇河 | 1.003 | 0.72 | 0.389 | 0.599 | 0.58 | 21 | 212.2～359.7 | 2002、2003、2004、2005 |
| 黄豆 | 滹沱河 | 0.931 | 0.61 | 0.631 | 0.668 | 0.72 | 12 | 209.7～380.6 | 2007、2008 |
| | 文峪河 | 0.771 | 0.69 | 0.401 | 0.594 | 0.50 | 12 | 363.9～119.0 | 2006、2008 |
| | 利民 | 1.408 | 0.96 | 1.614 | 1.137 | 0.95 | 12 | 179.3～324.5 | 2009、2012 |

(1) 经济作物。根据山西省灌溉试验站的试验数据，采用1～5年的灌溉试验数据，计算了油葵、马铃薯、棉花、苹果、西瓜等5种经济作物的全生育期相

对值线性和非线性模型，并确定了计算参数。计算所使用样本数为 6～25 个，模型 1 相关系数为 0.42～1.0，数据相关性较好；模型 2 相关系数为 0.40～0.99，产量与耗水量为显著相关水平。

马铃薯试验分布在镇子梁站、大同御河站两个试验站，根据各个灌溉试验站的数据分别计算了马铃薯的全生育期相对值线性和非线性模型，并确定了模型的参数。由表 4-4 和图 4-4 可知，大同御河站采用 5 年数据，模型 1 线性模型的减产系数 $\beta$ 为 1.094；镇子梁站采用 1 年数据，模型 1 线性模型的减产系数 $\beta$ 为 1.503；马铃薯的减产系数 $\beta$ 由南向北呈现较小趋势。

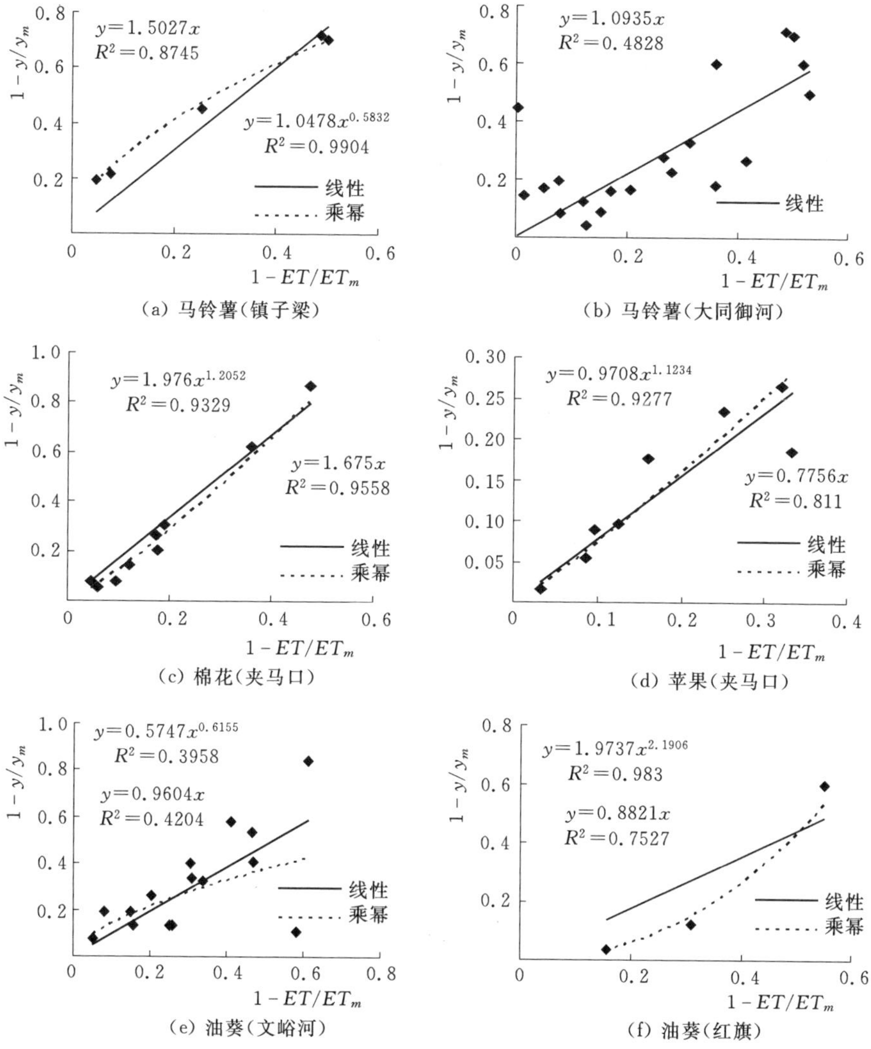

$y=1.5027x$，$R^2=0.8745$；$y=1.0478x^{0.5832}$，$R^2=0.9904$

(a) 马铃薯(镇子梁)

$y=1.0935x$，$R^2=0.4828$

(b) 马铃薯(大同御河)

$y=1.976x^{1.2052}$，$R^2=0.9329$；$y=1.675x$，$R^2=0.9558$

(c) 棉花(夹马口)

$y=0.9708x^{1.1234}$，$R^2=0.9277$；$y=0.7756x$，$R^2=0.811$

(d) 苹果(夹马口)

$y=0.5747x^{0.6155}$，$R^2=0.3958$；$y=0.9604x$，$R^2=0.4204$

(e) 油葵(文峪河)

$y=1.9737x^{2.1906}$，$R^2=0.983$；$y=0.8821x$，$R^2=0.7527$

(f) 油葵(红旗)

图 4-4（一）　经济作物水分生产函数全生育期相对值模型

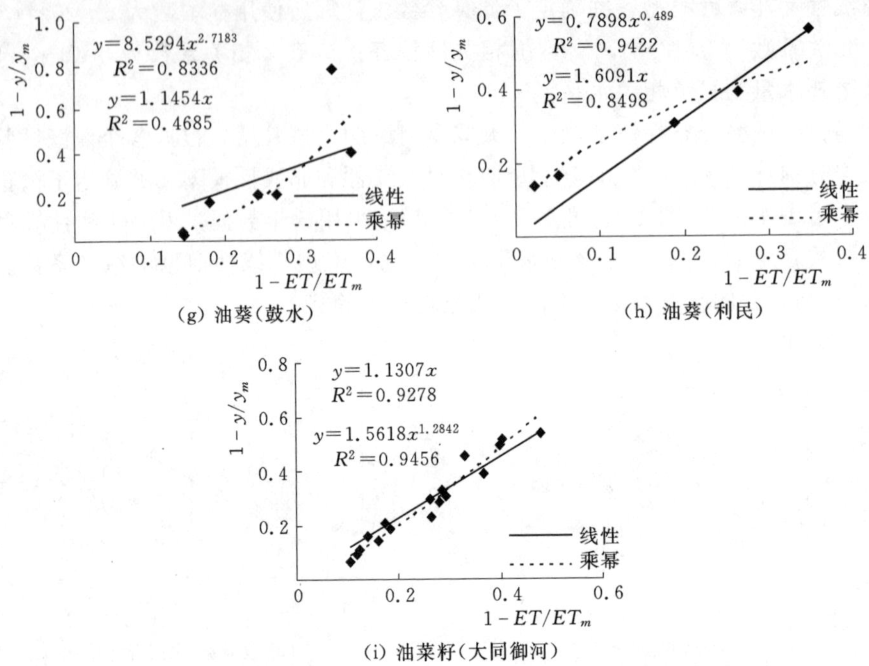


(g) 油葵(鼓水)　　(h) 油葵(利民)

(i) 油菜籽(大同御河)

图 4-4（二）　经济作物水分生产函数全生育期相对值模型

油葵试验分布在文峪河站、平陆红旗站、鼓水站、利民站 4 个试验站，根据各个灌溉试验站的数据分别计算了油葵的全生育期相对值线性和非线性模型，并确定了模型的参数。由表 4-4 和图 4-4 可知，文峪河站采用 2002 年、2003 年、2004 年 3 年数据，线性模型的减产系数 $\beta$ 为 0.960；平陆红旗站采用 2002 年、2003 年、2004 年、2005 年 4 年数据，线性模型的减产系数 $\beta$ 为 0.792；鼓水站采用 2004 年、2005 年数据，线性模型的减产系数 $\beta$ 为 1.145；利民站采用 2007 年数据，线性模型的减产系数 $\beta$ 为 1.609；油葵的减产系数 $\beta$ 由南向北呈现较小趋势。

由表 4-4 和图 4-4 可知，夹马口棉花采用 2 年数据，线性模型的减产系数 $\beta$ 为 0.776。夹马口苹果采用 2 年数据，线性模型的减产系数 $\beta$ 为 1.675，相关系数达到 0.9。

(2) 蔬菜作物。根据山西省灌溉试验站的数据分析计算了茴子白水分生产函数为全生育期相对值线性和非线性模型的参数，试验站点为大同御河站。

大同御河站采用 1989 年、1990 年两年数据，由表 4-4 可知，样本数为 8 个。线性模型的减产系数 $\beta$ 为 0.709，相关系数为 0.56，相关性较好。非线性模型的减产系数 $\beta$ 为 5.658，指数参数 $\alpha$ 为 2.404，相关系数为 0.82，其相关系数大于线性模型的相关系数，相关性较好。

（3）杂粮作物。根据山西省灌溉试验站的试验数据，采用1～5年的灌溉试验数据，计算了黄豆、红小豆和黑豆3种杂粮作物的全生育期相对值线性和非线性模型，并确定了计算参数。计算所使用样本数为5～21个，模型1相关系数为0.49～0.96，数据相关性较好；模型2相关系数为0.50～0.95，产量与耗水量为显著相关水平。

黄豆试验分布在滹沱河、文峪河、利民共3个试验站，根据各个灌溉试验站的数据分别计算了黄豆的全生育期相对值线性和非线性模型，并确定了模型的参数。由表4-4和图4-5可知，滹沱河站采用2007年、2008年两年数据，线性

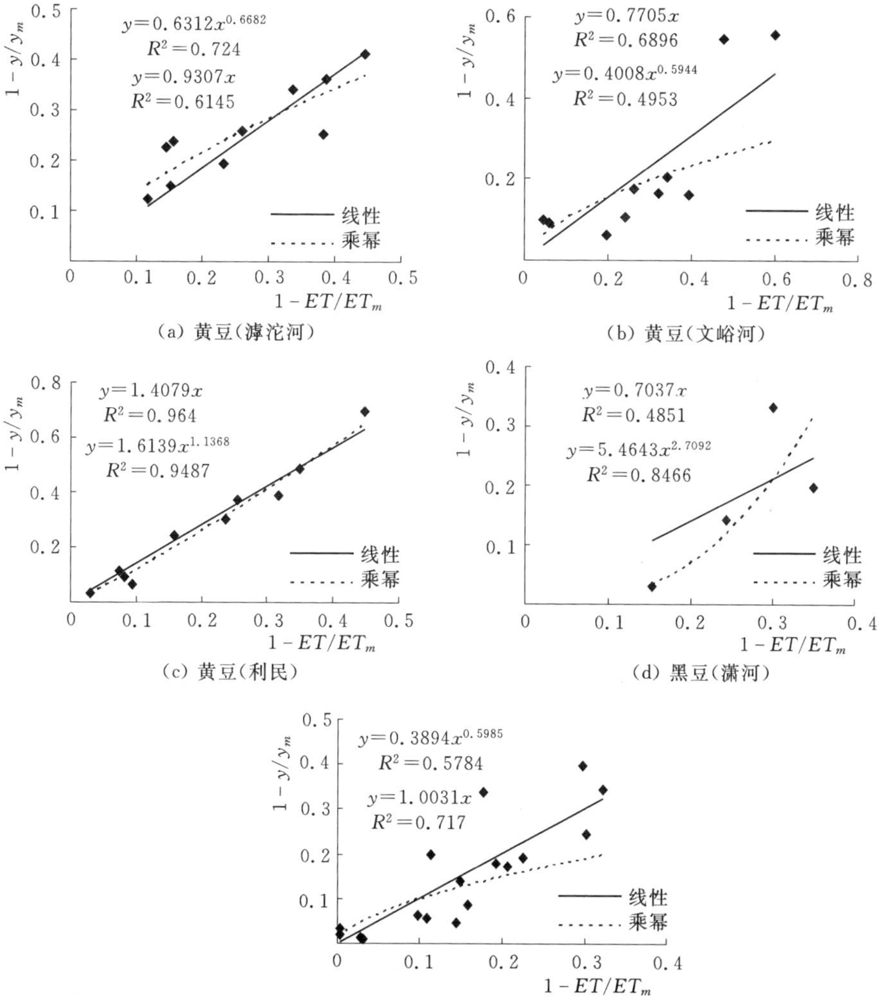

(a) 黄豆(滹沱河)

(b) 黄豆(文峪河)

(c) 黄豆(利民)

(d) 黑豆(潇河)

(e) 红小豆(潇河)

图4-5　杂粮水分生产函数全生育期相对值模型

模型的减产系数$\beta$为0.930；文峪河站采用2006年、2008年两年数据，线性模型的减产系数$\beta$为0.770；利民站采用2009年、2012年两年数据，线性模型的减产系数$\beta$为1.407。黄豆的减产系数$\beta$由南向北呈现较小趋势。

根据山西省灌溉试验站的数据计算了潇河站黑豆全生育期相对值线性和非线性模型的参数。由表4-4和图4-5可知，采用2008年数据，线性模型的减产系数$\beta$为0.703。非线性模型的减产系数$\beta$为5.464，指数参数$\alpha$为2.703，相关系数为0.84，相关性较好。

根据山西省灌溉试验站的数据计算了潇河站红小豆全生育期相对值线性和非线性模型的参数，采用2002年、2003年、2004年、2005年4年数据，线性模型的减产系数$\beta$为1.003，相关系数为0.71，相关性较好。非线性模型的减产系数$\beta$为0.389，指数参数$\alpha$为0.598，相关系数为0.57。

## 三、阶段相对值模型及其参数确定

### 1. 模型描述

不同的生育阶段缺水对产量的影响很复杂，最简单的形式就是假定在每一个生育阶段缺水对产量的影响是相互独立的，几个阶段缺水对产量的组合影响通过假设这些影响是相加或相乘的方式来评价。本研究采用的是阶段相乘的模型，既Jensen模型（1968），参见公式（4-10）。根据已有的试验数据进行回归分析，得到水分生产函数为生育阶段相对值模型。

### 2. 阶段相对值模型的参数计算

根据山西省大同御河、中心试验站、湫水河、临汾、黎城、夹马口、滹沱河、潇河、神溪、文峪河、镇子梁、原平阳武河、平陆、霍泉、新绛鼓水、利民等灌溉试验站的数据分析计算了黄豆、红小豆、黍子、棉花、西瓜套种、马铃薯、油葵等水分生产函数为阶段相对值模型的参数，详见表4-5。

（1）经济作物阶段相对值模型的参数计算结果分析。根据山西省灌溉试验站的试验数据，采用2～5年的灌溉试验数据，计算了油葵、马铃薯、黍子、西瓜、黄花等五种经济作物的阶段相对值模型，并确定了计算参数。计算所使用样本数为9～26个，相关系数为0.42～1.0，数据相关性较好；阶段产量与阶段耗水量为显著相关水平。

通过模型计算了经济作物各个生育阶段的需水敏感指数。其数值反映了作物对于水分亏缺的敏感程度，数值越大，说明生育阶段缺水对产量的影响越大。

油葵试验分布在新绛鼓水、平路县红旗、文峪河3个试验站，根据山西省灌溉试验站的数据计算了油葵阶段相对值模型的参数以及各个生育阶段的敏感指数。各个地区油葵敏感指数最大值所处的生育阶段有所不同。新绛鼓水采用2004年数据，播种—出苗期为1.414，终花—收获期为1.67。平陆县红旗采用2002年数据，播种—出苗期为0.687，使用阶段相对值模型计算了作物的相对产

量，并以计算相对产量为横坐标，以实际相对产量为纵坐标，绘制关系图，如图4-6所示，其散点图的点基本分布于对角线两侧，表明模型拟合结果较好；文峪河采用2002年数据，播种—出苗期为0.637，终花—收获期为2.731。其中，播种—出苗期、终花—收获期的缺水敏感指数最大，说明这一时期水分不能缺乏，否则对植物的产量有较大影响。

临县湫水河站花生采用2004年、2006年、2008年3年数据，样本数为25个。各个阶段的水分敏感指数λ各不相同，出苗—始花期为0.775，缺水敏感指数最大。以计算相对产量为横坐标，以实际相对产量为纵坐标，绘制关系图，如图4-6所示，模型拟合结果较好。

西瓜试验分布在临县湫水河、忻州滹沱河站共2站。忻州滹沱河采用2007年、2008年两年数据，水分敏感指数λ最大值在播种—出苗期为0.8543，缺水敏感指数最大；临县湫水河采用2004年、2005年两年数据，水分敏感指数λ最大值在花盛—终花期为0.345。并以计算相对产量为横坐标，以实际相对产量为纵坐标，绘制关系图，如图4-6所示，其散点图的点基本分布于对角线两侧，表明模型拟合结果较好。

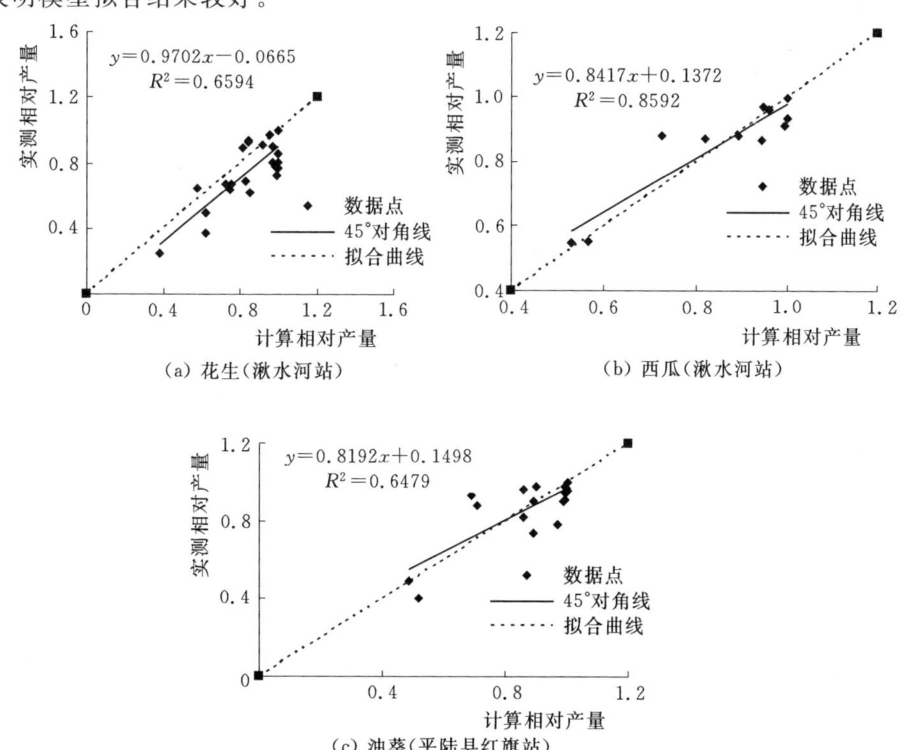


(a) 花生(湫水河站)

(b) 西瓜(湫水河站)

(c) 油葵(平陆县红旗站)

图4-6 经济作物实测与计算相对产量对比图

（2）杂粮阶段相对值模型的参数计算结果分析。根据山西省灌溉试验站的试验数据，采用2～4年的灌溉试验数据，计算了黄豆和红小豆两种杂粮作物的阶段相对值模型，并确定了计算参数。计算所使用样本数为12～26个，相关系数为0.45～0.9，数据相关性较好；阶段产量与阶段耗水量为显著相关水平。并通过模型计算了经济作物各个生育阶段的需水敏感指数。

黄豆试验分布在滹沱河、中心试验站、黎城、利民4个试验站。根据山西省灌溉试验站的数据计算了黄豆阶段相对值模型的参数以及各个生育阶段的敏感指数。各个地区黄豆敏感指数最大值所处的生育阶段有所不同。滹沱河站采用2007年、2008年两年数据，水分敏感指数λ最大值在始花—花盛期为0.406；中心试验站实验数据采用2004年、2005年两年数据，水分敏感指数λ最大值在始花—花盛期为0.058；利民实验数据采用2009年、2012年两年数据，水分敏感指数λ最大值在出苗—始花期为0.829；黎城采用2006年、2008年、2012年3年数据，水分敏感指数λ最大值在始花—花盛期为0.183。以计算相对产量为横坐标，以实际相对产量为纵坐标，利用滹沱河站和利民站数据绘制关系图，如图4-7所示，其散点图的点基本分布于对角线两侧，表明模型拟合结果较好。

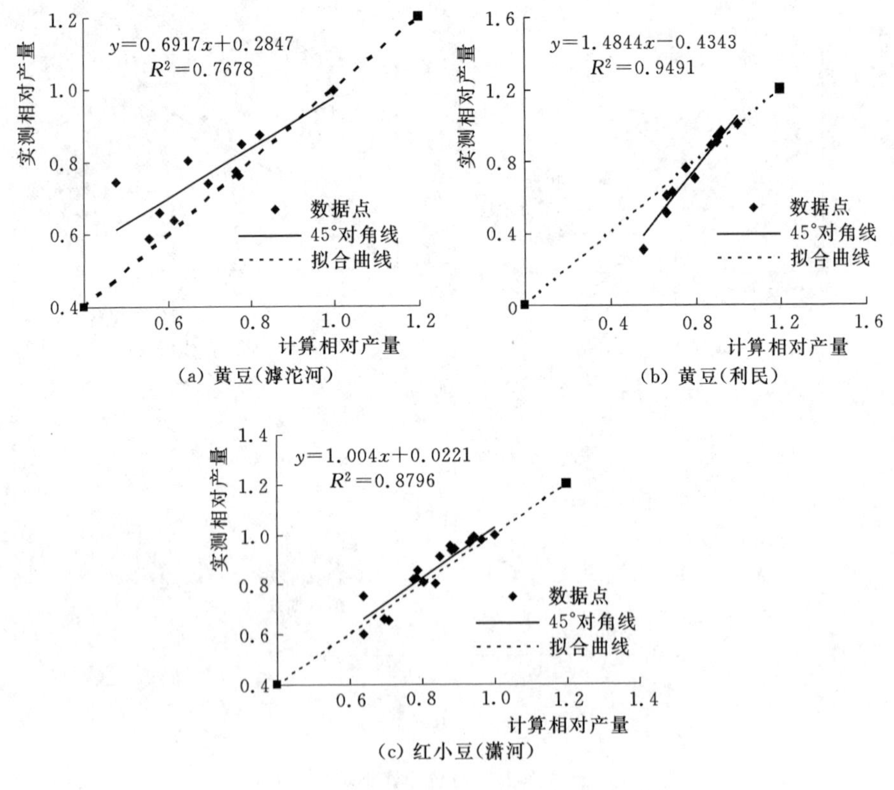


图4-7　杂粮实测与计算相对产量对比图

萧河站红小豆采用 2002—2005 年 4 年数据，由表 4-5 可知，样本数为 23 个。水分敏感指数 λ 最大值在出苗—始花期为 0.931。相关系数为 0.91，相关性非常好；$F$ 检验为 34.33，查表 $F$ 值 0.05 为 2.9，$F$ 检验大于 $F_{0.05}$，产量与耗水量为显著相关水平。使用阶段相对值模型计算了作物的相对产量，并以计算相对产量为横坐标，以实际相对产量为纵坐标，绘制关系图，如图 4-7 所示，其散点图的点基本分布于对角线两侧，表明模型拟合结果较好。

**表 4-5　山西省不同地区、不同作物阶段相对值水分生产函数模型的参数**

| 作物名称 | 站名 | 乘幂模型相关参数 | | | | 样本数 | 相关系数 $R$ | 标准误差 $S_{yx}$ | 年　份 |
|---|---|---|---|---|---|---|---|---|---|
| | | $a$ | $b$ | $c$ | $Q$ | | | | |
| 黄花 | 大同御河 | 4.000 | 0.080 | 1.500 | 0.719 | 12 | 0.76 | 55.03 | 2003、2004、2005 |
| 马铃薯 | 大同御河 | 5.700 | 0.047 | 2.010 | 0.446 | 25 | 0.61 | 230.23 | 2001、2002、2003、2006、2008 |
| | 临县湫水河 | 1.997 | 0.059 | 1.203 | 0.037 | 26 | 0.82 | 80.97 | 2004、2006、2012 |
| 黍子 | 大同御河 | 8.410 | 0.057 | 0.985 | 0.009 | 15 | 0.89 | 7.85 | 2004、2006 |
| 西瓜 | 滹沱河 | 5.609 | 0.035 | 1.973 | 0.023 | 9 | 0.90 | 303.77 | 2003、2004、2005 |
| | 临县湫水河 | 3.113 | 0.050 | 2.000 | 0.216 | 12 | 0.54 | 567.37 | 2003、2004 |
| 油葵 | 新绛县鼓水 | 3.000 | 0.050 | 1.520 | 0.269 | 10 | 0.48 | 45.15 | 2004、2005 |
| | 平陆红旗 | 2.500 | 0.043 | 1.014 | 0.123 | 21 | 0.91 | 9.86 | 2002、2003、2004、2005 |
| | 文峪河 | 6.368 | 0.075 | 1.055 | 0.427 | 18 | 0.48 | 27.48 | 2002、2003、2004 |
| 红小豆 | 潇河 | 2.500 | 0.031 | 0.999 | 0.068 | 23 | 0.90 | 9.25 | 2002、2003、2004、2005 |
| 黄豆 | 滹沱河 | 2.000 | 0.023 | 1.168 | 0.023 | 12 | 0.90 | 14.78 | 2007、2008 |
| | 中心实验站 | 2.812 | 0.046 | 0.975 | 0.384 | 26 | 0.45 | 37.07 | 2004、2005、2009 |
| | 利民 | 4.000 | 0.050 | 1.137 | 0.768 | 12 | 0.88 | 95.60 | 2009、2012 |
| | 黎城 | 3.800 | 0.045 | 0.991 | 0.083 | 15 | 0.88 | 9.36 | 2006、2008、2012 |
| | 霍泉 | 6.463 | 0.089 | 1.155 | 0.400 | 19 | 0.22 | 133.88 | 2005、2008、2012 |
| 花生 | 湫水河 | 6.000 | 0.060 | 1.317 | 0.954 | 25 | 0.22 | 71.70 | 2004、2006、2008 |

根据以上分析，得到山西省不同地区、不同作物阶段水分敏感指数，见表 4-6。在以上分析中，发现水分敏感指数 $\lambda_i$ 出现负值，其原因及避免办法：

水分敏感指数 $\lambda_i$ 出现负值的原因可能主要是处理数较少，即统计样本数不够。水分敏感指数求解采用多元回归分析的方法，属于统计方法。根据统计学原理，为了消除测试中误差和其他某些未了解的因素的干扰，必须有足够的样本数。

表 4-6　山西省不同地区、不同作物阶段水分敏感指数表

| 作物 | 地区 | 试验站 | 各生育阶段缺水敏感指数 | | | | | |
|---|---|---|---|---|---|---|---|---|
| 花生 | 生育阶段 | | 发芽出苗期 | 苗期 | 花针期 | 结荚期 | 成熟期 | |
| | 吕梁 | 临县湫水河 | 0.1369 | 0.7752 | 0.2323 | 0.4194 | 0.0890 | |
| 马铃薯 | 生育阶段 | | 播种—出苗 | 出苗—分枝 | 分枝—现蕾 | 现蕾—开花 | 开花—成熟 | |
| | 吕梁 | 临县湫水河 | 0.2756 | −0.0709 | 0.2233 | 0.1302 | 0.5850 | |
| | 大同朔州 | 大同御河 | −1.8103 | 0.3429 | 0.3527 | 0.3700 | 0.2977 | |
| 黍子 | 生育阶段 | | 播种—出苗 | 出苗—分蘖 | 分蘖—拔节 | 拔节—抽穗 | 抽穗—灌浆 | 灌浆—成熟 |
| | 大同朔州 | 大同御河 | 0.0612 | −0.0638 | 0.0240 | −0.0088 | 0.0914 | 0.0088 |
| 西瓜 | 生育阶段 | | 发芽出苗期 | 幼苗期 | 伸蔓孕蕾期 | 坐果期 | 膨瓜期 | 变瓤期 |
| | 忻州 | 忻州市滹沱河 | 0.9543 | 0.0226 | 0.0002 | 0 | 0 | 0 |
| | 吕梁 | 临县湫水河 | 0.3132 | 0.0676 | 0.0410 | 0.3453 | 0.1578 | −0.1583 |
| 油葵 | 生育阶段 | | 播种—出盘 | 出盘—开花 | 开花—灌浆 | 灌浆—成熟 | | |
| | 运城 | 新绛鼓水 | 1.4149 | 0.4572 | −0.9049 | 1.6702 | | |
| | | 平陆县红旗 | 0.6870 | 0.1921 | −0.0110 | 0.2441 | | |
| | 吕梁 | 文峪河 | 0.6371 | 0.0772 | 0.3575 | 2.7314 | | |
| 红小豆 | 生育阶段 | | 播种—分枝 | 分枝—始花 | 始花—结荚 | 结荚—鼓粒 | 鼓粒—成熟 | |
| | 晋中 | 潇河 | 0.1934 | 0.9310 | 0.0756 | 0.2006 | 0.1430 | |
| 黄豆 | 生育阶段 | | 播种—出苗 | 出苗—始花 | 始花—花盛 | 花盛—终花 | 终花—收获 | |
| | 临汾 | 利民 | 0.1054 | 0.8291 | −0.1965 | 0.7353 | 0.6255 | |
| | 吕梁 | 中心试验站 | −0.1768 | 0.0180 | 0.0584 | 0.0291 | 0.3745 | |
| | 忻州 | 滹沱河 | 0.0123 | 0.1130 | 0.4065 | 0.2209 | 0.2190 | |
| | 长治 | 黎城 | 0.1997 | −0.0631 | 0.1832 | 0.1609 | 0.1684 | |

在水分生产函数的研究和应用中也发现了如下需要进一步研究的问题。

（1）水分生产函数参数年际间和不同站点间变化较大。参数的时空不稳定性给人们的选择使用带来困难。为此人们对参数稳定性做了若干研究，如把这些参数与某些气候变化参数进行了相关分析，但都缺乏生理生物学解释，而且难以应用。

（2）现有作物水分生产函数，仍然属于经验性模型，因此，模型参数缺乏生物学意义，模型参数主要依靠数理统计分析方法确定。在样本数较小时，往往增加或减少一组试验数据，都会导致参数的显著变化。

（3）现有的水分生产函数还难于解释作物生长和产量对于水分亏缺反应的诸多现象，如作物受旱后的灌水补偿效应，调亏灌溉节水增产机理，以及根系分区交替灌溉的高效用水机理问题。

（4）现有的水分生产函数因缺乏生物学基础，仍属于经验性模型，因此，其模型参数必须采用专门的非充分灌溉试验数据，而不能充分利用农学家的大量试验研究成果。

这些问题可能是导致国外 20 世纪 70 年代之后，即不再进行作物水分生产函数的专门研究，而把水分亏缺对作物生长和产量影响的研究纳入作物生长模拟模型中，作为生长模拟模型的一个重要部分进行研究。因此，作为对作物水分生产函数研究的展望，应考虑如下几点。

（1）由于水资源紧缺，水价格的提高，经济用水问题将受到人们的高度重视，作为经济用水重要基础和基本依据的作物水分生产函数研究将会进一步加强。

（2）作物水分生产函数研究应该紧密结合当前农业节水中的一些基础问题，结合当前水资源环境生态用水问题开展相关研究。如，不仅要研究水、水肥和水盐耦合对植物产量的影响，而且还应该研究污水中对人和动物无毒害，但会影响作物产量的某些物质的研究，为污水灌溉资源化提供经济评价依据。

（3）作物水分生产函数研究应从现在的经验性模型研究转向机理性模型的研究。国外从 20 世纪 60 年代后期，一些学者（De Wit 等）以作物生物学、微气象学、生理学和作物生态学为理论依据开展了作物生长模拟模型的研究，已历经近 40 年，从未间断，已发展到相当完善的程度，已在世界很多地区得到推广应用。作物生长模拟模型不仅具有生理学和生物学基础，而且包括了气候环境对作物的生长影响的模拟，其中气候、水分和养分限制对作物生长和产量影响的模拟已达到比较完善的程度，并致力于智能化、可视化模型的研究。国内水分生产函数的研究仍应很好地借鉴国外研究成果，以作物生长模型为基础，针对我国干旱缺水严重，具有精耕细作的传统农业栽培技术，以高效用水为目标，研究概化出一些适合我国灌溉用水管理和农业节水实践应用的作物水分生产函数。

(4) 今后仍应继续开展多站点、系统的非充分灌溉试验，以作物生长模型为基础，选择一些关键性参数，进行试验处理设计，利用国内外一些相关的先进仪器设备开展观测研究。

# 第五章　杂粮及经济作物充分供水灌溉制度

## 第一节　灌溉制度的计算方法

### 一、灌溉制度的确定方法

充分灌溉是以获得高额稳定的单位面积产量为目标，要求作物任何阶段都不因灌溉供水量不足，或者因灌溉供水不及时，导致作物生长受到抑制而减产。要求作物根系层土壤含水量或土壤水势控制在某一适宜范围内。当土壤水分因作物蒸发蒸腾耗水降低到或接近于作物适宜土壤含水量下限时，即进行灌溉。充分灌溉作为灌溉用水管理和灌溉制度设计基本理论依据，一直延续至今。然而，由于水资源紧缺，在灌溉用水管理实践中，充分灌溉的运行实践很难实现，特别是在干旱缺水地区。

长期以来，人们都是按充分灌溉条件下的灌溉制度来规划设计灌溉工程。当灌溉水源充足时，也是按照这种灌溉制度来进行灌水。因此，研究制定充分灌溉条件下的灌溉制度有重要意义。

1. 调查群众丰产灌水经验制定充分供水灌溉制度

长期以来，各地群众在多年的生产实践中积累了一套确定灌溉制度的经验和方法。如我国北方农民把土壤水分状况称为墒情，将土壤墒情分为：汪水、黑墒、黄墒、潮干土和干土等几类，常在耕种前或作物生长期间进行验墒，以确定灌水时间和灌溉水量。这些实践经验是制定灌区制度最宝贵的资料。灌溉制度调查应根据设计要求的水文年份，仔细调查这些年份的不同生育期的作物田间耗水强度（mm/d）及灌水次数、灌水时间、灌水定额以及灌溉定额，并由此确定这些年份的灌溉制度。

2. 根据灌溉试验资料制定灌溉制度

许多灌区设置了灌溉试验站，至今已进行了多年灌溉试验工作，试验项目包括作物需水量、灌溉制度、灌溉技术等，积累了一大批相关的试验观测资料，这些资料为制定合理的灌溉制度提供了可靠依据。

3. 按水量平衡原理分析制定作物灌溉制度

水量平衡法以作物各生育期内土壤水分变化为依据，从对作物充分供水的观点出发，一般要求在作物各生育期，计划湿润层内的土壤含水量（旱田）或水层变化（水田）维持在作物适宜含水量的上限和下限之间或适宜水层深度，若土壤

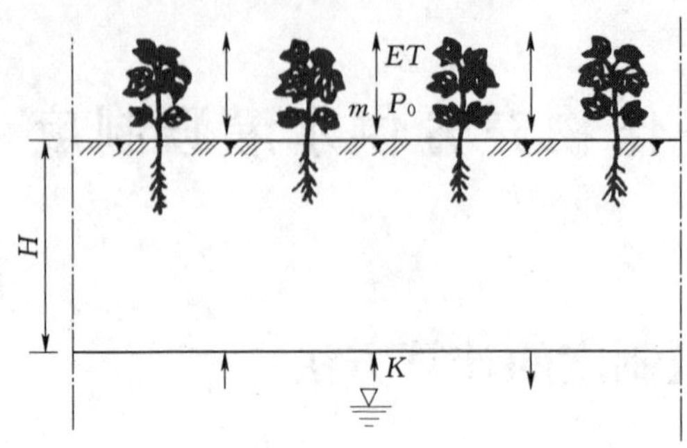


图 5-1　土壤计划湿润层水量平衡示意图

贮水量降至下限时，则应进行灌水，以保证作物充分供水。应用时要参考、结合前几种方法的结果，这样才能使得所制定的灌溉制度更为合理、完善。

下面介绍应用水量平衡原理确定杂粮及经济作物灌溉制度的方法。

杂粮及经济作物的整个生育期，任一时段［0，$t$］中，土壤计划湿润层（根系层）$H$ 内的水量平衡（图 5-1）可表示为

$$W_t - W_0 = W_T + P_0 + K + M - ET \tag{5-1}$$

或

$$(\theta_t - \theta_0)H = W_T + (p + k + m - e)t \tag{5-2}$$

式中：$W_0$、$W_t$ 分别为时段始、末单位面积计划湿润层内的土体贮水量，mm；$\theta_0$、$\theta_t$ 分别为时段始、末计划湿润层土壤的平均含水量，$cm^3/cm^3$；$H$ 为计划湿润层深度，mm；$W_T$ 为由于计划湿润层深度增加而在单位面积上增加的水量，mm，如时段内计划湿润层无变化则无此项，一般取时段内计划湿润层深度一致，即 $W_T=0$；$P_0$ 为时段内单位面积上入渗的有效降水量，mm；$p$ 为时段内的平均降水入渗强度，mm/d；$K$ 为时段内单位面积上地下水（或下部土层）对计划湿润层的补给量，mm；$k$ 为时段内地下水（或下部土层）对计划湿润层的平均补给强度，mm/d；$M$ 为时段内单位面积上的灌水量，mm；$m$ 为时段内的平均灌水强度，mm/d；$ET$ 为时段内的作物需水量，mm；$e$ 为时段内作物的平均蒸散强度，mm/d。

为了满足作物正常生长要求，任一时段内土壤计划湿润层内的含水量（或贮水量）必须经常保持在一定的适宜范围以内，即通常要求不小于作物允许的最小含水量（或最小贮水量）和不大于作物允许的最大含水量（或最大贮水量）。在天然情况下，由于各时段内需水量是一种经常的消耗，而降雨则是时段的补给。因此，在某些时段内降雨很小或没有降雨量时，往往使土壤计划湿润层内的含水量降低到或接近于作物允许的最小含水量，此时即需进行灌溉，补充土层中消耗掉的水量。

例如，某时段内没有灌溉也没有降雨，土壤计划湿润层也无变化，随着时间的推移，土壤贮水量将降至下限，显然这一时段内的水量平衡方程可写为

$$W_{min} = W_0 - ET + K \tag{5-3}$$

式中：$W_{min}$ 为土壤计划湿润层内允许最小贮水量；其余符号意义同前。

如图 5-2 所示，设时段初土壤贮水量为 $W_0$，则由式（5-2）可推算出开始进行灌水时的时间间隔为

$$t=\frac{W_0-W_{min}}{e-k} \quad (5-4)$$

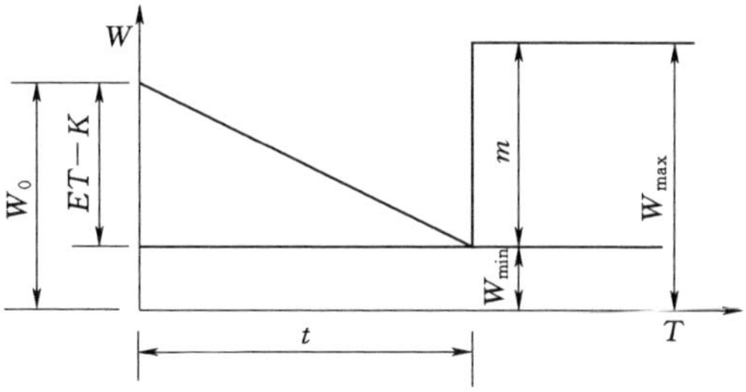

图 5-2　土壤计划湿润层内贮水量变化（郭元裕，1997）

而这一时段末灌水定额 $m$ 为

$$m=W_{max}-W_{min}=H(\theta_{max}-\theta_{min})\times10^4 \quad (5-5)$$

或

$$m=W_{max}-W_{min}=\gamma H(\theta'_{max}-\theta'_{min})\times10^4 \quad (5-6)$$

式中：$m$ 为灌水定额，$m^3/hm^2$；$H$ 为该时段内土壤计划湿润层的厚度，m；$\theta_{max}$、$\theta_{min}$ 为该时段内土壤允许的最大含水量和最小含水量（以占土体体积的%计）；$\gamma$ 为计划湿润层内土壤的干重度，$t/m^3$；$\theta'_{max}$、$\theta'_{min}$ 为该时段内土壤允许的最大含水量和最小含水量（以占干土重的%计）。

在式（5-1）中，若把作物全生育期看作一个时段，并把式（5-1）重写为

$$M=W_t-W_0-W_r-P_0-K+ET \quad (5-7)$$

则式中，$W_t-W_0$ 为作物播前水利用量，在一般试验中，为保证作物正常出苗，常根据播前土壤墒情，进行播前灌溉，所以播前土壤贮水量是一个较为稳定的值，而作物收获时的土壤贮水量，则依作物生育期内的降水量和地下水埋深有较大变化。根据对各试验站 1m 深土层内的土壤贮水量统计分析，求得各作物分区播前水利用量。

在把作物整个生育期看作一个时段的情况下，相当于在作物整个生育期内，土壤贮水量均按一个深度计算，故 $W_r=0$。

地下水补给量 $K$ 依地下水埋深不同而变化，由地下水利用量专项试验分析确定。这里不予考虑。

## 二、灌溉制度的计算过程

1. 分区的划分

为了使灌溉制度更符合地区特点与气象因素变化，对全省进行了灌溉分区，共分 11 个区域，分别为大同市、朔州市、忻州市、吕梁市、太原市、阳泉市、晋中市、临汾市、长治市、晋城市、运城市。每个区域有若干试验点。具体分区情况见表 5-1。

表 5-1　　山西省灌溉分区划分表

| 序号 | 地区 | 典型站 | 序号 | 地区 | 典型站 |
|---|---|---|---|---|---|
| 1 | 大同市 | 大同县 | 7 | 晋中市 | 介休 |
| 2 | 朔州市 | 右玉 | 8 | 临汾市 | 隰县 |
| 3 | 忻州市 | 原平 | | | 侯马 |
| 4 | 吕梁市 | 离石 | 9 | 长治市 | 黎城 |
| 5 | 太原市 | 太原 | 10 | 晋城市 | 阳城 |
| 6 | 阳泉市 | 阳泉 | 11 | 运城市 | 运城 |

2. 频率计算

各地区灌溉制度的确定一般都在农作物播种之前进行，需要根据灌区具体的气象资料、灌溉条件进行合理的估算。因此，为了使灌溉制度的制定更加具有针对性及合理性，需要根据山西不同区域每年的降水资料设定典型水文年进行具体的分析研究。

每个分区拟定 5 种灌溉设计保证率，降水频率分别是 5%、25%、50%、75%、95%的年份，以下分别用丰水年、湿润年、一般年、普通干旱年、特干旱年来阐述。

频率计算公式为

$$P=\frac{m}{n+1}\times 100\% \tag{5-8}$$

式中：$P$ 为灌溉设计保证率；$m$ 为所有计算年数内，灌区需水不大于水源供水的年数；$n$ 为所有计算年数。

以黄豆大同地区为例，根据 1955—2012 年这 58 年的数据，采用式（5-8）计算每年 5 月 11 日—9 月 20 日的降雨量，按照降雨量从大到小进行排序，计算结果见表 5-2，计算结果为 5%、25%、50%、75%、95%的典型水文年分别是 2012 年、1983 年、1971 年、1998 年、2009 年。

3. 确定土壤相关参数

（1）土壤计划湿润层深度 $H$。土壤计划湿润层深度系指实施灌溉时，计划调节、控制土壤水分状况的土层深度，它随作物根系活动层厚度、土壤性质、地下水埋深等因素而变。在作物生长初期，根系虽然很浅，但为了维持土壤微生物活动，并为以后根系生长创造条件，需要在一定土层深度内有适当的含水量，一般采用 30～40cm；随着作物的成长和根系的发育，需水量增多，计划湿润层也应逐渐增加，至生长末期，由于作物根系停止发育，需水量减少，计划层深度不宜继续加大，一般不超过 0.8～1.0m。在地下水位较高的盐碱化地区，计划湿润

表 5-2　　　　山西省大同地区黄豆生育期降雨频率计算表

| 序号 | 年份 | 降雨量/mm | 频率/% | 序号 | 年份 | 降雨量/mm | 频率/% |
|---|---|---|---|---|---|---|---|
| 1 | 1995 | 512.9 | 2 | 30 | 1971 | 285.6 | 51 |
| 2 | 1967 | 490.4 | 3 | 31 | 1979 | 276.4 | 53 |
| 3 | 2012 | 431.4 | 5 | 32 | 1994 | 275.5 | 54 |
| 4 | 1964 | 423.8 | 7 | 33 | 1955 | 269.1 | 56 |
| 5 | 1959 | 415.8 | 8 | 34 | 2007 | 267.7 | 58 |
| 6 | 1988 | 403.3 | 10 | 35 | 1975 | 261.4 | 59 |
| 7 | 1973 | 377.3 | 12 | 36 | 1966 | 257.8 | 61 |
| 8 | 1985 | 371.6 | 14 | 37 | 2003 | 257.5 | 63 |
| 9 | 1978 | 367.3 | 15 | 38 | 1968 | 249.7 | 64 |
| 10 | 1976 | 364.3 | 17 | 39 | 1986 | 248.5 | 66 |
| 11 | 1956 | 363.9 | 19 | 40 | 2008 | 246.7 | 68 |
| 12 | 1981 | 349.4 | 20 | 41 | 1962 | 244.7 | 69 |
| 13 | 2004 | 341.8 | 22 | 42 | 1970 | 243.0 | 71 |
| 14 | 1957 | 334.3 | 24 | 43 | 1980 | 242.8 | 73 |
| 15 | 1983 | 334.1 | 25 | 44 | 1998 | 240.7 | 75 |
| 16 | 1991 | 331.9 | 27 | 45 | 2000 | 235.7 | 76 |
| 17 | 1992 | 321.0 | 29 | 46 | 1977 | 228.2 | 78 |
| 18 | 1969 | 313.7 | 31 | 47 | 2001 | 224.7 | 80 |
| 19 | 1958 | 313.2 | 32 | 48 | 1997 | 216.9 | 81 |
| 20 | 1974 | 311.9 | 34 | 49 | 2006 | 209.4 | 83 |
| 21 | 1990 | 310.3 | 36 | 50 | 1963 | 205.4 | 85 |
| 22 | 1996 | 310.3 | 37 | 51 | 1999 | 198.3 | 86 |
| 23 | 1987 | 300.8 | 39 | 52 | 1993 | 196.5 | 88 |
| 24 | 2010 | 299.6 | 41 | 53 | 2011 | 190.4 | 90 |
| 25 | 1961 | 293.7 | 42 | 54 | 1972 | 187.8 | 92 |
| 26 | 1982 | 290.6 | 44 | 55 | 1984 | 186.7 | 93 |
| 27 | 1989 | 290.2 | 46 | 56 | 2009 | 179.6 | 95 |
| 28 | 2002 | 290.0 | 47 | 57 | 1965 | 155.8 | 97 |
| 29 | 2005 | 287.6 | 49 | 58 | 1960 | 148.3 | 98 |

层深度不宜大于 0.6m。计划湿润层深度应通过试验来确定，表 5-3 给出了不同作物的计划湿润层深度，供参考。

（2）土壤适宜含水量及上、下限的确定。土壤适宜含水量随作物品种及其生育阶段、土壤性质等因素而变化。为了保证作物生长，应将土壤含水量控制在适宜的上限（$\theta_{max}$）与下限（$\theta_{min}$）之间。一般应通过试验或调查总结群众经验确定。具体参数请参见第二章表 2-25～表 2-40。

（3）田间持水量、土壤容重、初始土壤含水量的确定。根据试验资料、当地群众经验等方式，确定不同作物各个典型站点的田间持水量、土壤容重、初始土壤含水量，具体参数见表 5-3。

**表 5-3　　　山西省不同作物、不同典型站点土壤参数表**

| 作物名称 | 站点名称 | 年份 | 田间持水量 /% | 土壤容重 /(g/cm³) | 初始含水量 /% | 计算深度 /m |
|---|---|---|---|---|---|---|
| 油葵 | 新绛县鼓水 | 2005 | 23.50 | 1.45 | 16.50 | 0.8 |
| | 文峪河 | 2002 | 23.40 | 1.46 | 14.70 | 0.8 |
| | | 2003 | 23.40 | 1.46 | 14.10 | 0.8 |
| 马铃薯 | 大同御河 | 2001 | 22.50 | 1.45 | 18.30 | 0.8 |
| | | 2002 | 22.50 | 1.45 | 16.50 | 0.8 |
| | 临县湫水河 | 2004 | 22.14 | 1.10 | 13.77 | 0.8 |
| | | 2006 | 21.29 | 1.10 | 10.38 | 0.8 |
| 西瓜 | 忻州市滹沱河 | 2003 | 24.00 | 1.40 | 21.37 | 0.8 |
| | | 2004 | 24.00 | 1.40 | 22.04 | 0.8 |
| | 湫水河 | 2003 | 20.25 | 1.06 | 16.27 | 0.8 |
| | | 2004 | 20.25 | 1.06 | 18.53 | 0.8 |
| 棉花 | 夹马口 | 2008 | 21.60 | 1.45 | 16.70 | 0.8 |
| 黄花 | 大同御河 | 2001 | 22.50 | 1.45 | 13.94 | 0.8 |
| 黍子 | 大同御河 | 2006 | 22.50 | 1.45 | 13.94 | 0.8 |
| 花生 | 临县湫水河 | 2008 | 22.79 | 1.08 | 15.72 | 0.8 |
| | | 2006 | 21.29 | 1.08 | 19.81 | 0.8 |
| | | 2004 | 20.35 | 1.08 | 19.81 | 0.8 |
| 西葫芦 | 潇河 | 2006 | 28.00 | 1.06 | 17.90 | 0.5 |
| 南瓜 | | | 28.00 | 1.06 | 17.10 | 0.5 |
| 辣椒 | | | 28.00 | 1.06 | 16.10 | 0.5 |
| 青椒 | | | 28.00 | 1.06 | 16.20 | 0.5 |
| 茄子 | | | 28.00 | 1.06 | 16.70 | 0.5 |
| 番茄 | | | 28.00 | 1.06 | 16.50 | 0.5 |
| 黄瓜 | | | 28.00 | 1.06 | 24.40 | 0.5 |
| 尖椒 | 黎城 | 2004 | 23.50 | 1.06 | 16.00 | 0.5 |

续表

| 作物名称 | 站点名称 | 年份 | 田间持水量/% | 土壤容重/(g/cm³) | 初始含水率/% | 计算深度/m |
|---|---|---|---|---|---|---|
| 红小豆 | 潇河 | 2002 | 28.00 | 1.4 | 22.00 | 0.8 |
| | | 2003 | 28.00 | 1.4 | 21.90 | 0.8 |
| 黄豆 | 忻州市滹沱河 | 2008 | 24.00 | 1.4 | 19.54 | 0.8 |
| | 文峪河灌区 | 2008 | 25.40 | 1.46 | 14.60 | 0.8 |
| | 霍泉 | 2008 | 24.60 | 1.47 | 19.20 | 0.8 |
| | 黎城 | 2006 | 23.50 | 1.47 | 19.00 | 0.8 |
| 夏大豆 | 翼城 | 2009 | 23.4 | 1.41 | 18.60 | 0.8 |
| | 中心站 | 2005 | 26.9 | 1.38 | 17.50 | 0.8 |
| | | 2009 | 26.9 | 1.38 | 20.10 | 0.8 |

4. 有效降水量 $P_0$ 的计算

有效降水指降雨量减去地面径流损失和深层渗漏后的水量，且能被田间作物有效利用的水量。在对每次降水的有效降水进行实时估算时，使用最多的方法仍是传统的水量平衡法，及以降水可影响土层内的水量平衡方程来进行计算，其公式如下：

$$W_t = W_0 + P_t - R_t - ET_t \tag{5-9}$$

式中：$W_t$为降水停止后第二天的田间土壤贮水量，mm；$W_0$为降水开始前的田间土壤贮水量，mm；$P_t$为降水量，mm；$R_t$为由降水$P_t$产生的田面径流量，mm；$ET_t$为整个降水时段内的小麦蒸腾量，mm。

式（5-9）没有考虑地下径流，对于绝大多数情况其误差一般不会太大。存储在可影响降水土层内的水量，如果在小麦主要根系活动层内，则有效降水量（$P_t$）可按式（5-10）计算；如果在小麦主要根系活动层内蓄纳不下，则有部分水量形成了深层渗漏，在此情况下的有效降水量可按式（5-11）来计算：

$$P_t = W_t - W_0 + ET_t \tag{5-10}$$

$$P_t = W_t - W_0 - D + ET_t \tag{5-11}$$

式中：$D$为由降水$P_t$产生的深层渗漏量，mm。

从式（5-11）可以看出，如果要对每场降水的有效降水量进行实时估算，必须准确估算该场降水所形成的田间土层蓄水量变化和深层渗漏量。

（1）田间土层蓄水量变化量。田间土层蓄水量变化量可通过雨前、雨后测定图层内的土壤含水率计算得到。土壤含水率的测定可用取土烘干法测定，如果条件具备，可在田间埋设中子管用中子仪测定。直接测定法的优点是可以不用考虑雨强的变化和土壤入渗能力的差异，分析计算也比较简单，但这种方法却要求在

每次降水前后都要及时测定土壤含水率，一是工作量大；二是难于准确掌握取土时间；三是如果地下水位较高的话也难于准确地估算出入渗量究竟有多大，因为形成深层渗漏的水分用直接测定法难以估算出。

(2) 深层渗漏量。假如小麦主要根系活动层的深度为 $H$，达到田间持水量 $\theta_m$时的最大土壤贮水量为 $W_n$，则降雨结束后主要根系活动层的土壤贮水量 $W_t$和深层渗漏量 $D$ 可通过下面的比较分析得到。

当 $W \leqslant W_n$时，则 $W_t = W$，$D = 0$；

当 $W > W_n$时，则 $W_t = W_n$，$D = W - W_n$。

式中：$W$ 为通过降水-产流分析计算得到的降水前土壤贮水量 $W_0$与降雨入渗量 $F$ 之和，即 $W_0 + F$。

5. 作物需水量 $ET_m$ 的计算

根据第三章公式（3－8）计算作物需水量，其中，参考作物蒸发蒸腾量根据典型站点气象资料采用第三章公式（3－18）进行计算，作物系数取值参照第三章表 3－8～表 3－27。

6. 灌水时间的确定

根据土壤水分、有效降雨量、作物需水量等数据，采用灌溉制度公式式（5－7）进行逐日计算，确定不同作物、不同典型站点、不同水文年型的整个生育期的灌水时间、灌水次数和灌水定额。其中，根据试验站试验情况、当地灌溉经验，经济作物及杂粮灌水定额取 75mm，蔬菜灌水定额取 30mm。

以黄豆大同地区 75％降水保证率（2000 年）的数据为例，集体计算过程见表 5－4。

**表 5－4　　山西省大同地区黄豆生育期灌溉制度计算表**

| 序号 | 日期 | $W_0$ /mm | $W_t$ /mm | $ET_m$ /mm | 降水量 /mm | 灌水量 /mm | 渗漏量 /mm | 有效降水量 /mm |
|---|---|---|---|---|---|---|---|---|
| 1 | 5月11日 | 225.01 | 224.72 | 0.38 | 0.1 | 0 | 0 | 0.1 |
| 2 | 5月12日 | 224.72 | 223.62 | 1.10 | 0 | 0 | 0 | 0 |
| 3 | 5月13日 | 223.62 | 222.11 | 1.51 | 0 | 0 | 0 | 0 |
| 4 | 5月14日 | 222.11 | 220.91 | 1.20 | 0 | 0 | 0 | 0 |
| 5 | 5月15日 | 220.91 | 219.56 | 1.35 | 0 | 0 | 0 | 0 |
| 6 | 5月16日 | 219.56 | 224.60 | 1.16 | 6.2 | 0 | 0 | 6.2 |
| 7 | 5月17日 | 224.60 | 223.16 | 1.54 | 0.1 | 0 | 0 | 0.1 |
| 8 | 5月18日 | 223.16 | 221.80 | 1.46 | 0.1 | 0 | 0 | 0.1 |
| 9 | 5月19日 | 221.80 | 220.25 | 1.65 | 0.1 | 0 | 0 | 0.1 |
| 10 | 5月20日 | 220.25 | 218.20 | 2.05 | 0 | 0 | 0 | 0 |

续表

| 序号 | 日期 | $W_0$ /mm | $W_t$ /mm | $ET_m$ /mm | 降水量 /mm | 灌水量 /mm | 渗漏量 /mm | 有效降水量 /mm |
|---|---|---|---|---|---|---|---|---|
| 11 | 5月21日 | 218.20 | 243.92 | 0.78 | 26.5 | 0 | 0 | 26.5 |
| 12 | 5月22日 | 243.92 | 242.57 | 1.36 | 0 | 0 | 0 | 0 |
| 13 | 5月23日 | 242.57 | 241.99 | 0.68 | 0.1 | 0 | 0 | 0.1 |
| 14 | 5月24日 | 241.99 | 240.57 | 1.42 | 0 | 0 | 0 | 0 |
| 15 | 5月25日 | 240.57 | 238.83 | 1.73 | 0 | 0 | 0 | 0 |
| 16 | 5月26日 | 238.83 | 237.06 | 1.78 | 0 | 0 | 0 | 0 |
| 17 | 5月27日 | 237.06 | 237.61 | 1.15 | 1.7 | 0 | 0 | 1.7 |
| 18 | 5月28日 | 237.61 | 240.99 | 1.81 | 5.2 | 0 | 0 | 5.2 |
| 19 | 5月29日 | 240.99 | 239.41 | 1.58 | 0 | 0 | 0 | 0 |
| 20 | 5月30日 | 239.41 | 237.90 | 1.51 | 0 | 0 | 0 | 0 |
| 21 | 5月31日 | 237.90 | 236.55 | 1.35 | 0 | 0 | 0 | 0 |
| 22 | 6月1日 | 236.55 | 235.24 | 1.41 | 0.1 | 0 | 0 | 0.1 |
| 23 | 6月2日 | 235.24 | 234.84 | 1.40 | 1.0 | 0 | 0 | 1.0 |
| 24 | 6月3日 | 234.84 | 233.50 | 1.44 | 0.1 | 0 | 0 | 0.1 |
| 25 | 6月4日 | 233.50 | 232.58 | 1.02 | 0.1 | 0 | 0 | 0.1 |
| 26 | 6月5日 | 232.58 | 230.71 | 1.87 | 0 | 0 | 0 | 0 |
| 27 | 6月6日 | 230.71 | 228.18 | 2.53 | 0 | 0 | 0 | 0 |
| 28 | 6月7日 | 228.18 | 226.15 | 2.23 | 0.2 | 0 | 0 | 0.2 |
| 29 | 6月8日 | 226.15 | 223.73 | 2.42 | 0 | 0 | 0 | 0 |
| 30 | 6月9日 | 223.73 | 220.80 | 3.03 | 0.1 | 0 | 0 | 0.1 |
| 31 | 6月10日 | 220.80 | 217.80 | 3.10 | 0.1 | 0 | 0 | 0.1 |
| 32 | 6月11日 | 217.80 | 214.69 | 3.11 | 0 | 0 | 0 | 0 |
| 33 | 6月12日 | 214.69 | 212.48 | 2.51 | 0.3 | 0 | 0 | 0.3 |
| 34 | 6月13日 | 212.48 | 210.59 | 1.99 | 0.1 | 0 | 0 | 0.1 |
| 35 | 6月14日 | 210.59 | 206.81 | 3.78 | 0 | 0 | 0 | 0 |
| 36 | 6月15日 | 206.81 | 201.80 | 5.00 | 0 | 0 | 0 | 0 |
| 37 | 6月16日 | 201.80 | 197.26 | 4.65 | 0.1 | 75 | 0 | 0.1 |
| 38 | 6月17日 | 272.26 | 266.88 | 5.47 | 0.1 | 0 | 0 | 0.1 |
| 39 | 6月18日 | 266.88 | 261.23 | 5.65 | 0 | 0 | 0 | 0 |
| 40 | 6月19日 | 261.23 | 255.66 | 5.57 | 0 | 0 | 0 | 0 |
| 41 | 6月20日 | 255.66 | 249.23 | 6.43 | 0 | 0 | 0 | 0 |

续表

| 序号 | 日期 | $W_0$ /mm | $W_t$ /mm | $ET_m$ /mm | 降水量 /mm | 灌水量 /mm | 渗漏量 /mm | 有效降水量 /mm |
|---|---|---|---|---|---|---|---|---|
| 42 | 6月21日 | 249.23 | 243.94 | 5.28 | 0 | 0 | 0 | 0 |
| 43 | 6月22日 | 243.94 | 239.02 | 5.13 | 0.2 | 0 | 0 | 0.2 |
| 44 | 6月23日 | 239.02 | 248.29 | 3.53 | 12.8 | 0 | 0 | 12.8 |
| 45 | 6月24日 | 248.29 | 244.08 | 4.20 | 0 | 0 | 0 | 0 |
| 46 | 6月25日 | 244.08 | 238.63 | 5.45 | 0 | 0 | 0 | 0 |
| 47 | 6月26日 | 238.63 | 231.56 | 7.17 | 0.1 | 0 | 0 | 0.1 |
| 48 | 6月27日 | 231.56 | 227.33 | 5.93 | 1.7 | 0 | 0 | 1.7 |
| 49 | 6月28日 | 227.33 | 219.34 | 8.09 | 0.1 | 0 | 0 | 0.1 |
| 50 | 6月29日 | 219.34 | 214.10 | 5.33 | 0.1 | 0 | 0 | 0.1 |
| 51 | 6月30日 | 214.10 | 239.53 | 2.48 | 27.9 | 0 | 0 | 27.9 |
| 52 | 7月1日 | 239.53 | 235.09 | 4.83 | 0.4 | 0 | 0 | 0.4 |
| 53 | 7月2日 | 235.09 | 229.05 | 6.05 | 0 | 0 | 0 | 0 |
| 54 | 7月3日 | 229.05 | 222.87 | 6.27 | 0.1 | 0 | 0 | 0.1 |
| 55 | 7月4日 | 222.87 | 219.03 | 4.75 | 0.9 | 0 | 0 | 0.9 |
| 56 | 7月5日 | 219.03 | 224.65 | 2.88 | 8.5 | 0 | 0 | 8.5 |
| 57 | 7月6日 | 224.65 | 233.25 | 4.09 | 12.7 | 0 | 0 | 12.7 |
| 58 | 7月7日 | 233.25 | 227.12 | 6.13 | 0 | 0 | 0 | 0 |
| 59 | 7月8日 | 227.12 | 222.02 | 5.10 | 0 | 0 | 0 | 0 |
| 60 | 7月9日 | 222.02 | 217.55 | 4.47 | 0 | 0 | 0 | 0 |
| 61 | 7月10日 | 217.55 | 214.75 | 2.90 | 0.1 | 0 | 0 | 0.1 |
| 62 | 7月11日 | 214.75 | 213.92 | 2.33 | 1.5 | 0 | 0 | 1.5 |
| 63 | 7月12日 | 213.92 | 212.55 | 2.37 | 1.0 | 0 | 0 | 1.0 |
| 64 | 7月13日 | 212.55 | 231.23 | 4.12 | 22.8 | 0 | 0 | 22.8 |
| 65 | 7月14日 | 231.23 | 225.59 | 5.64 | 0 | 0 | 0 | 0 |
| 66 | 7月15日 | 225.59 | 219.46 | 6.13 | 0 | 0 | 0 | 0 |
| 67 | 7月16日 | 219.46 | 215.95 | 3.60 | 0.1 | 0 | 0 | 0.1 |
| 68 | 7月17日 | 215.95 | 213.29 | 5.47 | 2.8 | 0 | 0 | 2.8 |
| 69 | 7月18日 | 213.29 | 207.81 | 5.58 | 0.1 | 0 | 0 | 0.1 |
| 70 | 7月19日 | 207.81 | 202.37 | 5.44 | 0 | 0 | 0 | 0 |
| 71 | 7月20日 | 202.37 | 200.95 | 4.22 | 2.8 | 0 | 0 | 2.8 |
| 72 | 7月21日 | 200.95 | 195.35 | 5.59 | 0 | 0 | 0 | 0 |

续表

| 序号 | 日期 | $W_0$ /mm | $W_t$ /mm | $ET_m$ /mm | 降水量 /mm | 灌水量 /mm | 渗漏量 /mm | 有效降水量 /mm |
|---|---|---|---|---|---|---|---|---|
| 73 | 7月22日 | 195.35 | 189.65 | 5.71 | 0 | 0 | 0 | 0 |
| 74 | 7月23日 | 189.65 | 195.53 | 3.82 | 9.7 | 0 | 0 | 9.7 |
| 75 | 7月24日 | 195.53 | 190.60 | 4.93 | 0 | 0 | 0 | 0 |
| 76 | 7月25日 | 190.60 | 190.65 | 4.45 | 4.5 | 0 | 0 | 4.5 |
| 77 | 7月26日 | 190.65 | 186.47 | 4.17 | 0 | 0 | 0 | 0 |
| 78 | 7月27日 | 186.47 | 185.14 | 1.93 | 0.6 | 75 | 0 | 0.6 |
| 79 | 7月28日 | 260.14 | 265.76 | 3.48 | 9.1 | 0 | 0 | 9.1 |
| 80 | 7月29日 | 265.76 | 261.68 | 4.08 | 0 | 0 | 0 | 0 |
| 81 | 7月30日 | 261.68 | 257.11 | 4.57 | 0 | 0 | 0 | 0 |
| 82 | 7月31日 | 257.11 | 260.54 | 2.76 | 6.2 | 0 | 0 | 6.2 |
| 83 | 8月1日 | 260.54 | 264.94 | 3.70 | 8.1 | 0 | 0 | 8.1 |
| 84 | 8月2日 | 264.94 | 260.71 | 4.23 | 0 | 0 | 0 | 0 |
| 85 | 8月3日 | 260.71 | 260.26 | 3.55 | 3.1 | 0 | 0 | 3.1 |
| 86 | 8月4日 | 260.26 | 264.01 | 2.95 | 6.7 | 0 | 0 | 6.7 |
| 87 | 8月5日 | 264.01 | 259.30 | 4.71 | 0 | 0 | 0 | 0 |
| 88 | 8月6日 | 259.30 | 254.56 | 4.74 | 0 | 0 | 0 | 0 |
| 89 | 8月7日 | 254.56 | 266.63 | 2.83 | 14.9 | 0 | 0 | 14.9 |
| 90 | 8月8日 | 266.63 | 264.76 | 2.96 | 1.1 | 0 | 0 | 1.1 |
| 91 | 8月9日 | 264.76 | 261.95 | 2.81 | 0 | 0 | 0 | 0 |
| 92 | 8月10日 | 261.95 | 257.54 | 4.51 | 0.1 | 0 | 0 | 0.1 |
| 93 | 8月11日 | 257.54 | 252.87 | 4.68 | 0 | 0 | 0 | 0 |
| 94 | 8月12日 | 252.87 | 249.01 | 3.95 | 0.1 | 0 | 0 | 0.1 |
| 95 | 8月13日 | 249.01 | 243.39 | 5.73 | 0.1 | 0 | 0 | 0.1 |
| 96 | 8月14日 | 243.39 | 237.57 | 5.81 | 0 | 0 | 0 | 0 |
| 97 | 8月15日 | 237.57 | 233.35 | 4.22 | 0 | 0 | 0 | 0 |
| 98 | 8月16日 | 233.35 | 229.21 | 4.15 | 0 | 0 | 0 | 0 |
| 99 | 8月17日 | 229.21 | 224.42 | 4.79 | 0 | 0 | 0 | 0 |
| 100 | 8月18日 | 224.42 | 220.24 | 4.18 | 0 | 0 | 0 | 0 |
| 101 | 8月19日 | 220.24 | 214.01 | 6.23 | 0 | 0 | 0 | 0 |
| 102 | 8月20日 | 214.01 | 209.84 | 4.17 | 0 | 0 | 0 | 0 |
| 103 | 8月21日 | 209.84 | 208.76 | 2.28 | 1.2 | 0 | 0 | 1.2 |

续表

| 序号 | 日期 | $W_0$ /mm | $W_t$ /mm | $ET_m$ /mm | 降水量 /mm | 灌水量 /mm | 渗漏量 /mm | 有效降水量 /mm |
|---|---|---|---|---|---|---|---|---|
| 104 | 8月22日 | 208.76 | 206.14 | 2.82 | 0.2 | 0 | 0 | 0.2 |
| 105 | 8月23日 | 206.14 | 201.68 | 4.46 | 0 | 0 | 0 | 0 |
| 106 | 8月24日 | 201.68 | 208.31 | 3.97 | 10.6 | 0 | 0 | 10.6 |
| 107 | 8月25日 | 208.31 | 202.36 | 5.95 | 0 | 0 | 0 | 0 |
| 108 | 8月26日 | 202.36 | 196.50 | 5.86 | 0 | 0 | 0 | 0 |
| 109 | 8月27日 | 196.50 | 192.53 | 3.97 | 0 | 0 | 0 | 0 |
| 110 | 8月28日 | 192.53 | 189.42 | 4.31 | 1.2 | 0 | 0 | 1.2 |
| 111 | 8月29日 | 189.42 | 186.64 | 3.87 | 1.1 | 0 | 0 | 1.1 |
| 112 | 8月30日 | 186.64 | 183.33 | 3.41 | 0.1 | 0 | 0 | 0.1 |
| 113 | 8月31日 | 183.33 | 182.36 | 3.08 | 2.1 | 0 | 0 | 2.1 |
| 114 | 9月1日 | 182.36 | 179.05 | 3.31 | 0 | 0 | 0 | 0 |
| 115 | 9月2日 | 179.05 | 175.95 | 3.20 | 0.1 | 0 | 0 | 0.1 |
| 116 | 9月3日 | 175.95 | 171.68 | 4.27 | 0 | 0 | 0 | 0 |
| 117 | 9月4日 | 171.68 | 168.46 | 3.22 | 0 | 0 | 0 | 0 |
| 118 | 9月5日 | 168.46 | 164.59 | 3.87 | 0 | 75 | 0 | 0 |
| 119 | 9月6日 | 239.59 | 236.96 | 2.64 | 0 | 0 | 0 | 0 |
| 120 | 9月7日 | 236.96 | 233.94 | 3.01 | 0 | 0 | 0 | 0 |
| 121 | 9月8日 | 233.94 | 230.30 | 3.74 | 0.1 | 0 | 0 | 0.1 |
| 122 | 9月9日 | 230.30 | 227.16 | 3.14 | 0 | 0 | 0 | 0 |
| 123 | 9月10日 | 227.16 | 223.16 | 4.00 | 0 | 0 | 0 | 0 |
| 124 | 9月11日 | 223.16 | 219.85 | 3.31 | 0 | 0 | 0 | 0 |
| 125 | 9月12日 | 219.85 | 217.12 | 2.73 | 0 | 0 | 0 | 0 |
| 126 | 9月13日 | 217.12 | 216.53 | 1.39 | 0.8 | 0 | 0 | 0.8 |
| 127 | 9月14日 | 216.53 | 213.16 | 3.36 | 0 | 0 | 0 | 0 |
| 128 | 9月15日 | 213.16 | 210.71 | 2.45 | 0 | 0 | 0 | 0 |
| 129 | 9月16日 | 210.71 | 209.00 | 1.81 | 0.1 | 0 | 0 | 0.1 |
| 130 | 9月17日 | 209.00 | 209.10 | 0.90 | 1.0 | 0 | 0 | 1.0 |
| 131 | 9月18日 | 209.10 | 206.74 | 2.47 | 0.1 | 0 | 0 | 0.1 |
| 132 | 9月19日 | 206.74 | 220.17 | 0.76 | 14.2 | 0 | 0 | 14.2 |
| 133 | 9月20日 | 220.17 | 224.04 | 0.53 | 4.4 | 0 | 0 | 4.4 |

# 第二节　杂粮及经济作物灌溉制度结果及分析

## 一、经济作物的充分灌溉制度

1. 经济作物的充分灌溉制度

根据1992—2012年期间分布于全省的11个行政分区经济作物需水量田间试验和灌溉制度试验资料进行灌溉制度的制定。根据每个试验点的试验数据，利用式（5-7）计算出经济作物的充分灌溉制度。分地市求出了油葵、马铃薯、西瓜、棉花、花生、黄花作物的灌溉制度，见表5-5～表5-10。

2. 蔬菜的充分灌溉制度

根据1992—2012年期间分布于全省的11个行政分区蔬菜需水量田间试验和灌溉制度试验资料进行灌溉制度的制定。根据每个试验点的试验数据，利用式（5-7）计算出蔬菜的充分灌溉制度。分地市求出了番茄、黄瓜、尖椒、辣椒、青椒、南瓜、茄子、西葫芦等作物的充分灌溉制度，见表5-11～表5-18。

## 二、杂粮充分灌溉制度

根据1992—2012年期间分布于全省的11个行政分区杂粮需水量田间试验和灌溉制度试验资料进行灌溉制度的制定。根据每个试验点的试验数据，利用式（5-7）计算出杂粮的充分灌溉制度。分地市求出了黄豆、黍子、红小豆、夏大豆作物的充分灌溉制度，见表5-19～表5-22。

## 三、充分灌溉制度分析

根据山西省11个分区典型站点的试验资料，计算了经济作物、蔬菜和杂粮的充分灌溉制度。由计算结果看出，各个地区的作物需水量和灌水次数基本随着降雨量的增加而减小；有的地方降雨量较多，但是灌水也较多，是由于单次降雨量较大，有部分雨水产生了渗漏，并没有被作物吸收利用；有的地方降雨量较少，但是灌水不多，是由于降雨量全部被作物利用，没有浪费。所以灌水情况受到气象因素的影响较大。

由作物本身需水特性看出，经济作物和杂粮作物灌水较少，蔬菜作物灌水较多。同种作物地区水平方向上差异不明显，从南到北、从东到西同种作物的降雨量、作物需水量和灌水次数变化不明显；垂直方向上，各个典型站点海拔高度不同，朔州市右玉海拔高度1400m，蔬菜作物的灌水次数与海拔较低地区的灌水次数相比较少，可以看出高于1000m的地区蔬菜作物灌水次数较少，经济作物和杂粮海拔高度的灌水次数差异不明显。

**表 5-5　　山西省不同地区油葵生育期充分灌溉制度汇总表**

| 地区 | 典型县（市） | 水文年 | 生长期降水量/mm | 有效降水量/mm | 播前土壤贮水量/mm | 收获土壤贮水量/mm | 播前土壤水利用量/mm | 作物需水量/mm | 灌溉定额/mm | 次数 | 典型年/灌水时间（距播种日天数） |
|---|---|---|---|---|---|---|---|---|---|---|---|
| 大同市 | 大同 | 50% | 257.4 | 236.5 | 188.0 | 217.4 | −29.4 | 326.5 | 0 | 0 | 2007 |
| | | 75% | 206.2 | 206.2 | 188.0 | 183.3 | 4.7 | 299.1 | 75 | 1 | 2000（102） |
| | | 95% | 146.5 | 146.5 | 188.0 | 200.2 | −12.2 | 359.3 | 0 | 0 | 1965 |
| 朔州市 | 右玉 | 50% | 298.7 | 181.0 | 164.7 | 178.8 | −14.1 | 264.7 | 150 | 2 | 2002（1/98） |
| | | 75% | 230.4 | 230.4 | 164.7 | 178.8 | −14.1 | 300.5 | 150 | 2 | 1987（3/98） |
| | | 95% | 169.7 | 161.9 | 164.7 | 227.5 | −62.8 | 266.4 | 150 | 2 | 1993（1/85） |
| 忻州市 | 原平 | 50% | 302.4 | 221.0 | 164.7 | 248.1 | −83.4 | 277.9 | 150 | 2 | 1966（1/96） |
| | | 75% | 238.4 | 178.1 | 164.7 | 193.2 | −28.6 | 335.7 | 225 | 3 | 1957（2/52/104） |
| | | 95% | 147.7 | 147.7 | 164.7 | 240.9 | −76.2 | 318.7 | 225 | 3 | 1963（1/57/92） |
| 吕梁市 | 离石 | 50% | 321.8 | 286.3 | 164.7 | 223.4 | −58.7 | 257.1 | 75 | 1 | 1968（1） |
| | | 75% | 244.1 | 241.5 | 164.7 | 216.5 | −51.8 | 278.3 | 75 | 1 | 1971（39） |
| | | 95% | 170.1 | 155.9 | 164.7 | 213.2 | −48.5 | 332.4 | 225 | 3 | 1998（1/61/77） |
| 太原市 | 太原 | 50% | 293.4 | 269.1 | 164.7 | 256.9 | −92.2 | 266.7 | 75 | 1 | 2010（2） |
| | | 75% | 250.0 | 159.2 | 164.7 | 180.7 | −16.0 | 308.1 | 225 | 3 | 1998（1/73/99） |
| | | 95% | 155.9 | 155.9 | 164.7 | 244.6 | −79.9 | 332.5 | 225 | 3 | 1957（1/53/95） |
| 阳泉 | 阳泉 | 50% | 364.6 | 247.9 | 164.7 | 249.0 | −84.3 | 244.4 | 75 | 1 | 1989（3） |
| | | 75% | 267.1 | 200.8 | 164.7 | 227.0 | −62.4 | 305.9 | 150 | 2 | 1974（1/75） |
| | | 95% | 175.1 | 170.9 | 164.7 | 182.6 | −17.9 | 310.3 | 225 | 3 | 1987（1/68/99） |

续表

| 地区 | 典型县（市） | 水文年 | 生长期降水量/mm | 有效降水量/mm | 播前土壤贮水量/mm | 收获土壤贮水量/mm | 播前土壤水利用量/mm | 作物需水量/mm | 灌溉定额/mm | 次数 | 典型年/灌水时间（距播种日天数） |
|---|---|---|---|---|---|---|---|---|---|---|---|
| 晋中市 | 介休 | 50% | 312.5 | 278.5 | 164.7 | 245.1 | −80.4 | 292.4 | 75 | 1 | 2009（1） |
| | | 75% | 235.6 | 235.6 | 164.7 | 194.9 | −30.2 | 298.9 | 150 | 2 | 1991（1/56） |
| | | 95% | 161.9 | 158.5 | 164.7 | 229.9 | −65.2 | 347.2 | 225 | 3 | 1997（1/57/73） |
| 临汾市 | 侯马 | 50% | 252.9 | 246.7 | 160.2 | 258.3 | −98.1 | 223.5 | 75 | 1 | 2012（1） |
| | | 75% | 182.7 | 182.7 | 160.2 | 237.2 | −77.1 | 255.6 | 150 | 2 | 2008（1/65） |
| | | 95% | 94.1 | 94.1 | 160.2 | 174.3 | −14.1 | 305.0 | 225 | 3 | 1991（1/44/60） |
| 长治市 | 长治 | 50% | 323.6 | 174.9 | 191.4 | 294.6 | −103.2 | 243.7 | 75 | 1 | 2001（79） |
| | | 75% | 239.7 | 204.8 | 191.4 | 217.7 | −26.3 | 253.4 | 0 | 0 | 1990 |
| | | 95% | 154.6 | 73.0 | 191.4 | 269.5 | −78.1 | 294.8 | 300 | 4 | 1997（18/41/69/85） |
| 晋城市 | 阳城 | 50% | 312.8 | 217.4 | 159.0 | 197.2 | −38.1 | 254.3 | 75 | 1 | 2011（1） |
| | | 75% | 250.3 | 178.0 | 159.0 | 208.1 | −49.1 | 279.0 | 150 | 2 | 1987（1/53） |
| | | 95% | 164.5 | 127.9 | 159.0 | 194.9 | −35.9 | 317.1 | 225 | 3 | 1969（1/43/70） |
| 运城市 | 运城 | 50% | 258.8 | 196.2 | 159.0 | 222.6 | −63.5 | 282.6 | 150 | 2 | 1993（1/78） |
| | | 75% | 186.3 | 186.3 | 159.0 | 214.6 | −55.5 | 280.8 | 150 | 2 | 2009（1/54） |
| | | 95% | 110.1 | 103.2 | 159.0 | 227.0 | −68.0 | 335.2 | 225 | 3 | 1991（1/44/77） |

表 5-6　山西省不同地区马铃薯生育期充分灌溉制度汇总表

| 地区 | 典型县（市） | 水文年 | 生长期降水量/mm | 有效降水量/mm | 播前土壤贮水量/mm | 收获土壤贮水量/mm | 播前土壤水利用量/mm | 作物需水量/mm | 灌溉定额/mm | 次数 | 典型年/灌水时间（距播种日天数） |
|---|---|---|---|---|---|---|---|---|---|---|---|
| 大同市 | 大同 | 50% | 262.4 | 239.5 | 191.4 | 260.0 | −68.6 | 470.9 | 300 | 4 | 1966（26/68/85/120） |
| | | 75% | 225.6 | 225.6 | 191.4 | 227.9 | −36.5 | 489.1 | 225 | 3 | 2006（18/68/136） |
| | | 95% | 153.3 | 153.3 | 191.4 | 221.5 | −30.1 | 573.2 | 450 | 6 | 2009（40/64/77/85/104/128） |
| 朔州市 | 右玉 | 50% | 331.9 | 300.3 | 191.4 | 274.1 | −82.7 | 444.4 | 225 | 3 | 1995（21/58/79） |
| | | 75% | 253.0 | 241.9 | 191.4 | 228.9 | −37.5 | 429.3 | 150 | 2 | 2011（21/68） |
| | | 95% | 189.8 | 189.8 | 191.4 | 238.1 | −46.7 | 443.1 | 225 | 3 | 1993（24/69/96） |
| 忻州市 | 原平 | 50% | 314.4 | 292.7 | 191.4 | 239.1 | −47.7 | 470.0 | 225 | 3 | 1983（29/68/106） |
| | | 75% | 250.6 | 241.7 | 191.4 | 240.6 | −49.2 | 492.5 | 300 | 4 | 1990（55/70/85/121） |
| | | 95% | 150.3 | 150.3 | 191.4 | 231.7 | −40.3 | 560.0 | 450 | 6 | 1965（51/67/78/93/120/142） |
| 吕梁市 | 离石 | 50% | 371.34 | 287.4 | 121.2 | 184.0 | −62.8 | 449.6 | 225 | 3 | 1981（7/87/135） |
| | | 75% | 300.43 | 243.8 | 121.2 | 175.3 | −54.1 | 489.7 | 300 | 4 | 1974（4/52/74/116） |
| | | 95% | 201.77 | 132.9 | 121.2 | 199.6 | −78.4 | 504.5 | 450 | 6 | 1999（7/52/77/91/109/139） |
| 太原市 | 太原 | 50% | 344.0 | 250.4 | 121.2 | 192.3 | −71.1 | 479.2 | 225 | 3 | 1960（4/74/129） |
| | | 75% | 295.6 | 253.6 | 121.2 | 153.5 | −32.3 | 446.3 | 225 | 3 | 1990（10/61/88） |
| | | 95% | 172.1 | 117.6 | 121.2 | 165.4 | −44.2 | 523.4 | 450 | 6 | 1997（3/45/72/99/115/132） |
| 阳泉市 | 阳泉 | 50% | 434.38 | 398.4 | 121.2 | 176.1 | −54.9 | 418.5 | 75 | 1 | 1978（7） |
| | | 75% | 329.21 | 260.0 | 121.2 | 189.9 | −68.8 | 416.3 | 225 | 3 | 1965（70/88/117） |
| | | 95% | 243.7 | 170.1 | 121.2 | 168.6 | −47.5 | 497.6 | 375 | 5 | 1994（5/60/79/115/141） |

续表

| 地区 | 典型县（市） | 水文年 | 生长期降水量/mm | 有效降水量/mm | 播前土壤贮水量/mm | 收获土壤贮水量/mm | 播前土壤水利用量/mm | 作物需水量/mm | 灌溉定额/mm | 次数 | 典型年/灌水时间（距播种日天数） |
|---|---|---|---|---|---|---|---|---|---|---|---|
| 晋中市 | 介休 | 50% | 364.9 | 147.9 | 121.2 | 172.3 | −51.1 | 396.7 | 300 | 4 | 2010（16/55/79/97） |
| | | 75% | 286.0 | 203.7 | 121.2 | 169.7 | −48.5 | 455.1 | 300 | 4 | 2002（30/72/85/108） |
| | | 95% | 205.4 | 173.2 | 121.2 | 157.4 | −36.2 | 437.0 | 300 | 4 | 2000（3/55/81/122） |
| 临汾市 | 侯马 | 50% | 341.8 | 274.4 | 121.2 | 140.1 | −18.9 | 441.6 | 300 | 4 | 2010（4/54/92/99） |
| | | 75% | 281.8 | 133.6 | 121.2 | 191.6 | −70.5 | 513.2 | 450 | 6 | 2001（5/47/65/77/105/137） |
| | | 95% | 189.2 | 171.8 | 121.2 | 170.8 | −49.6 | 572.2 | 375 | 5 | 1997（4/58/87/110/124） |
| 长治市 | 长治 | 50% | 411.4 | 315.3 | 121.2 | 156.7 | −35.5 | 428.2 | 75 | 1 | 1992（91） |
| | | 75% | 371.4 | 331.2 | 121.2 | 151.0 | −29.9 | 451.3 | 150 | 2 | 1987（87/136） |
| | | 95% | 199.8 | 92.7 | 121.2 | 166.5 | −45.4 | 497.2 | 450 | 6 | 1997（4/58/73/88/114/131） |
| 晋城市 | 阳城 | 50% | 433.3 | 203.6 | 121.2 | 149.7 | −28.6 | 475.1 | 300 | 4 | 1987（17/75/90/135） |
| | | 75% | 368.1 | 215.4 | 121.2 | 193.0 | −71.9 | 443.6 | 300 | 4 | 1981（2/48/73/88） |
| | | 95% | 265.9 | 214.5 | 121.2 | 193.1 | −71.9 | 442.7 | 300 | 4 | 2012（4/48/88/152） |
| 运城市 | 运城 | 50% | 382.8 | 318.4 | 121.2 | 144.7 | −23.5 | 594.9 | 300 | 4 | 1978（14/97/112/127） |
| | | 75% | 326.3 | 280.9 | 121.2 | 163.4 | −42.3 | 538.7 | 300 | 4 | 1965（9/92/106/140） |
| | | 95% | 218.3 | 195.9 | 121.2 | 177.3 | −56.1 | 664.9 | 525 | 7 | 1994（4/82/92/93/109/122/146） |

表 5-7　山西省不同地区西瓜生育期充分灌溉制度汇总表

| 地区 | 典型县（市） | 水文年 | 生长期降水量/mm | 有效降水量/mm | 播前土壤贮水量/mm | 收获土壤贮水量/mm | 播前土壤水利用量/mm | 作物需水量/mm | 灌溉定额/mm | 次数 | 典型年/灌水时间（距播种日天数） |
|---|---|---|---|---|---|---|---|---|---|---|---|
| 大同市 | 大同 | 50% | 162.3 | 102.4 | 157.1 | 179.0 | −21.9 | 305.5 | 225 | 3 | 2003（35/65/80） |
| | | 75% | 138.7 | −4.9 | 157.1 | 155.3 | 1.8 | 372.0 | 300 | 4 | 2000（45/61/79/96） |
| | | 95% | 97.0 | 21.8 | 157.1 | 165.6 | −8.5 | 388.4 | 375 | 5 | 1978（20/48/64/79/88） |
| 朔州市 | 右玉 | 50% | 184.6 | 113.3 | 157.1 | 153.4 | 3.7 | 342.0 | 150 | 2 | 1981（38/55） |
| | | 75% | 137.6 | 80.6 | 157.1 | 140.5 | 16.6 | 322.3 | 225 | 3 | 1989（29/49/58） |
| | | 95% | 105.7 | 15.2 | 157.1 | 132.5 | 24.7 | 339.8 | 225 | 3 | 1972（23/40/59） |
| 忻州市 | 原平 | 50% | 186.3 | 17.8 | 157.1 | 163.0 | −5.9 | 311.9 | 300 | 4 | 2012（21/42/65/89） |
| | | 75% | 135.8 | −6.6 | 157.1 | 164.0 | −6.9 | 361.5 | 300 | 4 | 1986（39/56/85/100） |
| | | 95% | 61.6 | −78.7 | 157.1 | 182.4 | −25.3 | 346.0 | 450 | 6 | 2001（21/36/48/66/84/98） |
| 吕梁市 | 离石 | 50% | 247.9 | 186.5 | 246.8 | 238.6 | 8.2 | 225.1 | 75 | 1 | 1979（61） |
| | | 75% | 216.1 | 145.5 | 246.8 | 161.3 | 85.5 | 226.3 | 75 | 1 | 1983（79） |
| | | 95% | 151.4 | 140.9 | 246.8 | 215.5 | 31.3 | 226.0 | 150 | 2 | 2008（58/91） |
| 太原市 | 太原 | 50% | 177.9 | 117.2 | 157.1 | 167.8 | −10.7 | 331.5 | 225 | 3 | 1994（34/45/62） |
| | | 75% | 137.1 | 35.3 | 157.1 | 154.2 | 2.9 | 338.2 | 300 | 4 | 1952（38/56/73/90） |
| | | 95% | 97.1 | 8.6 | 157.1 | 154.0 | 3.2 | 311.8 | 300 | 4 | 1986（27/59/82/96） |
| 阳泉市 | 阳泉 | 50% | 236.9 | 182.3 | 157.1 | 95.0 | 62.1 | 319.4 | 75 | 1 | 1958（81） |
| | | 75% | 201.7 | 201.7 | 157.1 | 91.6 | 65.6 | 342.3 | 75 | 1 | 2001（60） |
| | | 95% | 134.3 | 134.3 | 157.1 | 42.1 | 115.0 | 324.3 | 75 | 1 | 1968（70） |

续表

| 地区 | 典型县（市） | 水文年 | 生长期降水量/mm | 有效降水量/mm | 播前土壤贮水量/mm | 收获土壤贮水量/mm | 播前土壤水利用量/mm | 作物需水量/mm | 灌溉定额/mm | 次数 | 典型年/灌水时间（距播种日天数） |
|---|---|---|---|---|---|---|---|---|---|---|---|
| 晋中市 | 介休 | 50% | 252.7 | 252.7 | 246.8 | 186.6 | 60.2 | 413.9 | 150 | 2 | 1962（55/71） |
| | | 75% | 204.3 | 195.6 | 246.8 | 133.0 | 113.9 | 428.6 | 75 | 1 | 2009（74） |
| | | 95% | 138.5 | 133.7 | 246.8 | 178.2 | 68.6 | 310.9 | 150 | 2 | 2008（92/114） |
| 临汾市 | 侯马 | 50% | 256.3 | 242.8 | 246.8 | 173.4 | 73.4 | 404.2 | 75 | 1 | 2002（93） |
| | | 75% | 185.7 | 185.7 | 246.8 | 250.3 | −3.5 | 407.2 | 150 | 2 | 2000（62/98） |
| | | 95% | 128.7 | 128.7 | 246.8 | 127.6 | 119.3 | 445.2 | 225 | 3 | 1997（63/86/107） |
| 长治市 | 长治 | 50% | 324.4 | 299.9 | 246.8 | 233.3 | 13.5 | 345.7 | 0 | 0 | 1987 |
| | | 75% | 292.3 | 292.3 | 246.8 | 253.4 | −6.6 | 346.5 | 0 | 0 | 2012 |
| | | 95% | 173.2 | 173.2 | 246.8 | 172.3 | 74.5 | 386.4 | 75 | 1 | 1997（93） |
| 晋城市 | 阳城 | 50% | 340.1 | 266.4 | 246.8 | 157.7 | 89.1 | 352.5 | 0 | 0 | 1990 |
| | | 75% | 244.8 | 237.7 | 246.8 | 224.8 | 22.1 | 365.4 | 75 | 1 | 1999（82） |
| | | 95% | 160.5 | 137.1 | 246.8 | 182.7 | 64.1 | 395.0 | 225 | 3 | 2009（80/102/123） |
| 运城市 | 运城 | 50% | 267.9 | 266.7 | 246.8 | 175.0 | 71.8 | 422.1 | 75 | 1 | 1967（113） |
| | | 75% | 209.0 | 209.0 | 246.8 | 204.2 | 42.7 | 497.0 | 150 | 2 | 1992（84/121） |
| | | 95% | 170.3 | 170.3 | 246.8 | 141.4 | 105.4 | 460.4 | 75 | 1 | 2001（78） |

表 5-8 山西省不同地区棉花生育期充分灌溉制度汇总表

| 地区 | 典型县（市） | 水文年 | 生长期降水量/mm | 有效降水量/mm | 播前土壤贮水量/mm | 收获土壤贮水量/mm | 播前土壤水利用量/mm | 作物需水量/mm | 灌溉定额/mm | 次数 | 典型年/灌水时间（距播种日天数） |
|---|---|---|---|---|---|---|---|---|---|---|---|
| 临汾市 | 侯马 | 50% | 408.0 | 269.7 | 193.7 | 239.7 | −46.0 | 598.6 | 300 | 4 | 2010（11/74/87/188） |
| | | 75% | 347.6 | 303.3 | 193.7 | 209.4 | −15.7 | 587.6 | 225 | 3 | 2009（10/86/104） |
| | | 95% | 212.6 | 140.8 | 193.7 | 248.3 | −54.5 | 744.3 | 450 | 6 | 1997（54/71/90/104/131//216） |
| 晋中市 | 介休 | 50% | 420.3 | 393.1 | 193.7 | 235.3 | −41.6 | 576.5 | 225 | 3 | 1976（59/73/89） |
| | | 75% | 341.9 | 261.1 | 193.7 | 199.2 | −5.5 | 630.6 | 375 | 5 | 2002（59/96/109/114/154） |
| | | 95% | 253.0 | 247.7 | 193.7 | 193.4 | 0.4 | 623.1 | 300 | 4 | 1986（9/82/105/161） |
| 吕梁市 | 离石 | 50% | 453.8 | 339.3 | 193.7 | 200.6 | −6.9 | 632.4 | 225 | 3 | 2010（80/112/126） |
| | | 75% | 377.4 | 362.9 | 193.7 | 232.1 | −38.4 | 624.5 | 300 | 4 | 1970（76/96/123/193） |
| | | 95% | 266.3 | 139.5 | 193.7 | 247.0 | −53.3 | 707.2 | 375 | 5 | 1997（3/80/97/146/197） |
| | 兴县 | 50% | 431.1 | 347.4 | 193.7 | 208.1 | −14.3 | 633.1 | 225 | 3 | 1981（48/75//166） |
| | | 75% | 357.4 | 332.5 | 193.7 | 220.1 | −26.4 | 681.1 | 225 | 3 | 1982（11/89//180） |
| | | 95% | 230.8 | 218.8 | 193.7 | 245.2 | −51.5 | 767.4 | 525 | 7 | 1972（12/64/73/87/107/130/191） |
| 晋城市 | 阳城 | 50% | 420.3 | 336.8 | 193.7 | 199.4 | −5.7 | 631.1 | 225 | 3 | 2002（13/72/93） |
| | | 75% | 341.9 | 302.6 | 193.7 | 216.9 | −23.2 | 579.5 | 225 | 3 | 2010（59/83/117） |
| | | 95% | 253.0 | 240.5 | 193.7 | 196.3 | −2.6 | 612.9 | 300 | 4 | 2012（10/72/106/161） |
| 忻州市 | 原平 | 50% | 392.7 | 390.1 | 193.7 | 231.5 | −37.8 | 577.4 | 225 | 3 | 2004（11/69/190） |
| | | 75% | 340.2 | 306.2 | 193.7 | 182.2 | 11.5 | 715.1 | 225 | 3 | 1962（11/57/81） |
| | | 95% | 196.7 | 169.9 | 193.7 | 182.5 | 11.2 | 706.1 | 450 | 6 | 1986（10/66/80/108/131/173） |
| 运城市 | 运城 | 50% | 475.1 | 332.1 | 193.7 | 218.4 | −24.7 | 757.4 | 225 | 3 | 1976（81/114/181） |
| | | 75% | 402.5 | 332.2 | 193.7 | 233.5 | −39.8 | 667.4 | 225 | 3 | 1962（55/81/100） |
| | | 95% | 278.4 | 205.4 | 193.7 | 230.5 | −36.8 | 768.6 | 450 | 6 | 1986（11/72/101/115/129/196） |

表 5－9　山西省不同地区花生生育期充分灌溉制度汇总表

| 地区 | 典型县（市） | 水文年 | 生长期降水量/mm | 有效降水量/mm | 播前土壤贮水量/mm | 收获土壤贮水量/mm | 播前土壤水利用量/mm | 作物需水量/mm | 灌溉定额/mm | 次数 | 典型年/灌水时间（距播种日天数） |
|---|---|---|---|---|---|---|---|---|---|---|---|
| 大同市 | 大同 | 50% | 309.4 | 245.6 | 171.2 | 136.1 | 35.0 | 430.6 | 150 | 2 | 1955（71/89） |
| | | 75% | 248.3 | 226.4 | 171.2 | 120.9 | 50.2 | 426.6 | 150 | 2 | 1980（75/103） |
| | | 95% | 197.6 | 195.0 | 171.2 | 168.7 | 2.5 | 422.5 | 225 | 3 | 2011（74/104/142） |
| 忻州市 | 原平 | 50% | 353.8 | 263.2 | 171.2 | 166.1 | 5.0 | 418.2 | 150 | 2 | 1975（59/107） |
| | | 75% | 296.3 | 272.4 | 171.2 | 160.2 | 11.0 | 370.8 | 75 | 1 | 2000（81） |
| | | 95% | 116.6 | 114.6 | 171.2 | 138.6 | 32.5 | 447.2 | 300 | 4 | 1972（52/77/93/133） |
| 吕梁市 | 离石 | 50% | 368.2 | 261.4 | 171.2 | 167.8 | 3.3 | 339.8 | 75 | 1 | 1992（84） |
| | | 75% | 302.6 | 257.4 | 171.2 | 131.6 | 39.6 | 372.0 | 75 | 1 | 1979（104） |
| | | 95% | 197.7 | 122.3 | 171.2 | 169.3 | 1.9 | 424.3 | 300 | 4 | 1999（55/82/100/130） |
| 太原市 | 太原 | 50% | 338.0 | 251.0 | 171.2 | 162.8 | 8.4 | 409.4 | 150 | 2 | 1955（61/77） |
| | | 75% | 295.7 | 202.2 | 171.2 | 118.5 | 52.7 | 387.6 | 150 | 2 | 1987（78/125） |
| | | 95% | 176.7 | 106.2 | 171.2 | 144.0 | 27.2 | 433.3 | 300 | 4 | 1997（44/92/109/125） |
| 阳泉市 | 阳泉 | 50% | 434.6 | 336.8 | 171.2 | 165.3 | 5.9 | 342.7 | 0 | 0 | 1990 |
| | | 75% | 326.2 | 245.7 | 171.2 | 161.7 | 9.5 | 330.2 | 75 | 1 | 1992（72） |
| | | 95% | 253.8 | 183.3 | 171.2 | 169.8 | 1.4 | 409.7 | 225 | 3 | 1965（84/112/141） |
| 晋中市 | 介休 | 50% | 366.8 | 213.4 | 171.2 | 131.0 | 40.1 | 328.5 | 75 | 1 | 2006（108） |
| | | 75% | 289.5 | 178.8 | 171.2 | 165.7 | 5.5 | 334.3 | 150 | 2 | 2004（88/143） |
| | | 95% | 203.8 | 174.8 | 171.2 | 110.5 | 60.6 | 385.5 | 150 | 2 | 1986（73/112） |

续表

| 地区 | 典型县（市） | 水文年 | 生长期降水量/mm | 有效降水量/mm | 播前土壤贮水量/mm | 收获土壤贮水量/mm | 播前土壤水利用量/mm | 作物需水量/mm | 灌溉定额/mm | 次数 | 典型年/灌水时间（距播种日天数） |
|---|---|---|---|---|---|---|---|---|---|---|---|
| 临汾市 | 侯马 | 50% | 341.4 | 225.0 | 171.2 | 110.7 | 60.4 | 360.5 | 75 | 1 | 2010（95） |
| | | 75% | 284.2 | 187.4 | 171.2 | 168.7 | 2.5 | 414.9 | 225 | 3 | 2001（45/72/98） |
| | | 95% | 193.1 | 156.1 | 171.2 | 149.9 | 21.3 | 477.4 | 300 | 4 | 1997（64/83/102/116） |
| 晋城市 | 阳城 | 50% | 424.9 | 211.5 | 171.2 | 121.4 | 49.7 | 411.2 | 150 | 2 | 1987（78/128） |
| | | 75% | 367.9 | 195.8 | 171.2 | 166.3 | 4.9 | 425.7 | 225 | 3 | 1971（76/96/141） |
| | | 95% | 272.0 | 214.1 | 171.2 | 173.8 | −2.6 | 361.5 | 150 | 2 | 2012（83/145） |
| 运城市 | 运城 | 50% | 370.2 | 254.3 | 171.2 | 170.4 | 0.8 | 480.1 | 225 | 3 | 1975（83/100/110） |
| | | 75% | 323.5 | 244.9 | 171.2 | 144.2 | 27.0 | 421.9 | 150 | 2 | 1993（105/138） |
| | | 95% | 217.7 | 172.4 | 171.2 | 146.4 | 24.8 | 572.2 | 375 | 5 | 1994（78/88/102/114/138） |

**表 5-10　山西省不同地区黄花生育期充分灌溉制度汇总表**

| 地区 | 典型县（市） | 水文年 | 生长期降水量/mm | 有效降水量/mm | 播前土壤贮水量/mm | 收获土壤贮水量/mm | 播前土壤水利用量/mm | 作物需水量/mm | 灌溉定额/mm | 次数 | 典型年/灌水时间（距播种日天数） |
|---|---|---|---|---|---|---|---|---|---|---|---|
| 大同市 | 大同 | 50% | 323.7 | 308.8 | 161.7 | 210.1 | −48.4 | 740.5 | 525 | 7 | 2005（3/30/49/65/76/97/153） |
| | | 75% | 263.4 | 262.5 | 161.7 | 216.4 | −54.7 | 722.4 | 525 | 7 | 1962（2/34/48/58/70/131/172） |
| | | 95% | 207.8 | 207.8 | 161.7 | 201.5 | −39.8 | 713.7 | 525 | 7 | 1993（3/31/50/61/77/103/144） |
| 朔州市 | 右玉 | 50% | 380.6 | 350.4 | 161.7 | 236.2 | −74.5 | 610.1 | 300 | 4 | 2000（3/37/64/106） |
| | | 75% | 308.6 | 308.6 | 161.7 | 157.4 | 4.3 | 628.2 | 375 | 5 | 1999（3/49/63/81/118） |
| | | 95% | 218.5 | 218.5 | 161.7 | 223.9 | −62.2 | 625.1 | 375 | 5 | 1993（4/40/70/100/157） |

续表

| 地区 | 典型县（市） | 水文年 | 生长期降水量/mm | 有效降水量/mm | 播前土壤贮水量/mm | 收获土壤贮水量/mm | 播前土壤水利用量/mm | 作物需水量/mm | 灌溉定额/mm | 次数 | 典型年/灌水时间（距播种日天数） |
|---|---|---|---|---|---|---|---|---|---|---|---|
| 忻州市 | 原平 | 50% | 376.3 | 338.4 | 161.7 | 227.9 | −66.2 | 667.9 | 375 | 5 | 1989（6） |
| | | 75% | 323.8 | 323.8 | 161.7 | 218.4 | −56.7 | 635.8 | 375 | 5 | 1979（4/39/52/63/160） |
| | | 95% | 182.7 | 158.7 | 161.7 | 175.2 | −13.5 | 736.1 | 600 | 8 | 1986（72/30/45/59/76/102/122/153） |

**表 5-11**　　山西省不同地区番茄生育期充分灌溉制度汇总表

| 地区 | 典型县（市） | 水文年 | 生长期降水量/mm | 有效降水量/mm | 播前土壤贮水量/mm | 收获土壤贮水量/mm | 播前土壤水利用量/mm | 作物需水量/mm | 灌溉定额/mm | 次数 | 典型年/灌水时间（距播种日天数） |
|---|---|---|---|---|---|---|---|---|---|---|---|
| 大同市 | 大同 | 50% | 261.7 | 204.7 | 87.5 | 142.8 | −55.3 | 449.3 | 270 | 9 | 1989（1/11/23/48/55/81/87/110/116） |
| | | 75% | 220.1 | 216.0 | 87.5 | 104.5 | −17.1 | 468.9 | 270 | 9 | 1998（1/6/31/40/71/89/100/109/118） |
| | | 95% | 153.1 | 138.4 | 87.5 | 108.4 | −21.0 | 477.4 | 360 | 12 | 1963（1/5/20/39/56/62/70/77/83/103/109/118） |
| 朔州市 | 右玉 | 50% | 326.7 | 241.3 | 87.5 | 143.2 | −55.8 | 365.5 | 180 | 6 | 2008（1/8/19/57/75/81） |
| | | 75% | 248.8 | 216.5 | 87.5 | 104.1 | −16.7 | 379.8 | 180 | 6 | 1977（1/10/34/78/102/111） |
| | | 95% | 188.9 | 177.6 | 87.5 | 118.7 | −31.2 | 386.4 | 240 | 8 | 2007（1/6/28/60/68/86/98/106） |
| 忻州市 | 原平 | 50% | 313.6 | 224.5 | 87.5 | 149.5 | −62.1 | 403.6 | 240 | 8 | 2002（1/9/20/64/72/96/104/112） |
| | | 75% | 244.7 | 208.6 | 87.5 | 155.4 | −67.9 | 447.7 | 330 | 11 | 1997（1/8/17/32/42/45/67/96/104/110/117） |
| | | 95% | 156.9 | 138.4 | 87.5 | 132.6 | −45.2 | 453.2 | 360 | 12 | 2001（1/4/12/23/35/53/63/70/75/88/94/117） |
| 吕梁市 | 离石 | 50% | 328.0 | 259.3 | 87.5 | 128.6 | −41.1 | 428.2 | 180 | 6 | 1993（1/14/26/45/58/119） |
| | | 75% | 258.7 | 201.0 | 87.5 | 123.8 | −36.3 | 434.7 | 270 | 9 | 1971（1/3/14/28/39/59/73/88/113） |
| | | 95% | 152.2 | 148.6 | 87.5 | 148.8 | −61.4 | 447.7 | 360 | 12 | 1997（1/6/16/26/37/51/61/67/101/107/114/120） |

续表

| 地区 | 典型县（市） | 水文年 | 生长期降水量/mm | 有效降水量/mm | 播前土壤贮水量/mm | 收获土壤贮水量/mm | 播前土壤水利用量/mm | 作物需水量/mm | 灌溉定额/mm | 次数 | 典型年/灌水时间（距播种日天数） |
|---|---|---|---|---|---|---|---|---|---|---|---|
| 太原市 | 太原 | 50% | 302.6 | 236.3 | 87.5 | 131.4 | −43.9 | 402.4 | 210 | 7 | 2000（1/4/14/33/76/84/108） |
| | | 75% | 251.6 | 214.7 | 87.5 | 102.6 | −15.2 | 469.5 | 300 | 10 | 1974（1/3/18/27/37/50/68/80/110/125） |
| | | 95% | 160.9 | 152.2 | 87.5 | 118.7 | −31.3 | 481.0 | 360 | 12 | 1965（1/6/17/38/48/54/71/90/97/104/111/120） |
| 阳泉市 | 阳泉 | 50% | 383.9 | 218.9 | 87.5 | 113.8 | −26.3 | 402.6 | 210 | 7 | 1999（1/4/34/72/79/85/118） |
| | | 75% | 293.2 | 249.8 | 87.5 | 108.7 | −21.3 | 438.6 | 210 | 7 | 1986（1/4/38/68/84/108/117） |
| | | 95% | 215.4 | 193.2 | 87.5 | 118.1 | −30.7 | 402.5 | 240 | 8 | 1991（1/4/57/65/82/89/101/116） |
| 晋中市 | 介休 | 50% | 313.6 | 298.2 | 87.5 | 122.0 | −34.6 | 413.6 | 150 | 5 | 1990（1/16/28/68/91） |
| | | 75% | 239.1 | 154.9 | 87.5 | 119.8 | −32.3 | 452.6 | 300 | 10 | 1972（1/3/12/26/35/51/58/84/93/98） |
| | | 95% | 182.4 | 156.3 | 87.5 | 121.3 | −33.8 | 422.4 | 300 | 10 | 1960（1/6/17/29/41/52/62/69/83/122） |
| 临汾市 | 侯马 | 50% | 279.5 | 239.5 | 87.5 | 144.0 | −56.6 | 392.9 | 210 | 7 | 2012（1/5/29/37/55/80/122） |
| | | 75% | 203.9 | 190.0 | 87.5 | 109.6 | −22.2 | 527.8 | 360 | 12 | 1994（1/4/14/25/76/81/85/90/99/105/112/119） |
| | | 95% | 121.0 | 116.6 | 87.5 | 115.6 | −28.1 | 538.5 | 450 | 15 | 1997（1/10/23/36/54/61/67/75/80/93/98/104/111/115/121） |
| 长治市 | 长治 | 50% | 352.0 | 299.1 | 87.5 | 139.7 | −52.3 | 396.9 | 150 | 5 | 1990（1/4/70/91/117） |
| | | 75% | 315.5 | 260.8 | 87.5 | 125.5 | −38.1 | 402.8 | 180 | 6 | 1992（1/15/27/79/85/121） |
| | | 95% | 128.8 | 98.1 | 87.5 | 109.6 | −22.2 | 465.9 | 360 | 12 | 1997（1/6/22/46/57/64/78/83/100/107/113/119） |
| 晋城市 | 阳城 | 50% | 369.3 | 203.3 | 87.5 | 137.3 | −49.8 | 393.4 | 240 | 8 | 2007（1/4/15/33/63/79/99/107） |
| | | 75% | 319.1 | 275.1 | 87.5 | 109.9 | −22.4 | 372.7 | 120 | 4 | 1993（1/27/37/116） |
| | | 95% | 184.7 | 184.7 | 87.5 | 133.7 | −46.2 | 498.5 | 360 | 12 | 1969（1/7/17/27/35/53/64/70/84/88/110/120） |
| 运城市 | 运城 | 50% | 317.0 | 232.5 | 87.5 | 145.7 | −58.2 | 504.3 | 330 | 11 | 1967（1/4/18/33/74/80/84/88/92/105/119） |
| | | 75% | 246.1 | 176.1 | 87.5 | 103.2 | −15.7 | 520.4 | 360 | 12 | 1999（1/3/70/74/79/84/88/96/100/106/113/118） |
| | | 95% | 182.9 | 175.1 | 87.5 | 146.0 | −58.5 | 536.6 | 450 | 15 | 1986（1/5/33/42/51/67/72/76/80/87/92/96/104/111/116） |

**表 5－12　山西省不同地区黄瓜生育期充分灌溉制度汇总表**

| 地区 | 典型县（市） | 水文年 | 生长期降水量/mm | 有效降水量/mm | 播前土壤贮水量/mm | 收获土壤贮水量/mm | 播前土壤水利用量/mm | 作物需水量/mm | 灌溉定额/mm | 次数 | 典型年/灌水时间（距播种日天数） |
|---|---|---|---|---|---|---|---|---|---|---|---|
| 大同市 | 大同 | 50% | 266.3 | 245.1 | 129.3 | 126.2 | 3.1 | 458.2 | 180 | 6 | 1989（27/58/65/87/94/117） |
| | | 75% | 232.0 | 232.0 | 129.3 | 113.0 | 16.3 | 488.3 | 210 | 7 | 1980（17/29/57/73/81/88/94） |
| | | 95% | 179.4 | 170.4 | 129.3 | 142.0 | −12.7 | 517.8 | 360 | 12 | 2009（23/33/43/51/54/59/63/68/82/87/105/122） |
| 朔州市 | 右玉 | 50% | 334.4 | 283.0 | 129.3 | 145.9 | −16.6 | 416.4 | 120 | 4 | 1985（40/58/67/87） |
| | | 75% | 253.4 | 233.7 | 129.3 | 129.8 | −0.5 | 443.2 | 210 | 7 | 2010（39/54/61/85/92/106/127） |
| | | 95% | 198.1 | 176.9 | 129.3 | 125.2 | 4.1 | 391.0 | 180 | 6 | 2007（29/49/66/81/108/117） |
| 忻州市 | 原平 | 50% | 325.6 | 256.7 | 129.3 | 135.9 | −6.6 | 370.1 | 90 | 3 | 2003（28/74/87） |
| | | 75% | 247.4 | 196.4 | 129.3 | 100.3 | 29.0 | 465.4 | 270 | 9 | 1991（19/54/62/87/95/101/108/117/135） |
| | | 95% | 157.0 | 120.2 | 129.3 | 118.8 | 10.5 | 460.7 | 300 | 10 | 2001（17/26/35/46/58/72/78/87/100/108） |
| 吕梁市 | 离石 | 50% | 337.0 | 240.4 | 129.3 | 105.5 | 23.8 | 414.2 | 150 | 5 | 2004（34/50/53/59/74） |
| | | 75% | 268.6 | 217.1 | 129.3 | 115.8 | 13.5 | 440.6 | 210 | 7 | 1979（22/31/39/45/88/107/117） |
| | | 95% | 162.6 | 157.7 | 129.3 | 151.9 | −22.6 | 498.6 | 360 | 12 | 1997（24/34/43/52/55/62/70/76/111/117/124/132） |
| 太原市 | 太原 | 50% | 312.3 | 283.8 | 129.3 | 129.4 | −0.1 | 403.7 | 120 | 4 | 2004（25/42/55/134） |
| | | 75% | 260.0 | 189.5 | 129.3 | 142.6 | −13.3 | 446.2 | 240 | 8 | 2010（24/39/48/57/64/70/91/98） |
| | | 95% | 161.1 | 154.5 | 129.3 | 124.2 | 5.1 | 489.7 | 300 | 10 | 1965（20/30/48/57/62/79/102/112/119/131） |
| 阳泉市 | 阳泉 | 50% | 399.8 | 226.0 | 129.3 | 141.5 | −12.2 | 453.8 | 240 | 8 | 1978（14/37/43/50/53/58/68/80） |
| | | 75% | 307.3 | 238.6 | 129.3 | 136.3 | −7.0 | 381.6 | 90 | 3 | 1992（45/64/83） |
| | | 95% | 220.7 | 200.0 | 129.3 | 130.0 | −0.7 | 409.3 | 210 | 7 | 1991（21/62/69/77/96/106/130） |

续表

| 地区 | 典型县（市） | 水文年 | 生长期降水量/mm | 有效降水量/mm | 播前土壤贮水量/mm | 收获土壤贮水量/mm | 播前土壤水利用量/mm | 作物需水量/mm | 灌溉定额/mm | 次数 | 典型年/灌水时间（距播种日天数） |
|---|---|---|---|---|---|---|---|---|---|---|---|
| 晋中市 | 介休 | 50% | 324.6 | 252.4 | 129.3 | 142.9 | −13.6 | 388.8 | 120 | 4 | 1983（68/78/85/123） |
| | | 75% | 255.9 | 199.4 | 129.3 | 183.7 | −54.4 | 420.3 | 210 | 7 | 2002（34/73/78/87/97/109/126） |
| | | 95% | 190.1 | 190.1 | 129.3 | 104.8 | 24.6 | 424.7 | 180 | 6 | 1986（43/68/74/82/89/122） |
| 临汾市 | 侯马 | 50% | 332.4 | 237.6 | 129.3 | 136.1 | −6.8 | 410.8 | 180 | 6 | 2010（25/46/52/54/75/102） |
| | | 75% | 220.1 | 199.8 | 129.3 | 122.6 | 6.7 | 446.6 | 180 | 6 | 2005（47/55/77/87/101/132） |
| | | 95% | 123.3 | 121.6 | 129.3 | 106.1 | 23.2 | 534.9 | 390 | 13 | 1997（26/37/47/57/64/71/76/87/92/106/114/121/128） |
| 长治市 | 长治 | 50% | 372.0 | 337.8 | 129.3 | 127.7 | 1.6 | 399.4 | 60 | 2 | 1990（79/103） |
| | | 75% | 320.2 | 284.2 | 129.3 | 135.6 | −6.3 | 397.9 | 120 | 4 | 2007（17/44/77/114） |
| | | 95% | 131.3 | 115.2 | 129.3 | 109.6 | 19.7 | 464.9 | 300 | 10 | 1997（20/35/56/67/73/83/90/112/120/128） |
| 晋城市 | 阳城 | 50% | 390.9 | 312.5 | 129.3 | 131.3 | −2.0 | 400.5 | 90 | 3 | 2000（20/31/117） |
| | | 75% | 335.2 | 242.7 | 129.3 | 138.8 | −9.5 | 413.2 | 180 | 6 | 1978（23/51/55/105/114/128） |
| | | 95% | 195.5 | 195.5 | 129.3 | 121.6 | 7.7 | 503.2 | 300 | 10 | 1969（26/34/42/48/54/64/74/80/97/122） |
| 运城市 | 运城 | 50% | 328.0 | 247.8 | 129.3 | 146.1 | −16.8 | 501.0 | 240 | 8 | 1967（27/41/46/85/91/96/101/125） |
| | | 75% | 259.2 | 208.2 | 129.3 | 127.2 | 2.1 | 510.3 | 300 | 10 | 1999（64/79/85/91/97/104/110/116/125/133） |
| | | 95% | 188.1 | 159.3 | 129.3 | 146.4 | −17.1 | 532.2 | 390 | 13 | 1986（24/44/52/60/76/82/87/95/101/105/114/122/129） |

表 5-13　　山西省不同地区尖椒生育期充分灌溉制度汇总表

| 地区 | 典型县（市） | 水文年 | 生长期降水量/mm | 有效降水量/mm | 播前土壤贮水量/mm | 收获土壤贮水量/mm | 播前土壤水利用量/mm | 作物需水量/mm | 灌溉定额/mm | 次数 | 典型年/灌水时间（距播种日天数） |
|---|---|---|---|---|---|---|---|---|---|---|---|
| 大同市 | 大同 | 50% | 318.0 | 296.0 | 84.8 | 121.7 | −36.9 | 469.1 | 240 | 8 | 2003（6/28/50/64/67/105/127/129） |
| | | 75% | 251.7 | 175.4 | 84.8 | 82.0 | 2.8 | 568.2 | 360 | 12 | 2001（2/11/22/31/43/53/61/70/89/98/119/137） |
| | | 95% | 204.8 | 185.0 | 84.8 | 93.4 | −8.6 | 566.5 | 360 | 12 | 1972（2/13/31/39/49/57/71/80/91/99/134/148） |
| 朔州市 | 右玉 | 50% | 362.3 | 284.2 | 84.8 | 93.7 | −8.9 | 455.3 | 150 | 5 | 1970（13/49/82/120/144） |
| | | 75% | 282.7 | 265.4 | 84.8 | 74.4 | 10.4 | 515.7 | 270 | 9 | 1987（2/14/45/59/66/76/82/145/158） |
| | | 95% | 215.8 | 191.4 | 84.8 | 93.9 | −9.1 | 452.3 | 270 | 9 | 1993（3/26/43/52/73/84/111/123/148） |
| 忻州市 | 原平 | 50% | 365.5 | 282.2 | 84.8 | 86.1 | −1.3 | 490.8 | 210 | 7 | 1971（2/12/21/31/44/73/101） |
| | | 75% | 299.5 | 220.5 | 84.8 | 111.1 | −26.3 | 464.2 | 270 | 9 | 2000（4/17/35/45/57/72/78/85/140） |
| | | 95% | 185.7 | 149.3 | 84.8 | 81.0 | 3.8 | 543.1 | 390 | 13 | 1986（2/16/34/47/65/69/77/87/95/113/121/135/146） |
| 吕梁市 | 离石 | 50% | 379.3 | 271.8 | 84.8 | 95.4 | −10.6 | 471.2 | 210 | 7 | 1981（2/14/23/77/87/95/142） |
| | | 75% | 326.3 | 275.6 | 84.8 | 88.0 | −3.2 | 482.4 | 180 | 6 | 1970（12/47/61/74/83/121） |
| | | 95% | 200.3 | 187.6 | 84.8 | 109.6 | −24.8 | 522.8 | 360 | 12 | 1999（3/19/29/44/52/70/78/85/90/104/119/133） |
| 太原市 | 太原 | 50% | 346.5 | 246.8 | 84.8 | 85.7 | −0.9 | 425.8 | 150 | 5 | 1989（3/20/54/90/123） |
| | | 75% | 295.7 | 277.7 | 84.8 | 90.1 | −5.3 | 542.3 | 270 | 9 | 1987（2/10/16/67/74/81/93/138/152） |
| | | 95% | 176.8 | 107.1 | 84.8 | 100.6 | −15.8 | 541.3 | 450 | 15 | 1997（3/14/25/36/44/54/66/71/81/93/101/110/116/123/155） |
| 阳泉市 | 阳泉 | 50% | 435.2 | 364.3 | 84.8 | 105.4 | −20.6 | 433.8 | 90 | 3 | 1990（2/18/92） |
| | | 75% | 355.1 | 247.4 | 84.8 | 89.1 | −4.3 | 483.1 | 240 | 8 | 1994（2/16/92/107/116/130/141/149） |
| | | 95% | 253.9 | 178.8 | 84.8 | 80.4 | 4.4 | 513.3 | 330 | 11 | 1965（2/21/45/54/59/73/84/104/115/125/141） |

续表

| 地区 | 典型县（市） | 水文年 | 生长期降水量/mm | 有效降水量/mm | 播前土壤贮水量/mm | 收获土壤贮水量/mm | 播前土壤水利用量/mm | 作物需水量/mm | 灌溉定额/mm | 次数 | 典型年/灌水时间（距播种日天数） |
|---|---|---|---|---|---|---|---|---|---|---|---|
| 晋中市 | 介休 | 50% | 368.3 | 229.4 | 84.8 | 95.9 | −11.1 | 428.3 | 210 | 7 | 2006（10/42/64/68/85/109/152） |
| | | 75% | 289.6 | 185.7 | 84.8 | 76.0 | 8.8 | 434.5 | 270 | 9 | 2004（3/16/33/49/62/68/92/124/158） |
| | | 95% | 203.8 | 192.4 | 84.8 | 95.0 | −10.2 | 482.2 | 270 | 9 | 1986（2/38/56/71/78/99/116/135/151） |
| 临汾市 | 侯马 | 50% | 344.7 | 242.9 | 84.8 | 78.0 | 6.8 | 459.7 | 210 | 7 | 2010（3/29/43/51/68/89/137） |
| | | 75% | 292.7 | 197.5 | 84.8 | 114.8 | −30.0 | 527.4 | 360 | 12 | 2001（2/13/24/34/45/53/61/68/73/91/101/111） |
| | | 95% | 194.6 | 131.7 | 84.8 | 80.3 | 4.5 | 586.2 | 450 | 15 | 1997（10/23/37/44/55/63/66/71/80/85/98/105/112/118/124） |
| 长治市 | 长治 | 50% | 373.7 | 286.7 | 84.8 | 109.6 | −24.8 | 441.9 | 150 | 5 | 1992（3/26/80/87/125） |
| | | 75% | 381.2 | 255.8 | 84.8 | 95.8 | −11.0 | 424.8 | 180 | 6 | 1989（3/57/68/84/123/153） |
| | | 95% | 199.5 | 143.9 | 84.8 | 101.5 | −16.7 | 517.2 | 360 | 12 | 1997（3/19/42/51/62/72/81/103/110/118/124/156） |
| 晋城市 | 阳城 | 50% | 421.5 | 256.9 | 84.8 | 105.8 | −21.0 | 476.0 | 240 | 8 | 1976（6/18/30/38/56/62/68/154） |
| | | 75% | 389.9 | 296.4 | 84.8 | 80.9 | 3.9 | 420.2 | 120 | 4 | 1989（3/54/120/145） |
| | | 95% | 272.2 | 234.2 | 84.8 | 97.2 | −12.4 | 461.8 | 240 | 8 | 2012（3/18/33/40/47/81/116/150） |
| 运城市 | 运城 | 50% | 368.1 | 297.8 | 84.8 | 76.0 | 8.8 | 576.5 | 330 | 11 | 1990（2/29/70/75/84/90/96/112/122/135/158） |
| | | 75% | 227.8 | 171.8 | 84.8 | 111.9 | −27.1 | 684.7 | 540 | 18 | 1994（2/13/22/44/62/73/78/82/87/90/100/104/109/116/120/131/146/156） |
| | | 95% | 204.2 | 162.7 | 84.8 | 86.2 | −1.4 | 611.3 | 450 | 15 | 1986（3/16/37/46/66/72/78/82/89/95/103/111/117/123/142） |

表 5-14　山西省不同地区辣椒生育期充分灌溉制度汇总表

| 地区 | 典型县（市） | 水文年 | 生长期降水量/mm | 有效降水量/mm | 播前土壤贮水量/mm | 收获土壤贮水量/mm | 播前土壤水利用量/mm | 作物需水量/mm | 灌溉定额/mm | 次数 | 典型年/灌水时间（距播种日天数） |
|---|---|---|---|---|---|---|---|---|---|---|---|
| 大同市 | 大同 | 50% | 261.7 | 219.1 | 85.3 | 141.3 | −55.9 | 433.1 | 270 | 9 | 1989（1/11/24/46/54/78/85/110/117） |
| | | 75% | 220.1 | 218.1 | 85.3 | 89.6 | −4.3 | 453.8 | 300 | 10 | 1998（1/6/32/34/41/50/97/104/117/125） |
| | | 95% | 153.1 | 139.1 | 85.3 | 93.8 | −8.4 | 460.6 | 330 | 11 | 1963（1/6/20/45/52/60/68/78/85/107/117） |
| 朔州市 | 右玉 | 50% | 326.7 | 230.8 | 85.3 | 143.3 | −58.0 | 352.8 | 180 | 6 | 2008（1/9/20/55/77/87） |
| | | 75% | 248.8 | 224.2 | 85.3 | 93.5 | −8.1 | 366.0 | 150 | 5 | 1977（1/11/36/99/110） |
| | | 95% | 188.9 | 188.9 | 85.3 | 111.7 | −26.4 | 372.5 | 210 | 7 | 2007（1/7/28/59/65/88/102） |
| 忻州市 | 原平 | 50% | 313.6 | 241.4 | 85.3 | 150.1 | −64.7 | 388.4 | 210 | 7 | 2002（1/9/21/63/69/100/110） |
| | | 75% | 244.7 | 219.3 | 85.3 | 143.2 | −57.9 | 431.4 | 300 | 10 | 1997（1/8/18/32/34/42/66/101/109/117） |
| | | 95% | 156.9 | 133.7 | 85.3 | 111.6 | −26.3 | 437.4 | 330 | 11 | 2001（1/4/13/24/38/47/60/68/78/91/98） |
| 吕梁市 | 离石 | 50% | 328.0 | 228.6 | 85.3 | 117.4 | −32.1 | 376.5 | 180 | 6 | 1993（1/18/30/45/58/81） |
| | | 75% | 258.7 | 222.9 | 85.3 | 127.3 | −42.0 | 420.9 | 240 | 8 | 1971（1/4/16/37/51/71/85/114） |
| | | 95% | 152.2 | 148.8 | 85.3 | 115.4 | −30.1 | 478.7 | 360 | 12 | 1997（1/7/18/28/41/47/58/63/79/104/110/117） |
| 太原市 | 太原 | 50% | 302.6 | 253.9 | 85.3 | 130.8 | −45.5 | 388.4 | 180 | 6 | 2000（1/5/15/35/82/107） |
| | | 75% | 251.6 | 215.2 | 85.3 | 114.9 | −29.6 | 455.6 | 270 | 9 | 1974（1/4/18/27/38/48/56/71/117） |
| | | 95% | 160.9 | 160.6 | 85.3 | 110.3 | −24.9 | 465.7 | 330 | 11 | 1965（1/7/17/39/46/52/58/95/103/111/121） |
| 阳泉市 | 阳泉 | 50% | 399.5 | 235.4 | 85.3 | 140.1 | −54.8 | 420.5 | 240 | 8 | 1978（1/3/26/36/42/49/59/71） |
| | | 75% | 285.3 | 231.3 | 85.3 | 132.8 | −47.4 | 363.8 | 180 | 6 | 1992（1/25/49/58/70/83） |
| | | 95% | 215.4 | 196.1 | 85.3 | 101.4 | −16.1 | 390.0 | 210 | 7 | 1991（1/5/54/62/85/92/106） |

续表

| 地区 | 典型县（市） | 水文年 | 生长期降水量/mm | 有效降水量/mm | 播前土壤贮水量/mm | 收获土壤贮水量/mm | 播前土壤水利用量/mm | 作物需水量/mm | 灌溉定额/mm | 次数 | 典型年/灌水时间（距播种日天数） |
|---|---|---|---|---|---|---|---|---|---|---|---|
| 晋中市 | 介休 | 50% | 313.6 | 311.1 | 85.3 | 118.2 | −32.9 | 398.2 | 120 | 4 | 1990（1/16/31/63） |
| | | 75% | 239.1 | 178.4 | 85.3 | 124.2 | −38.9 | 439.5 | 300 | 10 | 1972（1/4/13/27/36/48/56/80/91/97） |
| | | 95% | 182.4 | 182.4 | 85.3 | 96.7 | −11.4 | 411.0 | 240 | 8 | 1960（1/6/18/29/42/50/56/65） |
| 临汾市 | 侯马 | 50% | 395.4 | 345.4 | 85.3 | 146.6 | −61.2 | 530.5 | 180 | 6 | 2005（1/4/47/53/71/106） |
| | | 75% | 307.4 | 305.4 | 85.3 | 144.1 | −58.8 | 574.3 | 300 | 10 | 2001（1/7/9/20/31/39/50/60/68/72） |
| | | 95% | 194.8 | 194.8 | 85.3 | 66.8 | 18.5 | 646.5 | 330 | 11 | 1997（1/4/27/38/48/64/71/106/113119/125） |
| 长治市 | 长治 | 50% | 439.0 | 397.8 | 85.3 | 131.4 | −46.0 | 488.7 | 90 | 3 | 1992（1/6/39） |
| | | 75% | 395.9 | 335.4 | 85.3 | 146.9 | −61.6 | 525.2 | 210 | 7 | 2001（1/5/22/32/40/50/69） |
| | | 95% | 201.9 | 201.9 | 85.3 | 56.4 | 29.0 | 581.7 | 240 | 8 | 1997（1/4/21/36/54/65/74/121） |
| 晋城市 | 阳城 | 50% | 463.3 | 355.8 | 85.3 | 111.4 | −26.1 | 498.0 | 120 | 4 | 2006（1/4/44/53） |
| | | 75% | 403.8 | 351.5 | 85.3 | 88.2 | −2.8 | 469.0 | 60 | 2 | 1989（1/64） |
| | | 95% | 276.2 | 269.2 | 85.3 | 103.2 | −17.9 | 517.2 | 210 | 7 | 2012（1/6/21/37/45/51/67） |
| 运城市 | 运城 | 50% | 412.5 | 337.4 | 85.3 | 141.2 | −55.9 | 602.4 | 270 | 9 | 1968（1/28/37/50/64/71/99/111/118） |
| | | 75% | 353.5 | 348.6 | 85.3 | 137.7 | −52.3 | 583.1 | 210 | 7 | 2000（1/4/20/29/50/66/94） |
| | | 95% | 250.2 | 243.5 | 85.3 | 90.7 | −5.4 | 662.4 | 300 | 10 | 1986（1/12/26/45/53/92/100/105/112/120） |

表 5-15　　山西省不同地区青椒生育期充分灌溉制度汇总表

| 地区 | 典型县（市） | 水文年 | 生长期降水量/mm | 有效降水量/mm | 播前土壤贮水量/mm | 收获土壤贮水量/mm | 播前土壤水利用量/mm | 作物需水量/mm | 灌溉定额/mm | 次数 | 典型年/灌水时间（距播种日天数） |
|---|---|---|---|---|---|---|---|---|---|---|---|
| 大同市 | 大同 | 50% | 261.7 | 218.5 | 85.9 | 141.3 | −55.4 | 433.1 | 270 | 9 | 1989（1/10/23/42/51/67/81/88/113） |
| | | 75% | 220.1 | 216.9 | 85.9 | 119.0 | −33.1 | 453.8 | 270 | 9 | 1998（1/4/31/38/44/74/100/110/121） |
| | | 95% | 153.1 | 108.5 | 85.9 | 123.8 | −37.9 | 460.6 | 420 | 14 | 1963（1/4/19/36/48/57/65/72/73/82/88/103/110/121） |
| 朔州市 | 右玉 | 50% | 326.7 | 200.2 | 85.9 | 143.3 | −57.4 | 352.8 | 210 | 7 | 2008（1/7/19/52/64/79/89） |
| | | 75% | 248.8 | 223.5 | 85.9 | 123.5 | −37.6 | 365.9 | 180 | 6 | 1977（1/9/29/78/105/115） |
| | | 95% | 188.9 | 168.1 | 85.9 | 121.4 | −35.5 | 372.5 | 240 | 8 | 2007（1/6/27/55/62/70/97/105） |
| 忻州市 | 原平 | 50% | 313.6 | 210.9 | 85.9 | 150.5 | −64.6 | 388.4 | 240 | 8 | 2002（1/4/19/60/67/96/105/114） |
| | | 75% | 244.7 | 163.9 | 85.9 | 167.1 | −81.2 | 431.4 | 330 | 11 | 1997（1/7/16/31/40/47/64/96/105/112/120） |
| | | 95% | 156.9 | 131.9 | 85.9 | 140.4 | −54.5 | 437.4 | 330 | 11 | 2001（1/3/12/22/43/58/65/71/87/94/119） |
| 吕梁市 | 离石 | 50% | 328.0 | 228.0 | 85.9 | 117.4 | −31.5 | 376.5 | 180 | 6 | 1993（1/14/29/42/53/71） |
| | | 75% | 258.7 | 192.3 | 85.9 | 127.3 | −41.5 | 420.9 | 300 | 10 | 1971（1/2/15/32/41/56/72/73/86/112） |
| | | 95% | 152.2 | 118.3 | 85.9 | 145.4 | −59.5 | 478.7 | 420 | 14 | 1997（1/6/17/27/36/45/53/61/67/79/101/107/113/120） |
| 太原市 | 太原 | 50% | 302.6 | 195.0 | 85.9 | 132.5 | −46.7 | 388.4 | 240 | 8 | 2000（1/3/13/32/43/76/84/108） |
| | | 75% | 251.6 | 214.6 | 85.9 | 114.9 | −29.1 | 455.6 | 270 | 9 | 1974（1/3/17/26/35/45/52/68/111） |
| | | 95% | 160.9 | 160.1 | 85.9 | 110.3 | −24.4 | 465.7 | 330 | 11 | 1965（1/5/16/36/44/50/55/90/99/106/114） |
| 阳泉市 | 阳泉 | 50% | 399.5 | 204.8 | 85.9 | 140.1 | −54.3 | 420.5 | 270 | 9 | 1978（1/2/14/32/40/46/53/62/106） |
| | | 75% | 285.3 | 230.7 | 85.9 | 132.8 | −46.9 | 363.8 | 180 | 6 | 1992（1/23/38/54/64/73） |
| | | 95% | 215.4 | 181.9 | 85.9 | 117.7 | −31.9 | 390.0 | 240 | 8 | 1991（1/3/52/59/67/85/91/106） |

续表

| 地区 | 典型县（市） | 水文年 | 生长期降水量/mm | 有效降水量/mm | 播前土壤贮水量/mm | 收获土壤贮水量/mm | 播前土壤水利用量/mm | 作物需水量/mm | 灌溉定额/mm | 次数 | 典型年/灌水时间（距播种日天数） |
|---|---|---|---|---|---|---|---|---|---|---|---|
| 晋中市 | 介休 | 50% | 313.6 | 264.5 | 85.9 | 132.2 | -46.3 | 398.2 | 180 | 6 | 1990（1/4/25/51/69/92） |
|  |  | 75% | 239.1 | 177.9 | 85.9 | 124.2 | -38.4 | 439.5 | 300 | 10 | 1972（1/2/11/25/33/39/52/71/85/94） |
|  |  | 95% | 182.4 | 159.7 | 85.9 | 104.6 | -18.7 | 411.0 | 330 | 11 | 1960（1/4/17/28/38/46/53/63/72/73/125） |
| 临汾市 | 侯马 | 50% | 279.5 | 207.6 | 85.9 | 122.7 | -36.8 | 380.8 | 210 | 7 | 2012（1/4/19/34/40/55/80） |
|  |  | 75% | 203.9 | 169.0 | 85.9 | 110.0 | -24.1 | 504.9 | 360 | 12 | 1994（1/2/13/24/41/76/81/86/91/102/109/117） |
|  |  | 95% | 121.0 | 116.2 | 85.9 | 135.1 | -49.2 | 517.0 | 450 | 15 | 1997（1/9/22/34/50/57/63/68/78/92/98/105/111/118/124） |
| 长治市 | 长治 | 50% | 352.0 | 289.8 | 85.9 | 144.3 | -58.5 | 381.3 | 150 | 5 | 1990（1/3/67/92/119） |
|  |  | 75% | 315.5 | 288.0 | 85.9 | 134.8 | -49.0 | 389.0 | 150 | 5 | 1992（1/13/26/80/123） |
|  |  | 95% | 128.8 | 97.3 | 85.9 | 126.9 | -41.0 | 446.3 | 390 | 13 | 1997（1/5/21/40/49/59/66/76/82/100/107/115/122） |
| 晋城市 | 阳城 | 50% | 369.3 | 194.2 | 85.9 | 138.2 | -52.4 | 381.8 | 240 | 8 | 2007（1/4/13/31/55/64/100/108） |
|  |  | 75% | 319.1 | 214.7 | 85.9 | 119.2 | -33.3 | 361.3 | 180 | 6 | 1993（1/26/35/48/61/117） |
|  |  | 95% | 184.7 | 184.7 | 85.9 | 119.3 | -33.5 | 481.2 | 330 | 11 | 1969（1/4/17/26/33/44/56/65/81/87/111） |
| 运城市 | 运城 | 50% | 317.0 | 213.0 | 85.9 | 145.7 | -59.8 | 483.2 | 330 | 11 | 1967（1/3/18/32/38/73/80/85/89/106/120） |
|  |  | 75% | 246.1 | 124.0 | 85.9 | 104.9 | -19.1 | 495.0 | 420 | 14 | 1999（1/3/36/53/67/74/79/85/90/97/103/111/117/125） |
|  |  | 95% | 182.9 | 153.3 | 85.9 | 146.0 | -60.1 | 513.1 | 420 | 14 | 1986（1/5/31/40/63/68/75/80/87/93/97/105/113/119） |

表 5－16　山西省不同地区南瓜生育期充分灌溉制度汇总表

| 地区 | 典型县（市） | 水文年 | 生长期降水量/mm | 有效降水量/mm | 播前土壤贮水量/mm | 收获土壤贮水量/mm | 播前土壤水利用量/mm | 作物需水量/mm | 灌溉定额/mm | 次数 | 典型年/灌水时间（距播种日天数） |
|---|---|---|---|---|---|---|---|---|---|---|---|
| 大同市 | 大同 | 50% | 266.3 | 260.3 | 90.6 | 145.3 | −54.6 | 415.6 | 210 | 7 | 1989（10/33/59/66/93/97/126） |
| | | 75% | 232.0 | 232.0 | 90.6 | 120.0 | −29.3 | 442.7 | 240 | 8 | 1980（6/20/45/58/76/83/92/94） |
| | | 95% | 179.4 | 161.6 | 90.6 | 142.1 | −51.4 | 470.2 | 360 | 12 | 2009（8/27/37/47/54/60/64/74/85/95/106/125） |
| 朔州市 | 右玉 | 50% | 334.4 | 282.6 | 90.6 | 146.0 | −55.3 | 377.3 | 150 | 5 | 1985（11/43/58/67/89） |
| | | 75% | 253.4 | 250.9 | 90.6 | 121.0 | −30.4 | 400.5 | 180 | 6 | 2010（9/44/61/91/95/108） |
| | | 95% | 198.1 | 178.5 | 90.6 | 126.1 | −35.4 | 353.0 | 210 | 7 | 2007（15/38/66/73/83/107/117） |
| 忻州市 | 原平 | 50% | 325.6 | 290.8 | 90.6 | 136.2 | −45.6 | 335.2 | 90 | 3 | 2003（12/31/78） |
| | | 75% | 247.4 | 196.4 | 90.6 | 104.6 | −14.0 | 422.4 | 210 | 7 | 1991（9/21/61/90/100/108/123） |
| | | 95% | 157.0 | 149.5 | 90.6 | 123.8 | −33.2 | 416.3 | 270 | 9 | 2001（6/18/29/40/51/63/74/81/100） |
| 吕梁市 | 离石 | 50% | 337.0 | 274.1 | 90.6 | 108.0 | −17.4 | 376.8 | 90 | 3 | 2004（24/53/59） |
| | | 75% | 268.6 | 255.9 | 90.6 | 128.4 | −37.8 | 398.1 | 180 | 6 | 1979（7/24/35/42/110/132） |
| | | 95% | 162.6 | 162.6 | 90.6 | 130.7 | −40.0 | 452.6 | 330 | 11 | 1997（6/28/38/46/55/62/71/78/111/119/127） |
| 太原市 | 太原 | 50% | 312.3 | 288.3 | 90.6 | 102.5 | −11.9 | 366.4 | 90 | 3 | 2004（11/32/55） |
| | | 75% | 260.0 | 186.7 | 90.6 | 142.7 | −52.0 | 404.7 | 270 | 9 | 2010（9/33/44/51/58/65/85/93/98） |
| | | 95% | 161.1 | 161.1 | 90.6 | 107.7 | −17.0 | 444.1 | 300 | 10 | 1956（8/22/45/52/58/63/82/105/114/123） |
| 阳泉市 | 阳泉 | 50% | 399.8 | 251.4 | 90.6 | 141.6 | −51.0 | 410.4 | 210 | 7 | 1978（7/21/41/47/53/61/70） |
| | | 75% | 307.3 | 243.7 | 90.6 | 137.2 | −46.5 | 347.1 | 120 | 4 | 1992（48/64/75/84） |
| | | 95% | 220.7 | 220.7 | 90.6 | 119.6 | −29.0 | 371.7 | 150 | 5 | 1991（11/65/75/99/116） |

续表

| 地区 | 典型县（市） | 水文年 | 生长期降水量/mm | 有效降水量/mm | 播前土壤贮水量/mm | 收获土壤贮水量/mm | 播前土壤水利用量/mm | 作物需水量/mm | 灌溉定额/mm | 次数 | 典型年/灌水时间（距播种日天数） |
|---|---|---|---|---|---|---|---|---|---|---|---|
| 晋中市 | 介休 | 50% | 324.6 | 255.7 | 90.6 | 143.0 | −52.3 | 353.3 | 150 | 5 | 1983（10/68/79/87/128） |
| | | 75% | 255.9 | 229.0 | 90.6 | 175.3 | −84.6 | 381.3 | 210 | 7 | 2002（27/39/74/79/91/95/109） |
| | | 95% | 190.1 | 190.1 | 90.6 | 105.3 | −14.7 | 385.4 | 180 | 6 | 1986（10/50/68/76/84/123） |
| 临汾市 | 侯马 | 50% | 332.4 | 240.7 | 90.6 | 138.7 | −48.1 | 372.6 | 180 | 6 | 2010（7/36/49/54/83/100） |
| | | 75% | 220.1 | 202.8 | 90.6 | 97.5 | −6.9 | 405.8 | 240 | 8 | 2005（13/49/55/74/80/92/99/135） |
| | | 95% | 123.3 | 123.3 | 90.6 | 117.3 | −26.7 | 486.6 | 390 | 13 | 1997（7/31/43/50/65/72/78/89/99/107/116/124/132） |
| 长治市 | 长治 | 50% | 372.0 | 372.0 | 90.6 | 131.0 | −40.4 | 361.6 | 30 | 1 | 1990（99） |
| | | 75% | 320.2 | 283.1 | 90.6 | 135.8 | −45.2 | 357.9 | 120 | 4 | 2007（6/20/85/116） |
| | | 95% | 131.3 | 123.4 | 90.6 | 122.7 | −32.0 | 421.3 | 330 | 11 | 1997（6/27/48/56/68/75/86/92/114/124/133） |
| 晋城市 | 阳城 | 50% | 390.9 | 319.2 | 90.6 | 138.4 | −47.8 | 361.4 | 90 | 3 | 2000（6/22/120） |
| | | 75% | 335.2 | 255.0 | 90.6 | 122.5 | −31.9 | 373.1 | 150 | 5 | 1978（11/26/54/108/118） |
| | | 95% | 195.5 | 195.5 | 90.6 | 130.0 | −39.4 | 456.1 | 270 | 9 | 1969（14/28/38/44/55/67/76/96/127） |
| 运城市 | 运城 | 50% | 328.0 | 268.5 | 90.6 | 146.1 | −55.5 | 453.0 | 210 | 7 | 1967（13/36/43/49/91/98/103） |
| | | 75% | 259.2 | 225.8 | 90.6 | 123.1 | −32.4 | 463.3 | 240 | 8 | 1999（13/84/90/99/108/115/125/133） |
| | | 95% | 188.1 | 179.5 | 90.6 | 146.4 | −55.8 | 483.7 | 360 | 12 | 1986（10/40/48/61/78/85/90/94/101/107/118/126） |

表 5-17　山西省不同地区茄子生育期充分灌溉制度汇总表

| 地区 | 典型县（市） | 水文年 | 生长期降水量/mm | 有效降水量/mm | 播前土壤贮水量/mm | 收获土壤贮水量/mm | 播前土壤水利用量/mm | 作物需水量/mm | 灌溉定额/mm | 次数 | 典型年/灌水时间（距播种日天数） |
|---|---|---|---|---|---|---|---|---|---|---|---|
| 大同市 | 大同 | 50% | 261.7 | 228.0 | 88.5 | 134.7 | −46.2 | 417.7 | 50 | 1 | 1989（1） |
| | | 75% | 220.1 | 161.4 | 88.5 | 143.5 | −55.0 | 436.6 | 100 | 2 | 1998（1/124） |
| | | 95% | 153.1 | 94.0 | 88.5 | 139.6 | −51.1 | 443.8 | 200 | 4 | 1963（1/58/88/121） |
| 临汾市 | 侯马 | 50% | 279.5 | 175.8 | 88.5 | 145.4 | −56.9 | 366.8 | 50 | 1 | 2012（1） |
| | | 75% | 203.9 | 110.7 | 88.5 | 123.4 | −34.9 | 490.6 | 150 | 3 | 1994（1/86/114） |
| | | 95% | 121.0 | 119.0 | 88.5 | 132.8 | −44.3 | 500.2 | 200 | 4 | 1997（1/59/101/120） |
| 晋中市 | 介休 | 50% | 313.6 | 242.3 | 88.5 | 145.9 | −57.3 | 384.0 | 50 | 1 | 1990（1） |
| | | 75% | 239.1 | 178.7 | 88.5 | 133.1 | −44.6 | 422.7 | 100 | 2 | 1972（1/33） |
| | | 95% | 182.4 | 114.6 | 88.5 | 126.2 | −37.7 | 393.7 | 150 | 3 | 1960（1/39/66） |
| 吕梁市 | 离石 | 50% | 328.0 | 204.2 | 88.5 | 133.6 | −45.1 | 361.7 | 50 | 1 | 1993（1） |
| | | 75% | 258.7 | 182.9 | 88.5 | 135.5 | −47.0 | 406.4 | 50 | 1 | 1971（1） |
| | | 95% | 152.2 | 115.2 | 88.5 | 142.1 | −53.6 | 463.4 | 200 | 4 | 1997（1/34/61/112） |
| 太原市 | 太原 | 50% | 302.6 | 165.8 | 88.5 | 138.4 | −49.9 | 375.7 | 100 | 2 | 2000（1/43） |
| | | 75% | 251.6 | 189.5 | 88.5 | 123.8 | −35.3 | 438.0 | 100 | 2 | 1974（1/37） |
| | | 95% | 160.9 | 139.2 | 88.5 | 122.0 | −33.5 | 447.8 | 150 | 3 | 1965（1/45/109） |
| 晋城市 | 阳城 | 50% | 369.3 | 209.5 | 88.5 | 142.6 | −54.1 | 367.3 | 50 | 1 | 2007（1） |
| | | 75% | 319.1 | 139.3 | 88.5 | 118.0 | −29.5 | 347.1 | 50 | 1 | 1993（1） |
| | | 95% | 184.7 | 184.7 | 88.5 | 122.8 | −34.2 | 463.8 | 100 | 2 | 1969（1/33） |

续表

| 地区 | 典型县（市） | 水文年 | 生长期降水量/mm | 有效降水量/mm | 播前土壤贮水量/mm | 收获土壤贮水量/mm | 播前土壤水利用量/mm | 作物需水量/mm | 灌溉定额/mm | 次数 | 典型年/灌水时间（距播种日天数） |
|---|---|---|---|---|---|---|---|---|---|---|---|
| 阳泉市 | 阳泉 | 50% | 399.5 | 187.1 | 88.5 | 143.1 | −54.6 | 399.5 | 50 | 1 | 1978（1） |
| | | 75% | 285.3 | 157.1 | 88.5 | 141.5 | −53.0 | 349.3 | 100 | 2 | 1992（1/70） |
| | | 95% | 215.4 | 175.8 | 88.5 | 105.3 | −16.8 | 374.7 | 50 | 1 | 1991（1） |
| 朔州市 | 右玉 | 50% | 326.7 | 205.7 | 88.5 | 145.1 | −56.5 | 340.0 | 50 | 1 | 2008（1） |
| | | 75% | 248.8 | 185.7 | 88.5 | 114.2 | −25.7 | 353.7 | 50 | 1 | 1977（1） |
| | | 95% | 188.9 | 155.8 | 88.5 | 130.7 | −42.2 | 359.8 | 100 | 2 | 2007（1/71） |
| 忻州市 | 原平 | 50% | 313.6 | 177.2 | 88.5 | 155.2 | −66.7 | 375.0 | 100 | 2 | 2002（1/112） |
| | | 75% | 244.7 | 147.4 | 88.5 | 165.8 | −77.3 | 417.3 | 100 | 2 | 1997（1/110） |
| | | 95% | 156.9 | 135.0 | 88.5 | 136.6 | −48.1 | 422.2 | 150 | 3 | 2001（1/29/69） |
| 运城市 | 运城 | 50% | 317.0 | 173.4 | 88.5 | 146.6 | −58.1 | 469.0 | 150 | 3 | 1967（1/50/84） |
| | | 75% | 246.1 | 122.4 | 88.5 | 137.9 | −49.4 | 482.1 | 200 | 4 | 1999（1/79/99/121） |
| | | 95% | 182.9 | 133.0 | 88.5 | 146.8 | −58.3 | 496.8 | 200 | 4 | 1986（1/77/96/119） |
| 长治市 | 长治 | 50% | 352.0 | 235.6 | 88.5 | 145.7 | −57.2 | 368.9 | 50 | 1 | 1990（1/119） |
| | | 75% | 315.5 | 217.5 | 88.5 | 128.7 | −40.2 | 375.4 | 50 | 1 | 1992（1/46） |
| | | 95% | 128.8 | 71.6 | 88.5 | 118.6 | −30.1 | 433.5 | 200 | 4 | 1997（1/54/84/113） |

表 5-18　　山西省不同地区西葫芦生育期充分灌溉制度汇总表

| 地区 | 典型县（市） | 水文年 | 生长期降水量/mm | 有效降水量/mm | 播前土壤贮水量/mm | 收获土壤贮水量/mm | 播前土壤水利用量/mm | 作物需水量/mm | 灌溉定额/mm | 次数 | 典型年/灌水时间（距播种日天数） |
|---|---|---|---|---|---|---|---|---|---|---|---|
| 大同市 | 大同 | 50% | 122.2 | 120.1 | 94.9 | 136.5 | −41.6 | 288.5 | 180 | 6 | 1976（6/19/26/33/41/47） |
| | | 75% | 105.3 | 105.3 | 94.9 | 110.4 | −15.5 | 299.8 | 180 | 6 | 1997（4/23/29/46/55/75） |
| | | 95% | 60.9 | 60.9 | 94.9 | 100.4 | −5.5 | 295.4 | 210 | 7 | 1960（4/24/34/41/47/57/70） |
| 朔州市 | 右玉 | 50% | 131.1 | 130.0 | 94.9 | 116.3 | −21.4 | 258.6 | 120 | 4 | 1975（19/29/38/61） |
| | | 75% | 112.1 | 112.1 | 94.9 | 123.2 | −28.3 | 233.8 | 120 | 4 | 2004（21/41/64/78） |
| | | 95% | 69.0 | 69.0 | 94.9 | 95.0 | −0.1 | 278.9 | 210 | 7 | 1972（5/19/33/41/47/66/79） |
| 忻州市 | 原平 | 50% | 136.1 | 110.0 | 94.9 | 119.7 | −24.8 | 265.2 | 150 | 5 | （7/30/39/49/68） |
| | | 75% | 101.5 | 80.1 | 94.9 | 130.2 | −35.3 | 284.8 | 240 | 8 | （5/28/35/43/52/55/62/68） |
| | | 95% | 52.7 | 52.7 | 94.9 | 94.6 | 0.3 | 323.0 | 300 | 10 | 1965（6/20/28/36/37/43/48/56/63/79） |
| 吕梁市 | 离石 | 50% | 153.1 | 119.2 | 94.9 | 106.9 | −12.0 | 257.1 | 120 | 4 | 1973（8/22/30/38） |
| | | 75% | 107.6 | 107.4 | 94.9 | 111.6 | −16.7 | 300.7 | 210 | 7 | 2005（7/34/38/44/49/58/76） |
| | | 95% | 56.8 | 56.8 | 94.9 | 108.4 | −13.5 | 283.3 | 270 | 9 | 1965（6/22/30/40/46/52/56/63/74） |
| 太原市 | 太原 | 50% | 135.9 | 135.9 | 94.9 | 117.7 | −22.8 | 263.1 | 120 | 4 | 1982（4/26/34/60） |
| | | 75% | 95.6 | 95.6 | 94.9 | 128.2 | −33.3 | 272.3 | 210 | 7 | 1957（7/20/31/52/56/63/70） |
| | | 95% | 60.2 | 52.8 | 94.9 | 96.4 | −1.6 | 321.2 | 270 | 9 | 1955（5/18/26/33/40/46/61/70/79） |
| 阳泉市 | 阳泉 | 50% | 183.3 | 133.9 | 94.9 | 122.2 | −27.4 | 256.5 | 120 | 4 | 1995（7/21/31/46） |
| | | 75% | 129.5 | 115.5 | 94.9 | 125.0 | −30.1 | 235.4 | 150 | 5 | 1991（4/21/47/67/78） |
| | | 95% | 65.5 | 65.5 | 94.9 | 99.4 | −4.6 | 270.9 | 180 | 6 | 1968（5/21/30/41/48/67） |

续表

| 地区 | 典型县（市） | 水文年 | 生长期降水量/mm | 有效降水量/mm | 播前土壤贮水量/mm | 收获土壤贮水量/mm | 播前土壤水利用量/mm | 作物需水量/mm | 灌溉定额/mm | 次数 | 典型年/灌水时间（距播种日天数） |
|---|---|---|---|---|---|---|---|---|---|---|---|
| 晋中市 | 介休 | 50% | 140.1 | 125.0 | 94.9 | 134.2 | −39.4 | 265.6 | 150 | 5 | 1966（5/19/32/38/48） |
| | | 75% | 83.5 | 83.5 | 94.9 | 108.7 | −13.9 | 279.6 | 180 | 6 | 1982（4/27/48/42/51/64） |
| | | 95% | 38.4 | 38.4 | 94.9 | 122.1 | −27.2 | 281.2 | 240 | 8 | 1976（5/21/31/40/46/59/66/75） |
| 临汾市 | 侯马 | 50% | 154.6 | 101.5 | 94.9 | 107.2 | −12.3 | 269.1 | 150 | 5 | 2011（5/34/42/47/63） |
| | | 75% | 107.0 | 107.0 | 94.9 | 123.9 | −29.1 | 257.9 | 150 | 5 | 2010（4/24/38/48/58） |
| | | 95% | 41.8 | 41.8 | 151.8 | 153.1 | −1.3 | 310.5 | 270 | 9 | 2001（8/21/28/34/38/46/59/68/79） |
| 长治市 | 长治 | 50% | 205.1 | 132.4 | 94.9 | 137.7 | −42.8 | 239.6 | 150 | 5 | 1988（27/36/38/49/59） |
| | | 75% | 174.2 | 171.1 | 94.9 | 151.5 | −56.6 | 237.6 | 120 | 4 | 1991（13/40/62/70） |
| | | 95% | 50.6 | 50.6 | 94.9 | 121.9 | −27.0 | 263.6 | 210 | 7 | 1997（4/20/32/46/58/69/78） |
| 晋城市 | 阳城 | 50% | 194.8 | 125.2 | 94.9 | 134.7 | −39.9 | 235.4 | 120 | 4 | 1999（8/29/44/64） |
| | | 75% | 131.1 | 96.2 | 94.9 | 126.5 | −31.6 | 274.6 | 210 | 7 | 2009（4/36/37/47/59/66/78） |
| | | 95% | 63.4 | 63.4 | 94.9 | 101.1 | −6.2 | 297.2 | 210 | 7 | 1976（6/22/30/38/43/49/68） |
| 运城市 | 运城 | 50% | 180.7 | 162.6 | 94.9 | 128.0 | −33.2 | 279.5 | 180 | 6 | 1985（39/47/52/59/72） |
| | | 75% | 131.0 | 131.0 | 94.9 | 122.3 | −27.4 | 283.6 | 180 | 6 | 1991（12/21/41/63/69/75） |
| | | 95% | 54.6 | 54.6 | 94.9 | 119.1 | −24.3 | 360.3 | 300 | 10 | 1995（5/18/27/35/42/47/60/65/72/76） |

表 5-19　山西省不同地区黄豆生育期充分灌溉制度汇总表

| 地区 | 典型县（市） | 水文年 | 生长期降水量/mm | 有效降水量/mm | 播前土壤贮水量/mm | 收获土壤贮水量/mm | 播前土壤水利用量/mm | 作物需水量/mm | 灌溉定额/mm | 次数 | 典型年/灌水时间（距播种天数） |
|---|---|---|---|---|---|---|---|---|---|---|---|
| 大同市 | 大同 | 50% | 285.6 | 264.4 | 225.0 | 187.0 | 38.0 | 452.4 | 150 | 2 | 1971（27/55） |
| | | 75% | 240.7 | 193.1 | 225.0 | 224.0 | 1.0 | 466.7 | 225 | 3 | 1998（37/73/118） |
| | | 95% | 179.6 | 154.5 | 225.0 | 251.7 | −26.7 | 502.8 | 300 | 4 | 2009（47/58/77/115） |
| 朔州市 | 右玉 | 50% | 336.6 | 334.0 | 224.9 | 233.9 | −9.0 | 404.7 | 0 | 0 | 1990（36） |
| | | 75% | 253.1 | 226.8 | 224.9 | 207.8 | 17.0 | 434.6 | 300 | 4 | 1963（45/61/68/116） |
| | | 95% | 197.6 | 190.5 | 224.9 | 198.6 | 26.3 | 376.2 | 150 | 2 | 2007（51/71） |
| 忻州市 | 原平 | 50% | 319.0 | 240.5 | 224.9 | 244.1 | −19.2 | 389.5 | 150 | 2 | 2006（30/48） |
| | | 75% | 258.2 | 224.1 | 224.9 | 258.1 | −33.2 | 438.0 | 225 | 3 | 2000（19/43/77） |
| | | 95% | 177.0 | 177.0 | 224.9 | 262.8 | −37.9 | 470.5 | 300 | 4 | 2001（12/37/60/86） |
| 吕梁市 | 离石 | 50% | 336.9 | 336.9 | 223.4 | 228.3 | −4.9 | 410.2 | 75 | 1 | 2004（47） |
| | | 75% | 269.0 | 193.1 | 223.4 | 180.3 | 43.1 | 490.8 | 225 | 3 | 2005（58/66/107） |
| | | 95% | 165.7 | 165.7 | 223.4 | 193.4 | 30.0 | 476.6 | 300 | 4 | 1999（43/66/84/103） |
| 太原市 | 太原 | 50% | 316.8 | 260.2 | 224.9 | 255.2 | −30.3 | 420.3 | 150 | 2 | 2004（20/48） |
| | | 75% | 258.0 | 218.7 | 224.9 | 214.5 | 10.4 | 404.8 | 150 | 2 | 1984（40/90） |
| | | 95% | 168.6 | 125.0 | 224.9 | 204.2 | 20.7 | 520.0 | 375 | 5 | 1997（13/32/51/88/109） |
| 晋中市 | 介休 | 50% | 324.7 | 269.4 | 224.9 | 239.1 | −14.2 | 403.1 | 150 | 2 | 1983（51/75） |
| | | 75% | 260.4 | 257.4 | 224.9 | 207.2 | 17.7 | 438.5 | 225 | 3 | 2002（20/65/85） |
| | | 95% | 183.6 | 179.7 | 224.9 | 223.0 | 1.9 | 449.9 | 225 | 3 | 1960（17/39/54） |

续表

| 地区 | 典型县（市） | 水文年 | 生长期降水量/mm | 有效降水量/mm | 播前土壤贮水量/mm | 收获土壤贮水量/mm | 播前土壤水利用量/mm | 作物需水量/mm | 灌溉定额/mm | 次数 | 典型年/灌水时间（距播种天数） |
|---|---|---|---|---|---|---|---|---|---|---|---|
| 临汾市 | 侯马 | 50% | 265.5 | 211.3 | 225.8 | 244.0 | −18.2 | 373.6 | 75 | 1 | 2004（31） |
| | | 75% | 186.9 | 184.0 | 225.8 | 261.3 | −35.5 | 364.8 | 150 | 2 | 2009（45/99） |
| | | 95% | 130.2 | 130.2 | 225.8 | 235.6 | −9.8 | 448.7 | 225 | 3 | 1991（45/84/97） |
| 长治市 | 黎城 | 50% | 332.9 | 311.7 | 217.6 | 248.0 | −30.4 | 308.9 | 0 | 0 | 2008 |
| | | 75% | 300.7 | 217.5 | 217.6 | 210.7 | 6.9 | 385.2 | 225 | 3 | 1994（56/84/107） |
| | | 95% | 156.1 | 122.9 | 217.6 | 213.9 | 3.7 | 399.4 | 300 | 4 | 1997（12/38/68/111） |
| 运城市 | 运城 | 50% | 303.5 | 257.4 | 225.8 | 180.9 | 44.9 | 446.3 | 225 | 3 | 1965（25/41/104） |
| | | 75% | 239.2 | 215.1 | 225.8 | 198.8 | 27.0 | 526.6 | 300 | 4 | 1974（30/63/90/113） |
| | | 95% | 180.4 | 180.4 | 225.8 | 206.6 | 19.2 | 495.2 | 375 | 5 | 1986（34/57/84/91/110） |

**表 5-20　山西省不同地区黍子生育期充分灌溉制度汇总表**

| 地区 | 典型县（市） | 水文年 | 生长期降水量/mm | 有效降水量/mm | 播前土壤贮水量/mm | 收获土壤贮水量/mm | 播前土壤水利用量/mm | 作物需水量/mm | 灌溉定额/mm | 次数 | 典型年/灌水时间（距播种天数） |
|---|---|---|---|---|---|---|---|---|---|---|---|
| 忻州市 | 原平 | 50% | 318.6 | 226.3 | 161.7 | 184.7 | −23.0 | 374.4 | 150 | 2 | 1962（7/98） |
| | | 75% | 250.8 | 245.7 | 161.7 | 173.1 | −11.4 | 389.4 | 150 | 2 | 1987（70/94） |
| | | 95% | 146.2 | 134.9 | 161.7 | 145.5 | 16.2 | 383.0 | 225 | 3 | 1986（7/67/93） |
| 太原市 | 太原 | 50% | 294.1 | 279.3 | 161.7 | 216.5 | −54.8 | 314.3 | 75 | 1 | 1992（19） |
| | | 75% | 252.5 | 241.0 | 161.7 | 144.2 | 17.5 | 345.0 | 75 | 1 | 1987（60） |
| | | 95% | 168.4 | 159.8 | 161.7 | 139.5 | 22.2 | 340.6 | 150 | 2 | 1986（10/57） |

续表

| 地区 | 典型县（市） | 水文年 | 生长期降水量/mm | 有效降水量/mm | 播前土壤贮水量/mm | 收获土壤贮水量/mm | 播前土壤水利用量/mm | 作物需水量/mm | 灌溉定额/mm | 次数 | 典型年/灌水时间（距播种天数） |
|---|---|---|---|---|---|---|---|---|---|---|---|
| 阳泉市 | 阳泉 | 50% | 379.3 | 247.3 | 161.7 | 223.4 | −61.7 | 342.6 | 150 | 2 | 1978（8/38） |
| | | 75% | 294.7 | 254.5 | 161.7 | 206.8 | −45.1 | 317.3 | 75 | 1 | 2001（17） |
| | | 95% | 195.0 | 156.9 | 161.7 | 174.9 | −13.2 | 331.8 | 150 | 2 | 1991（32/72） |
| 晋中市 | 介休 | 50% | 312.0 | 289.3 | 161.7 | 245.2 | −83.4 | 302.9 | 75 | 1 | 1976（13） |
| | | 75% | 249.2 | 210.7 | 161.7 | 189.5 | −27.8 | 354.5 | 150 | 2 | 1998（29/100） |
| | | 95% | 183.3 | 181.1 | 161.7 | 152.4 | 9.3 | 342.6 | 150 | 2 | 1960（9/47） |
| 临汾市 | 侯马 | 50% | 292.2 | 262.4 | 161.7 | 208.9 | −47.2 | 384.7 | 150 | 2 | 2002（7/80） |
| | | 75% | 214.3 | 183.7 | 161.7 | 169.2 | −7.5 | 356.8 | 225 | 3 | 2000（40/49/90） |
| | | 95% | 145.1 | 87.9 | 161.7 | 194.5 | −32.8 | 412.3 | 225 | 3 | 1991（21/48/66） |
| 长治市 | 长治 | 50% | 341.6 | 275.3 | 161.7 | 204.3 | −42.6 | 347.8 | 75 | 1 | 1986（17） |
| | | 75% | 306.5 | 289.6 | 161.7 | 210.5 | −48.8 | 278.7 | 0 | 0 | 2012 |
| | | 95% | 181.6 | 164.7 | 161.7 | 224.7 | −63.0 | 372.1 | 150 | 2 | 1997（35/93） |
| 晋城市 | 阳城 | 50% | 369.5 | 246.4 | 161.7 | 253.4 | −91.7 | 331.3 | 150 | 2 | 1985（22/69） |
| | | 75% | 319.7 | 314.0 | 161.7 | 188.1 | −26.4 | 293.3 | 0 | 0 | 1989 |
| | | 95% | 212.6 | 209.1 | 161.7 | 134.3 | 27.4 | 390.0 | 150 | 2 | 1965（13/80） |
| 运城市 | 运城 | 50% | 314.6 | 247.7 | 161.7 | 255.7 | −94.0 | 445.6 | 225 | 3 | 1979（14/78/100） |
| | | 75% | 258.3 | 242.4 | 161.7 | 190.3 | −28.6 | 379.7 | 150 | 2 | 1962（9/62） |
| | | 95% | 185.1 | 145.8 | 161.7 | 189.4 | −27.7 | 382.4 | 225 | 3 | 2005（19/56/97） |

表 5-21 山西省不同地区红小豆生育期充分灌溉制度汇总表

| 地区 | 典型县(市) | 水文年 | 作物生长期降水量/mm | 有效降水量/mm | 播前土壤贮水量/mm | 收获土壤贮水量/mm | 播前土壤水利用量/mm | 作物需水量/mm | 灌溉定额/mm | 次数 | 典型年/灌水时间(距播种天数) |
|---|---|---|---|---|---|---|---|---|---|---|---|
| 大同市 | 大同 | 50% | 298.6 | 240.0 | 246.4 | 301.9 | −58.8 | 484.5 | 225 | 3 | 2002 (11/64/113) |
| | | 75% | 245.1 | 223.3 | 246.4 | 252.5 | −6.1 | 517.2 | 300 | 4 | 1998 (10/49/73/111) |
| | | 95% | 191.2 | 191.2 | 246.4 | 294.2 | −47.8 | 518.4 | 375 | 5 | 2011 (6/58/63/91/133) |
| 朔州市 | 右玉 | 50% | 350.0 | 283.8 | 246.4 | 312.7 | −32.6 | 442.5 | 150 | 2 | 2005 (44/125) |
| | | 75% | 277.0 | 201.2 | 246.4 | 299.7 | −53.3 | 447.9 | 225 | 3 | 1998 (9/98/131) |
| | | 95% | 202.3 | 190.7 | 246.4 | 245.8 | 0.6 | 416.2 | 150 | 2 | 2007 (7/88) |
| 忻州市 | 原平 | 50% | 352.7 | 252.0 | 246.4 | 275.9 | −64.5 | 522.5 | 300 | 4 | 1975 (6/29/58/66) |
| | | 75% | 282.2 | 208.0 | 246.4 | 251.9 | −5.5 | 502.5 | 300 | 4 | 1991 (5/62/84/101) |
| | | 95% | 179.0 | 177.3 | 246.4 | 281.8 | −35.4 | 516.9 | 300 | 4 | 1986 (5/74/103/126) |
| 吕梁市 | 离石 | 50% | 330.1 | 280.3 | 246.4 | 300.4 | −60.8 | 451.3 | 225 | 3 | 1983 (56/68/115) |
| | | 75% | 264.3 | 212.5 | 246.4 | 267.0 | −20.6 | 491.9 | 300 | 4 | 1974 (8/47/64/108) |
| | | 95% | 180.6 | 180.6 | 246.4 | 292.4 | −46.0 | 511.9 | 375 | 5 | 1999 (13/47/67/86/114) |
| 太原市 | 太原 | 50% | 323.7 | 251.8 | 246.4 | 300.8 | −59.9 | 422.5 | 225 | 3 | 2002 (17/68/99) |
| | | 75% | 279.8 | 278.0 | 246.4 | 238.4 | 8.0 | 436.0 | 75 | 1 | 1993 (17) |
| | | 95% | 171.3 | 154.0 | 246.4 | 243.9 | 2.5 | 531.5 | 300 | 4 | 1997 (7/40/91/108) |
| 阳泉市 | 阳泉 | 50% | 421.2 | 301.1 | 246.4 | 311.9 | −66.7 | 460.5 | 150 | 2 | 1961 (10/130) |
| | | 75% | 315.6 | 314.3 | 246.4 | 300.2 | −53.8 | 410.5 | 75 | 1 | 1992 (52) |
| | | 95% | 243.9 | 194.6 | 246.4 | 243.9 | 2.5 | 497.0 | 300 | 4 | 1965 (11/55/80/112) |

续表

| 地区 | 典型县（市） | 水文年 | 作物生长期降水量 /mm | 有效降水量 /mm | 播前土壤贮水量 /mm | 收获土壤贮水量 /mm | 播前土壤水利用量 /mm | 作物需水量 /mm | 灌溉定额 /mm | 次数 | 典型年/灌水时间（距播种天数） |
|---|---|---|---|---|---|---|---|---|---|---|---|
| 晋中市 | 介休 | 50% | 350.6 | 259.5 | 246.4 | 312.6 | −66.1 | 493.3 | 300 | 4 | 2001（6/30/59/63） |
| | | 75% | 267.3 | 249.1 | 246.4 | 248.7 | −2.3 | 471.7 | 225 | 3 | 1998（9/71/107） |
| | | 95% | 195.7 | 176.8 | 246.4 | 282.2 | −35.8 | 441.0 | 225 | 3 | 2000（7/77/119） |
| 临汾市 | 侯马 | 50% | 339.8 | 235.9 | 246.4 | 323.5 | −63.0 | 468.7 | 225 | 3 | 2005（41/73/124） |
| | | 75% | 262.4 | 250.7 | 246.4 | 301.3 | −54.9 | 420.8 | 150 | 2 | 2009（53/93） |
| | | 95% | 183.4 | 175.1 | 246.4 | 297.8 | −51.4 | 573.7 | 375 | 5 | 1997（10/53/76/101/115） |
| 晋城市 | 阳城 | 50% | 417.6 | 372.7 | 246.4 | 299.7 | −65.2 | 469.4 | 75 | 1 | 2002（115） |
| | | 75% | 348.3 | 319.2 | 246.4 | 239.7 | 6.7 | 400.8 | 75 | 1 | 1989（18） |
| | | 95% | 238.8 | 194.0 | 246.4 | 296.1 | −49.7 | 519.3 | 375 | 5 | 1997（9/52/76/95/111） |
| 运城市 | 运城 | 50% | 361.2 | 275.1 | 246.4 | 303.2 | −49.3 | 593.3 | 300 | 4 | 1992（13/50/78/90） |
| | | 75% | 303.9 | 303.9 | 246.4 | 296.4 | −50.0 | 553.9 | 300 | 4 | 1999（70/85/95/119） |
| | | 95% | 217.7 | 197.2 | 246.4 | 237.5 | 8.9 | 656.1 | 450 | 6 | 1994（6/58/74/86/101/114） |

**表 5-22　山西省不同地区夏大豆生育期充分灌溉制度汇总表**

| 地区 | 典型县（市） | 水文年 | 生长期降水量 /mm | 有效降水量 /mm | 播前土壤贮水量 /mm | 收获土壤贮水量 /mm | 播前土壤水利用量 /mm | 作物需水量 /mm | 灌溉定额 /mm | 次数 | 典型年/灌水时间（距播种天数） |
|---|---|---|---|---|---|---|---|---|---|---|---|
| 大同市 | 大同 | 50% | 257.4 | 236.5 | 188.0 | 217.4 | −29.4 | 326.5 | 0 | 0 | 2007 |
| | | 75% | 206.2 | 206.2 | 188.0 | 183.3 | 4.7 | 299.1 | 75 | 1 | 2000（102） |
| | | 95% | 146.5 | 146.5 | 188.0 | 200.2 | −12.2 | 359.3 | 0 | 0 | 1965 |

续表

| 地区 | 典型县（市） | 水文年 | 生长期降水量/mm | 有效降水量/mm | 播前土壤贮水量/mm | 收获土壤贮水量/mm | 播前土壤水利用量/mm | 作物需水量/mm | 灌溉定额/mm | 次数 | 典型年/灌水时间（距播种天数） |
|---|---|---|---|---|---|---|---|---|---|---|---|
| 朔州市 | 右玉 | 50% | 298.7 | 181.0 | 164.7 | 178.8 | −14.1 | 264.7 | 150 | 2 | 2002（1/98） |
| | | 75% | 230.4 | 230.4 | 164.7 | 178.8 | −14.1 | 300.5 | 150 | 2 | 1987（3/98） |
| | | 95% | 169.7 | 161.9 | 164.7 | 227.5 | −62.8 | 266.4 | 150 | 2 | 1993（1/85） |
| 忻州市 | 原平 | 50% | 318.9 | 162.1 | 221.9 | 236.7 | −14.8 | 372.3 | 225 | 3 | 1962（3/63/88） |
| | | 75% | 258.7 | 203.8 | 221.9 | 212.4 | 9.5 | 363.3 | 150 | 2 | 1997（2/69） |
| | | 95% | 110.6 | 110.6 | 221.9 | 259.2 | −37.3 | 410.0 | 225 | 3 | 1972（3/46/114） |
| 吕梁市 | 离石 | 50% | 343.8 | 261.4 | 221.9 | 235.0 | −13.1 | 323.3 | 75 | 1 | 1981（79） |
| | | 75% | 276.6 | 235.9 | 221.9 | 267.6 | −45.6 | 340.3 | 150 | 2 | 2002（48/74） |
| | | 95% | 176.5 | 176.5 | 221.9 | 265.4 | −43.5 | 388.2 | 225 | 3 | 1999（2/63/97） |
| 太原市 | 太原 | 50% | 293.4 | 269.1 | 164.7 | 256.9 | −92.2 | 266.7 | 75 | 1 | 2010（2） |
| | | 75% | 250.0 | 159.2 | 164.7 | 180.7 | −16.0 | 308.1 | 225 | 3 | 1998（1/73/99） |
| | | 95% | 155.9 | 155.9 | 164.7 | 244.6 | −79.9 | 332.5 | 225 | 3 | 1957（1/53/95） |
| 阳泉市 | 阳泉 | 50% | 364.6 | 247.9 | 164.7 | 249.0 | −84.3 | 244.4 | 75 | 1 | 1989（3） |
| | | 75% | 267.1 | 200.8 | 164.7 | 227.0 | −62.4 | 305.9 | 150 | 2 | 1974（1/75） |
| | | 95% | 175.1 | 170.9 | 164.7 | 182.6 | −17.9 | 310.3 | 225 | 3 | 1987（1/68/99） |

续表

| 地区 | 典型县（市） | 水文年 | 生长期降水量/mm | 有效降水量/mm | 播前土壤贮水量/mm | 收获土壤贮水量/mm | 播前土壤水利用量/mm | 作物需水量/mm | 灌溉定额/mm | 次数 | 典型年/灌水时间（距播种天数） |
|---|---|---|---|---|---|---|---|---|---|---|---|
| 晋中市 | 介休 | 50% | 312.5 | 278.5 | 164.7 | 245.1 | −80.4 | 292.4 | 75 | 1 | 2009（1） |
| | | 75% | 235.6 | 235.6 | 164.7 | 194.9 | −30.2 | 298.9 | 150 | 2 | 1991（1/56） |
| | | 95% | 161.9 | 158.5 | 164.7 | 229.9 | −65.2 | 347.2 | 225 | 3 | 1997（1/57/73） |
| 临汾市 | 侯马 | 50% | 252.9 | 246.7 | 160.2 | 258.3 | −98.1 | 223.5 | 75 | 1 | 2012（1） |
| | | 75% | 182.7 | 182.7 | 160.2 | 237.2 | −77.1 | 255.6 | 150 | 2 | 2008（1/65） |
| | | 95% | 94.1 | 94.1 | 160.2 | 174.3 | −14.1 | 305.0 | 225 | 3 | 1991（1/44/60） |
| 长治市 | 长治 | 50% | 323.6 | 174.9 | 191.4 | 294.6 | −103.2 | 243.7 | 75 | 1 | 2001（79） |
| | | 75% | 239.7 | 204.8 | 191.4 | 217.7 | −26.3 | 253.4 | 0 | 0 | 1990 |
| | | 95% | 154.6 | 73.0 | 191.4 | 269.5 | −78.1 | 294.8 | 300 | 4 | 1997（18/41/69/85） |
| 晋城市 | 阳城 | 50% | 312.8 | 217.4 | 159.0 | 197.2 | −38.1 | 254.3 | 75 | 1 | 2011（1） |
| | | 75% | 250.3 | 178.0 | 159.0 | 208.1 | −49.1 | 279.0 | 150 | 2 | 1978（1/53） |
| | | 95% | 164.5 | 127.9 | 159.0 | 194.9 | −35.9 | 317.1 | 225 | 3 | 1969（1/43/70） |
| 运城市 | 运城 | 50% | 258.8 | 196.2 | 159.0 | 222.6 | −63.5 | 282.6 | 150 | 2 | 1993（1/78） |
| | | 75% | 186.3 | 186.3 | 159.0 | 214.6 | −55.5 | 280.8 | 150 | 2 | 2009（1/54） |
| | | 95% | 110.1 | 103.2 | 159.0 | 227.0 | −68.0 | 335.2 | 225 | 3 | 1991（1/44/77） |

# 第六章　非充分供水灌溉制度

水资源的日益紧缺，使得充分供水的灌溉制度已越来越难以实现。非充分灌溉制度是相对于前述充分灌溉而提出的，是对水资源不足或缺水年（季）所采取的一种限额（或控制）灌溉。非充分灌溉不以追求传统的单产最高为目标，而是求得高效用水条件下的净效益最大或费用目标最小。

根据所应用的农田类型和条件不同，在实际中有许多提法，如：在水资源短缺的半干旱地区，为解决有限水量在作物生育期的最优分配问题，根据作物需水关键期进行有限次数或有限量灌溉提出的有限灌溉制度或优化灌溉制度为追求农产品质量或区域持续发展所提出的调亏灌溉，它们都是为了提高水分利用效率，达到节水增产，提高经济效益的目的。

在许多情况下，水分亏缺矛盾总是不可避免。关键的问题是在不同的可供水量条件下，为了获得最佳产量，允许作物在什么时候发生水分亏缺及允许亏缺到什么程度？作物对水分胁迫逆境适应的能力有多大？当某生育阶段发生水分亏缺、经过灌溉补救以后，其后遗影响的大小及延续时间的长短，它们最终会对产量和产品质量构成哪些影响？

揭示并依据这些规律便可科学地制定非充分灌溉的策略，成为非充分灌溉的理论依据：

(1) 物种资源中存在着一系列的对水分亏缺的适应机制，可用来增加作物在遭受干旱逆境时的定植、生长、发育和生产能力。

这种机制表现为干旱时的逃旱（或避旱）和耐旱（或抗旱）作用。逃旱是指在土壤有效水分耗尽前，提前成熟；耐旱是指可增加对逆境耐性的适应能力，如延迟脱水和增加耐脱水能力。水分生理学研究表明，受水分胁迫的许多作物都表现了脯氨酸（PRO）和脱落酸（ABA）的积累。

(2) 干旱和半干旱地区某些土壤的水分特征，提供了低定额灌溉的可能性。

如我国西北地区黄土的水分物理学研究表明，其水分特征曲线在接近 $\theta_f$ 处，水分有效性下降很快，而在 40%～80%$\theta_f$ 的范围内，土壤水分为作物利用的有效性下降非常缓慢。在此范围以内的土壤水分对作物的吸收影响几乎同等有效。表明在西北干旱和半干旱的黄土地区，保持低含水量水平，不会使作物遭受明显干旱而大幅度减产。为非充分灌溉和农业节水并获得中等以上的产量提供了可能。

(3) 作物具有一种有限缺水效应，在适度的水分亏缺情况下并不一定会显著降低产量。

作物在适度水分亏缺的逆境下，对于有限缺水具有一定的适应和抵抗效应，在经受了短期和适度水分胁迫影响，虽对生长和发育产生了一定抑制，但经过灌水的补救，一段时间后又会加快生长，表现为一种补偿生长的效应。如我国总结棉花和玉米的“蹲苗”、水稻的控水“落干”增产经验。Turner（1989）研究认为，早期适度水分亏缺，对小麦、玉米、向日葵、花生、豆科牧草也会有利于增产。

（4）数量经济学和系统工程学的最优化理论，为提高每立方米灌溉水的生产效率、优化作物灌溉制度设计和作物的种植结构，拟定系统的用水计划和实现灌区的目标规划的非充分灌溉，提供了科学的管理理论。

# 第一节　限额供水的灌溉制度

前面充分灌溉制度的确定，是在供水充分的情况下，以阶段土壤含水量下限值进行灌溉的制度，即当土壤含水量达到土壤含水量下限时即进行灌溉。但是在实际当中，经常会遇到供水不足的情况，即限额供水，在这种情况下，必须满足需水关键期的供水，减少非关键期的供水，需要根据限额供水的灌溉制度进行灌溉，因此有必要分析制定限额供水的灌溉制度。

## 一、限额灌溉制度研究方法

1. 计算方法

限额供水灌溉制度是在水量有限的情况下，作物产量达到最大值。本书在给定灌溉水量的条件下，只对时间进行优化。

目标函数：做出各种决策，使在给定灌溉水量条件下，作物产量达到最高，是灌溉制度优化的目的，其目标函数为

$$F(d_i)=\frac{Y}{Y_m}=\max\prod_{i=1}^{n}\left(\frac{ET_i}{ET_{mi}}\right)^{\lambda_i} \tag{6-1}$$

约束条件：灌溉的可供水量是一定的，灌溉定额（灌水定额与灌水次数的乘积）小于等于最大供水量。

其中，目标函数中作物最大需水量 $ET_m$ 和作物实际需水量 $ET$ 为

$$ET_m=K_cET_0 \tag{6-2}$$

$$ET=K_sET_m \tag{6-3}$$

式中，作物需水量的计算和作物产量的计算参照下文所述计算过程。

2. 作物需水量的计算

（1）参考作物蒸发蒸腾量 $ET_0$ 的计算。根据山西省不同地区水文站的气象资料，采用用彭曼-蒙蒂斯公式计算参考作物的蒸发蒸腾量，具体公式见第三章式（3－18）。

（2）作物系数的确定。作物系数大致分为 4 个阶段：初始生长期、快速发育

期、生育中期、成熟期。根据联合国粮农组织（FAO）推荐作物系数值选择各个分区的作物系数阶段和数值。本研究作物系数取值参照第三章表 3-8～表 3-27。

（3）土壤水分修正系数。土壤水分修正系数的选取，与田间持水量和凋萎含水量有关，见式（6-4）。

$$K_s=\begin{cases}1 & \theta\geqslant\theta_{田}\\ \dfrac{\theta-\theta_{wp}}{\theta_j-\theta_{wp}} & \theta_{wp}<\theta<\theta_{田}\\ 0 & \theta<\theta_{wp}\end{cases} \tag{6-4}$$

式中：$\theta$ 为土壤根系层实际含水量；$\theta_{田}$ 为永久凋萎点含水量；$\theta_{wp}$ 为永久凋萎点含水量；$\theta_j$ 为临界含水量。

该式表示当含水率大于田间持水量时，作物蒸发蒸腾量达到最大值，且不受土壤水分限制，当含水量低于田间持水量时，蒸发蒸腾量随含水量的降低而减小。一般可取 $\theta_f$ 等于田间持水量的 65%～80%，本书取值 75%。

土壤计划湿润层深度 $H$、田间持水量、土壤容重、初始土壤含水量等土壤参数请参见第五章表 5-3。

（4）作物实际需水量的确定。通过式（6-2）和式（6-3），根据参考作物蒸发蒸腾量 $ET_0$、作物系数 $K_c$、土壤水分修正系数 $K_s$ 等参数对作物需水量 $ET$ 进行计算。

3. 作物产量的计算

杂粮及经济作物选择 Jensen 模型作为作物产量的计算公式。Jensen 模型属于水分生产函数中的一种静态模型，简称为连乘模型，近年来应用比较广泛。其表达式见第四章式（4-10）。

根据式（4-11）得到各生育阶段的水分生产函数的计算公式如下：

$$\left.\begin{aligned}\frac{y}{y_m}&=\left(\frac{ET}{ET_{m1}}\right)^{\lambda_1}\left(\frac{ET}{ET_{m2}}\right)^{\lambda_2}\cdots\left(\frac{ET}{ET_{mn}}\right)^{\lambda_n}\\ y&=\left(\frac{ET}{ET_{m1}}\right)^{\lambda_1}\left(\frac{ET}{ET_{m2}}\right)^{\lambda_2}\cdots\left(\frac{ET}{ET_{mn}}\right)^{\lambda_n}y_m\end{aligned}\right\} \tag{6-5}$$

通过式（6-5），根据杂粮及经济作物的每个阶段的实际需水量、最大需水量、敏感指数值以及最大产量可求得杂粮及经济作物实际产量值 $y$。作物阶段水分敏感指数参见第四章表 4-6。

4. 模式搜索法推算产量最大值

本书采用模式搜索法推算作物的产量最大值。模式搜索法计算中不需要目标函数的导数，每一次迭代是交替的轴向移动和模式移动方式，模式移动则是沿着有利的方向加速移动，而轴向运动是探测有利的下降方向。该方法有两种搜索方式——试探性搜索和模式搜索。在试探性搜索中，各个坐标方向按一定的步长进

行搜索，不需要考虑最优步长。当一次试探性搜索失败时，则步长减半，重新进行搜索，直至搜索步长小于给定的精度要求为止。

具体步骤如下：

(1) 由灌溉制度确定 $X_1=1<X_2<X_3<X_4\cdots<X_n$，其中 $i$ 为天数序号，$X_n$ 为总生长天数。先拟定一个初始点，计算得出一个产量值 $f(X_i)$，计算其相邻的值 $f(X_{i+j})$，$j=10$ 为步长，其中 $j$ 为天数增减值。

(2) 如果有一点的产量值比 $f(X_i)$ 产量更大则代表搜索成功，那么 $X_{i+10}=X_{i+j}$，且下次搜索时以 $X_{i+10}$ 为中心，以 10 为步长，如果最后没有找到满足条件的产量则代表搜索失败，继续以 $X_i$ 为中心，步长减半，进行搜索。

(3) 重复 (2) 的操作直到步长变为 1 并且两个产量值相差小于 0.001 为止。

在相同灌水定额条件下，我们需要运用模式搜索法在作物生长周期内进行逐年逐日求出最佳灌水时间，找到作物产量的最大值。

以 2000 年原平黄豆灌两次水为例，通过式 (6-2)，根据每个阶段的黄豆实际需水量、黄豆最大需水量、敏感指数值以及黄豆最大产量可求得作物实际产量值 $Y$。具体计算过程见表 6-2。采用模式搜索法来对黄豆的实际最大产量值进行推求，将初始步长定为 10，$X_1$ 取 1，$X_2$ 取 1，作物实际产量为 2020.5kg/hm$^2$。$X_2$ 不变，将 $X_1$ 变为 $X_{i+10}$，即第 10 天，作物实际产量为 2161.8kg/hm$^2$，大于 $f(X_1)$，搜索成功。$X_2$ 不变，以 $X_{i+10}$ 为中心，以 10 为步长，计算作物的产量，$X_{60}$ 作物实际产量 2458.3kg/hm$^2$，小于 $X_{50}$ 作物实际产量 2473.3kg/hm$^2$，搜索失败。继续以 $X_{50}$ 为中心，步长减半进行搜索，重复上述操作，直至作物实际产量不再变大，步长方可减半继续进行。最终计算到步长为 1 时，才能够确定作物实际产量的最大值 2497.0kg/hm$^2$，选定灌水天数为 $X_1=14$，$X_2=53$。

## 二、限额灌溉制度计算结果及分析

根据上述计算方法，计算了各个分区的黄豆、红小豆、花生、黄花、马铃薯、棉花、西瓜等作物在不同水文年的限额供水灌溉制度，见表 6-3～表 6-9。根据充分灌溉制度的计算结果，分析各种作物的灌水次数，大部分小于 4 次灌水次数，因此，限额灌溉制度计算中，灌水次数限制在 3 次以内。各种作物的最大产量值见表 6-1。由于作物种类、生长地区、水文年型等因素，限额灌溉制度各不相同。大部分作物为同一水平年，灌水次数越多，产量越高，但产量的增幅越来越小；杂粮及经济作物的灌水间隔 20 天左右，灌水定额 75mm。其结果为当地杂粮、经济作物和蔬菜的限额灌溉提供了依据。

马铃薯由南向北产量有增大趋势；不同水平年灌水次数在相同情况下，频率 50% 的产量较高。棉花主要在山西南部种植，产量相差较小；黄花主要在山西北部种植，产量和灌水时间相差较小。红小豆从南向北灌水时间呈现推迟的趋势；辣椒由南向北产量有增大趋势。

表 6-1　各种作物最大产量及作物单价表

| 作物种类 | 最大产量/(kg/hm²) | 作物单价/(元/kg) | 作物种类 | 最大产量/(kg/hm²) | 作物单价/(元/kg) | 作物种类 | 最大产量/(kg/hm²) | 作物单价/(元/kg) | 作物种类 | 最大产量/(kg/hm²) | 作物单价/(元/kg) |
|---|---|---|---|---|---|---|---|---|---|---|---|
| 红小豆 | 2601 | 9 | 黄豆 | 2625 | 4 | 马铃薯 | 22806 | 0.56 | 西瓜 | 75000 | 0.58 |
| 花生 | 5220 | 6 | 黄花（干重） | 1665.3 | 14.8 | 棉花（皮棉） | 1383 | 15 | 辣椒（干重） | 9600 | 9 |

表 6-2　原平黄豆限额灌溉制度计算表（2000 年）

| 时间 | 降水量 $P$ /mm | 作物需水量 $ET_m$ /mm | 灌水天数 | | | 灌水量 $I$ /mm | 土壤含水量（重量）/% | 土壤水分修正系数 $K_a$ | 土壤含水量 $W$ /mm | 实际需水量 $Et_a$ /mm | 含水量 $w_1$ /mm | 实际需水量 $\sum Et_a$ /mm | 作物需水量 $\sum ET_m$ /mm | 阶段效益 $(Et_a/Et_m)\lambda$ | 黄豆产量 $Y$ /(kg/hm²) |
|---|---|---|---|---|---|---|---|---|---|---|---|---|---|---|---|
| | | | 天数 | $X_1$ | $X_2$ | | | | | | | | | | |
| 5月11日 | 0.9 | 1.6 | 1 | 0 | 0 | 0 | 20.1 | 1.0 | 224.9 | 1.6 | 224.2 | | | | 2497.0 |
| 5月12日 | 0.3 | 2.0 | 2 | 0 | 0 | 0 | 20.0 | 1.0 | 224.2 | 2.0 | 222.5 | | | | |
| 5月13日 | 0 | 1.8 | 3 | 0 | 0 | 0 | 19.9 | 1.0 | 222.5 | 1.8 | 220.8 | | | | |
| 5月14日 | 0 | 2.4 | 4 | 0 | 0 | 0 | 19.7 | 1.0 | 220.8 | 2.4 | 218.4 | | | | |
| 5月15日 | 0 | 2.3 | 5 | 0 | 0 | 0 | 19.5 | 1.0 | 218.4 | 2.3 | 216.0 | | | | |
| 5月16日 | 0 | 2.3 | 6 | 0 | 0 | 0 | 19.3 | 1.0 | 216.0 | 2.3 | 213.8 | | | | |
| 5月17日 | 0 | 2.5 | 7 | 0 | 0 | 0 | 19.1 | 1.0 | 213.8 | 2.5 | 211.2 | | | | |
| 5月18日 | 0 | 3.5 | 8 | 0 | 0 | 0 | 18.9 | 1.0 | 211.2 | 3.5 | 207.8 | | | | |
| 5月19日 | 0 | 3.1 | 9 | 0 | 0 | 0 | 18.5 | 1.0 | 207.8 | 3.1 | 204.6 | | | | |
| 5月20日 | 0 | 2.2 | 10 | 0 | 0 | 0 | 18.3 | 1.0 | 204.6 | 2.2 | 202.5 | 23.6 | 23.6 | 1.000 | |
| 5月21日 | 0 | 2.2 | 11 | 0 | 0 | 0 | 18.1 | 1.0 | 202.5 | 2.2 | 200.3 | | | | |
| 5月22日 | 0 | 1.9 | 12 | 0 | 0 | 0 | 17.9 | 1.0 | 200.3 | 1.9 | 198.4 | | | | |
| 5月23日 | 0 | 2.7 | 13 | 0 | 0 | 0 | 17.7 | 1.0 | 198.4 | 2.6 | 195.8 | | | | |
| 5月24日 | 0 | 3.4 | 14 | 0 | 75 | 75 | 17.5 | 1.0 | 195.8 | 3.3 | 267.5 | | | | |
| 5月25日 | 0.1 | 2.2 | 15 | 0 | 0 | 0 | 23.9 | 1.0 | 267.5 | 2.2 | 265.4 | | | | |

续表

| 时间 | 降水量 $P$ /mm | 作物需水量 $ET_m$ /mm | 灌水天数 | | | 灌水量 $I$ /mm | 土壤含水量（重量）/% | 土壤水分修正系数 $K_a$ | 土壤含水量 $W$ /mm | 实际需水量 $Et_a$ /mm | 含水量 $w_1$ /mm | 实际需水量 $\sum Et_a$ /mm | 作物需水量 $\sum ET_m$ /mm | 阶段效益 $(Et_a/Et_m)\lambda$ | 黄豆产量 $Y$ /(kg/hm²) |
|---|---|---|---|---|---|---|---|---|---|---|---|---|---|---|---|
| | | | 天数 | $X_1$ | $X_2$ | | | | | | | | | | |
| 5月26日 | 1.9 | 1.5 | 16 | 0 | 0 | 0 | 23.7 | 1.0 | 265.4 | 1.5 | 265.8 | | | | |
| 5月27日 | 4 | 3.2 | 17 | 0 | 0 | 0 | 23.7 | 1.0 | 265.8 | 3.2 | 266.7 | | | | |
| 5月28日 | 0 | 2.5 | 18 | 0 | 0 | 0 | 23.8 | 1.0 | 266.7 | 2.5 | 264.2 | | | | |
| 5月29日 | 0 | 2.8 | 19 | 0 | 0 | 0 | 23.6 | 1.0 | 264.2 | 2.8 | 261.4 | | | | |
| 5月30日 | 0 | 2.8 | 20 | 0 | 0 | 0 | 23.3 | 1.0 | 261.4 | 2.8 | 258.6 | | | | |
| 5月31日 | 0 | 2.8 | 21 | 0 | 0 | 0 | 23.1 | 1.0 | 258.6 | 2.8 | 255.8 | | | | |
| 6月1日 | 0 | 2.2 | 22 | 0 | 0 | 0 | 22.8 | 1.0 | 255.8 | 2.2 | 253.6 | | | | |
| 6月2日 | 0.1 | 1.4 | 23 | 0 | 0 | 0 | 22.6 | 1.0 | 253.6 | 1.4 | 252.3 | | | | |
| 6月3日 | 5.9 | 1.1 | 24 | 0 | 0 | 0 | 22.5 | 1.0 | 252.3 | 1.1 | 257.2 | | | | |
| 6月4日 | 0.8 | 2.1 | 25 | 0 | 0 | 0 | 23.0 | 1.0 | 257.2 | 2.1 | 255.9 | | | | |
| 6月5日 | 0 | 2.8 | 26 | 0 | 0 | 0 | 22.8 | 1.0 | 255.9 | 2.8 | 253.0 | | | | |
| 6月6日 | 0 | 3.2 | 27 | 0 | 0 | 0 | 22.6 | 1.0 | 253.0 | 3.2 | 249.9 | | | | |
| 6月7日 | 6 | 2.7 | 28 | 0 | 0 | 0 | 22.3 | 1.0 | 249.9 | 2.7 | 253.2 | | | | |
| 6月8日 | 0 | 3.7 | 29 | 0 | 0 | 0 | 22.6 | 1.0 | 253.2 | 3.7 | 249.5 | | | | |
| 6月9日 | 0 | 3.7 | 30 | 0 | 0 | 0 | 22.3 | 1.0 | 249.5 | 3.7 | 245.8 | | | | |
| 6月10日 | 0 | 3.7 | 31 | 0 | 0 | 0 | 21.9 | 1.0 | 245.8 | 3.7 | 242.1 | 54.2 | 54.5 | 1.000 | |
| 6月11日 | 0 | 4.7 | 32 | 0 | 0 | 0 | 21.6 | 1.0 | 242.1 | 4.7 | 237.3 | | | | |
| 6月12日 | 0 | 4.3 | 33 | 0 | 0 | 0 | 21.2 | 1.0 | 237.3 | 4.3 | 233.0 | | | | |
| 6月13日 | 0 | 4.1 | 34 | 0 | 0 | 0 | 20.8 | 1.0 | 233.0 | 4.1 | 228.9 | | | | |
| 6月14日 | 0 | 3.3 | 35 | 0 | 0 | 0 | 20.4 | 1.0 | 228.9 | 3.3 | 225.6 | | | | |
| 6月15日 | 0.1 | 4.0 | 36 | 0 | 0 | 0 | 20.1 | 1.0 | 225.6 | 4.0 | 221.7 | | | | |

续表

| 时间 | 降水量 $P$ /mm | 作物需水量 $ET_m$ /mm | 灌水天数 | | | 灌水量 $I$ /mm | 土壤含水量（重量）/% | 土壤水分修正系数 $K_a$ | 土壤含水量 $W$ /mm | 实际需水量 $Et_a$ /mm | 含水量 $w_1$ /mm | 实际需水量 $\sum Et_a$ /mm | 作物需水量 $\sum ET_m$ /mm | 阶段效益 $(Et_a/Et_m)\lambda$ | 黄豆产量 $Y$ /(kg/hm$^2$) |
|---|---|---|---|---|---|---|---|---|---|---|---|---|---|---|---|
| | | | 天数 | $X_1$ | $X_2$ | | | | | | | | | | |
| 6月16日 | 0.1 | 4.2 | 37 | 0 | 0 | 0 | 19.8 | 1.0 | 221.7 | 4.2 | 217.5 | | | | |
| 6月17日 | 0.1 | 2.6 | 38 | 0 | 0 | 0 | 19.4 | 1.0 | 217.5 | 2.6 | 215.0 | | | | |
| 6月18日 | 0 | 3.4 | 39 | 0 | 0 | 0 | 19.2 | 1.0 | 215.0 | 3.4 | 211.6 | | | | |
| 6月19日 | 0.1 | 2.3 | 40 | 0 | 0 | 0 | 18.9 | 1.0 | 211.6 | 2.3 | 209.4 | | | | |
| 6月20日 | 0.4 | 3.1 | 41 | 0 | 0 | 0 | 18.7 | 1.0 | 209.4 | 3.1 | 206.7 | | | | |
| 6月21日 | 0 | 3.9 | 42 | 0 | 0 | 0 | 18.5 | 1.0 | 206.7 | 3.9 | 202.8 | | | | |
| 6月22日 | 0 | 3.6 | 43 | 0 | 0 | 0 | 18.1 | 1.0 | 202.8 | 3.6 | 199.3 | | | | |
| 6月23日 | 0 | 2.9 | 44 | 0 | 0 | 0 | 17.8 | 1.0 | 199.3 | 2.9 | 196.4 | | | | |
| 6月24日 | 0.6 | 2.5 | 45 | 0 | 0 | 0 | 17.5 | 1.0 | 196.4 | 2.4 | 194.6 | | | | |
| 6月25日 | 3.7 | 1.8 | 46 | 0 | 0 | 0 | 17.4 | 0.9 | 194.6 | 1.7 | 196.6 | | | | |
| 6月26日 | 0.2 | 3.9 | 47 | 0 | 0 | 0 | 17.6 | 1.0 | 196.6 | 3.8 | 193.0 | | | | |
| 6月27日 | 0 | 5.3 | 48 | 0 | 0 | 0 | 17.2 | 0.9 | 193.0 | 5.0 | 188.1 | | | | |
| 6月28日 | 7.5 | 3.0 | 49 | 0 | 0 | 0 | 16.8 | 0.9 | 188.1 | 2.7 | 192.8 | | | | |
| 6月29日 | 0 | 4.9 | 50 | 0 | 0 | 0 | 17.2 | 0.9 | 192.8 | 4.6 | 188.2 | | | | |
| 6月30日 | 0 | 5.7 | 51 | 0 | 0 | 0 | 16.8 | 0.9 | 188.2 | 5.1 | 183.1 | | | | |
| 7月1日 | 0 | 6.1 | 52 | 0 | 0 | 0 | 16.4 | 0.9 | 183.1 | 5.2 | 177.9 | | | | |
| 7月2日 | 0 | 6.6 | 53 | 75 | 0 | 75 | 15.9 | 0.8 | 177.9 | 5.4 | 247.4 | | | | |
| 7月3日 | 5.5 | 4.9 | 54 | 0 | 0 | 0 | 22.1 | 1.0 | 247.4 | 4.9 | 248.0 | | | | |
| 7月4日 | 46.6 | 2.0 | 55 | 0 | 0 | 0 | 22.1 | 1.0 | 248.0 | 2.0 | 268.8 | | | | |
| 7月5日 | 9.6 | 1.4 | 56 | 0 | 0 | 0 | 24.0 | 1.0 | 268.8 | 1.4 | 268.8 | | | | |
| 7月6日 | 0.8 | 2.6 | 57 | 0 | 0 | 0 | 24.0 | 1.0 | 268.8 | 2.6 | 267.0 | | | | |

续表

| 时间 | 降水量 $P$ /mm | 作物需水量 $ET_m$ /mm | 灌水天数 | | | 灌水量 $I$ /mm | 土壤含水量（重量）/% | 土壤水分修正系数 $K_a$ | 土壤含水量 $W$ /mm | 实际需水量 $Et_a$ /mm | 含水量 $w_1$ /mm | 实际需水量 $\sum Et_a$ /mm | 作物需水量 $\sum ET_m$ /mm | 阶段效益 $(Et_a/Et_m)\lambda$ | 黄豆产量 $Y$ /(kg/hm²) |
|---|---|---|---|---|---|---|---|---|---|---|---|---|---|---|---|
| | | | 天数 | $X_1$ | $X_2$ | | | | | | | | | | |
| 7月7日 | 0.1 | 2.5 | 58 | 0 | 0 | 0 | 23.8 | 1.0 | 267.0 | 2.5 | 264.6 | | | | |
| 7月8日 | 6.3 | 1.8 | 59 | 0 | 0 | 0 | 23.6 | 1.0 | 264.6 | 1.8 | 268.8 | | | | |
| 7月9日 | 0 | 4.7 | 60 | 0 | 0 | 0 | 24.0 | 1.0 | 268.8 | 4.7 | 264.1 | | | | |
| 7月10日 | 0.9 | 5.5 | 61 | 0 | 0 | 0 | 23.6 | 1.0 | 264.1 | 5.5 | 259.5 | 107.8 | 111.7 | 0.993 | |
| 7月11日 | 0 | 5.1 | 62 | 0 | 0 | 0 | 23.2 | 1.0 | 259.5 | 5.1 | 254.4 | | | | |
| 7月12日 | 0 | 5.8 | 63 | 0 | 0 | 0 | 22.7 | 1.0 | 254.4 | 5.8 | 248.6 | | | | |
| 7月13日 | 0 | 5.8 | 64 | 0 | 0 | 0 | 22.2 | 1.0 | 248.6 | 5.8 | 242.8 | | | | |
| 7月14日 | 0 | 6.4 | 65 | 0 | 0 | 0 | 21.7 | 1.0 | 242.8 | 6.4 | 236.3 | | | | |
| 7月15日 | 1.8 | 2.3 | 66 | 0 | 0 | 0 | 21.1 | 1.0 | 236.3 | 2.3 | 235.9 | | | | |
| 7月16日 | 1 | 2.2 | 67 | 0 | 0 | 0 | 21.1 | 1.0 | 235.9 | 2.2 | 234.7 | | | | |
| 7月17日 | 0 | 4.3 | 68 | 0 | 0 | 0 | 21.0 | 1.0 | 234.7 | 4.3 | 230.3 | | | | |
| 7月18日 | 0 | 5.0 | 69 | 0 | 0 | 0 | 20.6 | 1.0 | 230.3 | 5.0 | 225.3 | | | | |
| 7月19日 | 0 | 5.0 | 70 | 0 | 0 | 0 | 20.1 | 1.0 | 225.3 | 5.0 | 220.3 | | | | |
| 7月20日 | 0 | 5.2 | 71 | 0 | 0 | 0 | 19.7 | 1.0 | 220.3 | 5.2 | 215.2 | | | | |
| 7月21日 | 0 | 4.8 | 72 | 0 | 0 | 0 | 19.2 | 1.0 | 215.2 | 4.8 | 210.3 | | | | |
| 7月22日 | 0.1 | 5.6 | 73 | 0 | 0 | 0 | 18.8 | 1.0 | 210.3 | 5.6 | 204.8 | | | | |
| 7月23日 | 0 | 6.3 | 74 | 0 | 0 | 0 | 18.3 | 1.0 | 204.8 | 6.3 | 198.5 | | | | |
| 7月24日 | 0.1 | 6.2 | 75 | 0 | 0 | 0 | 17.7 | 1.0 | 198.5 | 6.1 | 192.5 | | | | |
| 7月25日 | 0 | 3.2 | 76 | 0 | 0 | 0 | 17.2 | 0.9 | 192.5 | 3.0 | 189.5 | | | | |

续表

| 时间 | 降水量 $P$ /mm | 作物需水量 $ET_m$ /mm | 灌水天数 | | | 灌水量 $I$ /mm | 土壤含水量（重量）/% | 土壤水分修正系数 $K_a$ | 土壤含水量 $W$ /mm | 实际需水量 $Et_a$ /mm | 含水量 $w_1$ /mm | 实际需水量 $\sum Et_a$ /mm | 作物需水量 $\sum ET_m$ /mm | 阶段效益 $(Et_a/Et_m)\lambda$ | 黄豆产量 $Y$ /(kg/hm²) |
|---|---|---|---|---|---|---|---|---|---|---|---|---|---|---|---|
| | | | 天数 | $X_1$ | $X_2$ | | | | | | | | | | |
| 7月26日 | 0 | 4.2 | 77 | 0 | 0 | 0 | 16.9 | 0.9 | 189.5 | 3.9 | 185.7 | | | | |
| 7月27日 | 2.8 | 2.2 | 78 | 0 | 0 | 0 | 16.6 | 0.9 | 185.7 | 1.9 | 186.5 | | | | |
| 7月28日 | 0.1 | 5.0 | 79 | 0 | 0 | 0 | 16.7 | 0.9 | 186.5 | 4.4 | 182.2 | | | | |
| 7月29日 | 0.1 | 6.4 | 80 | 0 | 0 | 0 | 16.3 | 0.9 | 182.2 | 5.4 | 176.9 | | | | |
| 7月30日 | 0.1 | 5.5 | 81 | 0 | 0 | 0 | 15.8 | 0.8 | 176.9 | 4.5 | 172.5 | | | | |
| 7月31日 | 0 | 5.2 | 82 | 0 | 0 | 0 | 15.4 | 0.8 | 172.5 | 4.1 | 168.4 | 97.2 | 101.9 | 0.986 | |
| 8月1日 | 0 | 4.9 | 83 | 0 | 0 | 0 | 15.0 | 0.8 | 168.4 | 3.7 | 164.7 | | | | |
| 8月2日 | 0.1 | 4.9 | 84 | 0 | 0 | 0 | 14.7 | 0.7 | 164.7 | 3.6 | 161.2 | | | | |
| 8月3日 | 0.1 | 4.9 | 85 | 0 | 0 | 0 | 14.4 | 0.7 | 161.2 | 3.5 | 157.9 | | | | |
| 8月4日 | 0 | 2.4 | 86 | 0 | 0 | 0 | 14.1 | 0.7 | 157.9 | 1.6 | 156.2 | | | | |
| 8月5日 | 4.3 | 1.8 | 87 | 0 | 0 | 0 | 13.9 | 0.7 | 156.2 | 1.2 | 159.3 | | | | |
| 8月6日 | 9.3 | 1.4 | 88 | 0 | 0 | 0 | 14.2 | 0.7 | 159.3 | 1.0 | 167.7 | | | | |
| 8月7日 | 2.9 | 1.2 | 89 | 0 | 0 | 0 | 15.0 | 0.7 | 167.7 | 0.9 | 169.7 | | | | |
| 8月8日 | 34.6 | 1.3 | 90 | 0 | 0 | 0 | 15.2 | 0.8 | 169.7 | 1.0 | 203.3 | | | | |
| 8月9日 | 2.8 | 2.9 | 91 | 0 | 0 | 0 | 18.1 | 1.0 | 203.3 | 2.9 | 203.1 | | | | |
| 8月10日 | 0 | 4.1 | 92 | 0 | 0 | 0 | 18.1 | 1.0 | 203.1 | 4.1 | 199.0 | | | | |
| 8月11日 | 4.2 | 3.7 | 93 | 0 | 0 | 0 | 17.8 | 1.0 | 199.0 | 3.6 | 199.6 | | | | |
| 8月12日 | 12 | 1.7 | 94 | 0 | 0 | 0 | 17.8 | 1.0 | 199.6 | 1.6 | 210.0 | | | | |
| 8月13日 | 0 | 3.4 | 95 | 0 | 0 | 0 | 18.7 | 1.0 | 210.0 | 3.4 | 206.6 | | | | |

续表

| 时间 | 降水量 P /mm | 作物需水量 $ET_m$ /mm | 灌水天数 | | | 灌水量 $I$ /mm | 土壤含水量（重量）/% | 土壤水分修正系数 $K_a$ | 土壤含水量 $W$ /mm | 实际需水量 $Et_a$ /mm | 含水量 $w_1$ /mm | 实际需水量 $\sum Et_a$ /mm | 作物需水量 $\sum ET_m$ /mm | 阶段效益 $(Et_a/Et_m)\lambda$ | 黄豆产量 $Y$ /(kg/hm$^2$) |
|---|---|---|---|---|---|---|---|---|---|---|---|---|---|---|---|
| | | | 天数 | $X_1$ | $X_2$ | | | | | | | | | | |
| 8月14日 | 0 | 2.3 | 96 | 0 | 0 | 0 | 18.4 | 1.0 | 206.6 | 2.3 | 204.3 | | | | |
| 8月15日 | 0 | 4.9 | 97 | 0 | 0 | 0 | 18.2 | 1.0 | 204.3 | 4.9 | 199.4 | | | | |
| 8月16日 | 0 | 4.4 | 98 | 0 | 0 | 0 | 17.8 | 1.0 | 199.4 | 4.3 | 195.1 | | | | |
| 8月17日 | 0 | 3.1 | 99 | 0 | 0 | 0 | 17.4 | 1.0 | 195.1 | 3.0 | 192.2 | | | | |
| 8月18日 | 0 | 4.5 | 100 | 0 | 0 | 0 | 17.2 | 0.9 | 192.2 | 4.2 | 188.0 | | | | |
| 8月19日 | 16.4 | 4.5 | 101 | 0 | 0 | 0 | 16.8 | 0.9 | 188.0 | 4.1 | 200.3 | | | | |
| 8月20日 | 0 | 4.6 | 102 | 0 | 0 | 0 | 17.9 | 1.0 | 200.3 | 4.6 | 195.7 | | | | |
| 8月21日 | 0 | 2.5 | 103 | 0 | 0 | 0 | 17.5 | 1.0 | 195.7 | 2.4 | 193.3 | | | | |
| 8月22日 | 5.9 | 2.3 | 104 | 0 | 0 | 0 | 17.3 | 0.9 | 193.3 | 2.2 | 197.0 | | | | |
| 8月23日 | 0 | 3.8 | 105 | 0 | 0 | 0 | 17.6 | 1.0 | 197.0 | 3.6 | 193.4 | | | | |
| 8月24日 | 0 | 4.8 | 106 | 0 | 0 | 0 | 17.3 | 0.9 | 193.4 | 4.5 | 188.9 | | | | |
| 8月25日 | 0 | 4.3 | 107 | 0 | 0 | 0 | 16.9 | 0.9 | 188.9 | 3.9 | 185.1 | | | | |
| 8月26日 | 0.1 | 3.1 | 108 | 0 | 0 | 0 | 16.5 | 0.9 | 185.1 | 2.8 | 182.4 | | | | |
| 8月27日 | 24.3 | 2.6 | 109 | 0 | 0 | 0 | 16.3 | 0.9 | 182.4 | 2.2 | 204.5 | | | | |
| 8月28日 | 0.2 | 2.0 | 110 | 0 | 0 | 0 | 18.3 | 1.0 | 204.5 | 2.0 | 202.6 | | | | |
| 8月29日 | 0.1 | 3.4 | 111 | 0 | 0 | 0 | 18.1 | 1.0 | 202.6 | 3.4 | 199.3 | | | | |
| 8月30日 | 6.4 | 2.4 | 112 | 0 | 0 | 0 | 17.8 | 1.0 | 199.3 | 2.4 | 203.3 | | | | |
| 8月31日 | 0 | 3.4 | 113 | 0 | 0 | 0 | 18.2 | 1.0 | 203.3 | 3.4 | 200.0 | | | | |
| 9月1日 | 0 | 3.4 | 114 | 0 | 0 | 0 | 17.9 | 1.0 | 200.0 | 3.3 | 196.6 | | | | |

续表

| 时间 | 降水量 P /mm | 作物需水量 $ET_m$ /mm | 灌水天数 | | | 灌水量 I /mm | 土壤含水量（重量）/% | 土壤水分修正系数 $K_a$ | 土壤含水量 W /mm | 实际需水量 $Et_a$ /mm | 含水量 $w_1$ /mm | 实际需水量 $\sum Et_a$ /mm | 作物需水量 $\sum ET_m$ /mm | 阶段效益 $(Et_a/Et_m)\lambda$ | 黄豆产量 Y /(kg/hm²) |
|---|---|---|---|---|---|---|---|---|---|---|---|---|---|---|---|
| | | | 天数 | $X_1$ | $X_2$ | | | | | | | | | | |
| 9月2日 | 0 | 2.7 | 115 | 0 | 0 | 0 | 17.6 | 1.0 | 196.6 | 2.6 | 194.1 | | | | |
| 9月3日 | 0 | 1.8 | 116 | 0 | 0 | 0 | 17.3 | 0.9 | 194.1 | 1.7 | 192.3 | | | | |
| 9月4日 | 25 | 1.5 | 117 | 0 | 0 | 0 | 17.2 | 0.9 | 192.3 | 1.4 | 215.9 | | | | |
| 9月5日 | 0.7 | 3.3 | 118 | 0 | 0 | 0 | 19.3 | 1.0 | 215.9 | 3.3 | 213.4 | | | | |
| 9月6日 | 0 | 3.2 | 119 | 0 | 0 | 0 | 19.1 | 1.0 | 213.4 | 3.2 | 210.1 | | | | |
| 9月7日 | 0 | 2.4 | 120 | 0 | 0 | 0 | 18.8 | 1.0 | 210.1 | 2.4 | 207.7 | | | | |
| 9月8日 | 0 | 2.5 | 121 | 0 | 0 | 0 | 18.5 | 1.0 | 207.7 | 2.5 | 205.3 | | | | |
| 9月9日 | 0 | 2.2 | 122 | 0 | 0 | 0 | 18.3 | 1.0 | 205.3 | 2.2 | 203.0 | | | | |
| 9月10日 | 0 | 2.5 | 123 | 0 | 0 | 0 | 18.1 | 1.0 | 203.0 | 2.5 | 200.5 | | | | |
| 9月11日 | 0 | 2.1 | 124 | 0 | 0 | 0 | 17.9 | 1.0 | 200.5 | 2.1 | 198.4 | | | | |
| 9月12日 | 0 | 2.0 | 125 | 0 | 0 | 0 | 17.7 | 1.0 | 198.4 | 2.0 | 196.4 | | | | |
| 9月13日 | 0 | 1.9 | 126 | 0 | 0 | 0 | 17.5 | 1.0 | 196.4 | 1.9 | 194.5 | | | | |
| 9月14日 | 0 | 1.7 | 127 | 0 | 0 | 0 | 17.4 | 0.9 | 194.5 | 1.6 | 193.0 | | | | |
| 9月15日 | 0.1 | 2.1 | 128 | 0 | 0 | 0 | 17.2 | 0.9 | 193.0 | 1.9 | 191.1 | | | | |
| 9月16日 | 0 | 2.1 | 129 | 0 | 0 | 0 | 17.1 | 0.9 | 191.1 | 2.0 | 189.2 | | | | |
| 9月17日 | 0 | 1.9 | 130 | 0 | 0 | 0 | 16.9 | 0.9 | 189.2 | 1.7 | 187.4 | | | | |
| 9月18日 | 0 | 1.4 | 131 | 0 | 0 | 0 | 16.7 | 0.9 | 187.4 | 1.3 | 186.2 | | | | |
| 9月19日 | 0 | 1.5 | 132 | 0 | 0 | 0 | 16.6 | 0.9 | 186.2 | 1.3 | 184.8 | | | | |
| 9月20日 | 0 | 1.1 | 133 | 0 | 0 | 0 | 16.5 | 0.9 | 184.8 | 1.0 | 183.8 | 226.2 | 241.8 | 0.971 | |

表 6-3　山西省不同地区黄豆生育期限额灌溉制度汇总表

| 地区 | 典型县（市） | 水文年 | 灌水年份 | 可供水量/mm | 灌水次数 | 灌溉定额/mm | 灌水时间（距播种天数） | 作物最大需水量/mm | 参考作物蒸发蒸腾量/mm | 降雨量/mm | 产量/(kg/hm²) |
|---|---|---|---|---|---|---|---|---|---|---|---|
| 大同市 | 大同 | 50% | 1971 | 150 | 1 | 75 | 58 | 452.4 | 548.1 | 285.6 | 2370.9 |
| | | | | | 2 | 150 | 27/55 | | | | 2625.0 |
| | | 75% | 1998 | 225 | 1 | 75 | 54 | 466.7 | 543.5 | 240.7 | 2345.0 |
| | | | | | 2 | 150 | 54/94 | | | | 2520.1 |
| | | | | | 3 | 225 | 37/73/118 | | | | 2625.0 |
| | | 95% | 2009 | 225 | 1 | 75 | 62 | 502.8 | 585.9 | 179.6 | 1749.1 |
| | | | | | 2 | 150 | 62/60 | | | | 2185.2 |
| | | | | | 3 | 225 | 62/60/31 | | | | 2372.5 |
| 临汾市 | 侯马 | 50% | 2004 | 75 | 1 | 75 | 31 | 373.6 | 428.0 | 265.5 | 2625.0 |
| | | 75% | 2009 | 150 | 1 | 75 | 36 | 359.3 | 412.6 | 186.9 | 2398.9 |
| | | | | | 2 | 150 | 45/99 | | | | 2625.0 |
| | | 95% | 1991 | 225 | 1 | 75 | 34 | 441.2 | 486.3 | 130.2 | 2223.8 |
| | | | | | 2 | 150 | 34/53 | | | | 2478.6 |
| | | | | | 3 | 225 | 45/84/97 | | | | 2625.0 |
| | 隰县 | 50% | 1994 | 150 | 1 | 75 | 4 | 391.1 | 448.5 | 287.0 | 2545.7 |
| | | | | | 2 | 150 | 26/93 | | | | 2625.0 |
| | | 75% | 1969 | 225 | 1 | 75 | 5 | 434.6 | 501.9 | 234.7 | 2196.5 |
| | | | | | 2 | 150 | 5/32 | | | | 2591.6 |
| | | | | | 3 | 225 | 5/32/37 | | | | 2612.2 |

续表

| 地区 | 典型县（市） | 水文年 | 灌水年份 | 可供水量/mm | 灌水次数 | 灌溉定额/mm | 灌水时间（距播种天数） | 作物最大需水量/mm | 参考作物蒸发蒸腾量/mm | 降雨量/mm | 产量/(kg/hm²) |
|---|---|---|---|---|---|---|---|---|---|---|---|
| 临汾市 | 隰县 | 95% | 1999 | 150 | 1 | 75 | 4 | 403.3 | 458.3 | 178.4 | 2472.7 |
| | | | | | 2 | 150 | 45/103 | | | | 2625.0 |
| 晋中市 | 介休 | 50% | 1983 | 150 | 1 | 75 | 49 | 403.1 | 437.2 | 324.7 | 2600.1 |
| | | | | | 2 | 150 | 51/75 | | | | 2625.0 |
| | | 75% | 2002 | 225 | 1 | 75 | 18 | 438.5 | 476.5 | 260.4 | 2414.8 |
| | | | | | 2 | 150 | 18/64 | | | | 2565.0 |
| | | | | | 3 | 225 | 20/65/85 | | | | 2625.0 |
| | | 95% | 1960 | 225 | 1 | 75 | 18 | 449.9 | 499.5 | 183.6 | 2111.6 |
| | | | | | 2 | 150 | 18/42 | | | | 2495.8 |
| | | | | | 3 | 225 | 17/39/54 | | | | 2625.0 |
| 太原市 | 太原 | 50% | 2004 | 75 | 1 | 75 | 31 | 419.6 | 456.4 | 316.8 | 2608.8 |
| | | | | | 2 | 150 | 20/48 | | | | 2625.0 |
| | | 75% | 1984 | 150 | 1 | 75 | 79 | 404.1 | 431.4 | 258.0 | 2524.7 |
| | | | | | 2 | 150 | 40/90 | | | | 2625.0 |
| | | 95% | 1997 | 225 | 1 | 75 | 61 | 519.2 | 558.5 | 168.6 | 1902.1 |
| | | | | | 2 | 150 | 31/61 | | | | 2224.3 |
| | | | | | 3 | 225 | 31/61/89 | | | | 2428.3 |
| 吕梁市 | 离石 | 50% | 2004 | 75 | 1 | 75 | 47 | 410.2 | 472.7 | 336.9 | 2625.0 |
| | | 75% | 2005 | 225 | 1 | 75 | 62 | | | | 2090.6 |

续表

| 地区 | 典型县（市） | 水文年 | 灌水年份 | 可供水量/mm | 灌水次数 | 灌溉定额/mm | 灌水时间（距播种天数） | 作物最大需水量/mm | 参考作物蒸发蒸腾量/mm | 降雨量/mm | 产量/(kg/hm²) |
|---|---|---|---|---|---|---|---|---|---|---|---|
| 吕梁市 | 离石 | 75% | 2005 | 225 | 2 | 150 | 62/38 | 490.8 | 555.2 | 269.0 | 2438.9 |
| | | | | | 3 | 225 | 58/66/107 | | | | 2625.0 |
| | | 95% | 1999 | 225 | 1 | 75 | 61 | 476.6 | 539.6 | 165.7 | 1864.6 |
| | | | | | 2 | 150 | 61/48 | | | | 2218.6 |
| | | | | | 3 | 225 | 61/48/81 | | | | 2433.4 |
| 朔州市 | 右玉 | 50% | 1990 | 0 | 0 | 0 | | 404.7 | 477.0 | 336.6 | 2625.0 |
| | | 75% | 1963 | 225 | 1 | 75 | 50 | 410.0 | 486.1 | 258.2 | 2435.2 |
| | | | | | 2 | 150 | 50/72 | | | | 2562.9 |
| | | | | | 3 | 225 | 50/72/9 | | | | 2625.0 |
| | | 95% | 2007 | 150 | 1 | 75 | 63 | 437.1 | 524.2 | 177.0 | 1870.3 |
| | | | | | 2 | 150 | 51/71 | | | | 2625.0 |
| 忻州市 | 原平 | 50% | 2006 | 150 | 1 | 75 | 17 | 377.5 | 434.1 | 319.0 | 2625.0 |
| | | | | | 2 | 150 | 30/48 | | | | 2625.0 |
| | | 75% | 2000 | 225 | 1 | 75 | 53 | 436.7 | 486.1 | 258.2 | 2308.7 |
| | | | | | 2 | 150 | 53/14 | | | | 2496.9 |
| | | | | | 3 | 225 | 19/43/77 | | | | 2625.0 |
| | | 95% | 2001 | 225 | 1 | 75 | 62 | 469.0 | 524.2 | 177.0 | 1726.6 |
| | | | | | 2 | 150 | 62/52 | | | | 2197.2 |
| | | | | | 3 | 225 | 62/52/27 | | | | 2454.0 |

续表

| 地区 | 典型县（市） | 水文年 | 灌水年份 | 可供水量/mm | 灌水次数 | 灌溉定额/mm | 灌水时间（距播种天数） | 作物最大需水量/mm | 参考作物蒸发蒸腾量/mm | 降雨量/mm | 产量/(kg/hm$^2$) |
|---|---|---|---|---|---|---|---|---|---|---|---|
| 运城市 | 运城 | 50% | 1965 | 225 | 1 | 75 | 5 | 438.1 | 509.2 | 303.5 | 2493.3 |
| | | | | | 2 | 150 | 5/28 | | | | 2611.4 |
| | | | | | 3 | 225 | 25/41/104 | | | | 2625.0 |
| | | 75% | 1974 | 225 | 1 | 75 | 12 | 517.8 | 583.2 | 239.2 | 2115.5 |
| | | | | | 2 | 150 | 12/46 | | | | 2381.4 |
| | | | | | 3 | 225 | 12/46/62 | | | | 2542.4 |
| | | 95% | 1986 | 225 | 1 | 75 | 20 | 485.3 | 541.8 | 180.4 | 2208.7 |
| | | | | | 2 | 150 | 20/57 | | | | 2447.5 |
| | | | | | 3 | 225 | 20/57/69 | | | | 2560.7 |
| 长治市 | 黎城 | 50% | 2008 | 0 | 0 | 0 | | 308.9 | 327.7 | 332.9 | 2625.0 |
| | | 75% | 1990 | 225 | 1 | 75 | 52 | 371.5 | 399.2 | 300.7 | 2562.3 |
| | | | | | 2 | 150 | 52/81 | | | | 2622.6 |
| | | | | | 3 | 225 | 56/84/107 | | | | 2560.7 |
| | | 95% | 1997 | 225 | 1 | 75 | 7 | 384.3 | 419.5 | 156.1 | 2302.3 |
| | | | | | 2 | 150 | 7/53 | | | | 2547.6 |
| | | | | | 3 | 225 | 7/53/69 | | | | 2594.9 |

表 6-4　山西省不同地区红小豆生育期限额灌溉制度汇总表

| 地区 | 典型县（市） | 水文年 | 灌水年份 | 可供水量/mm | 灌水次数 | 灌溉定额/mm | 灌水时间（距播种天数） | 作物最大需水量/mm | 参考作物蒸发蒸腾量/mm | 降雨量/mm | 产量/(kg/hm$^2$) |
|---|---|---|---|---|---|---|---|---|---|---|---|
| 大同市 | 大同 | 50% | 2002 | 150 | 1 | 75 | 6 | 484.7 | 537.3 | 298.6 | 2380.7 |
| | | | | | 2 | 150 | 6/52 | | | | 2593.5 |
| | | | | | 3 | 225 | 11/64/113 | | | | 2601.0 |
| | | 75% | 1998 | 225 | 1 | 75 | 20 | 517.7 | 571.2 | 245.1 | 2442.2 |
| | | | | | 2 | 150 | 20/40 | | | | 2596.9 |
| | | | | | 3 | 225 | 20/40/75 | | | | 2268.4 |
| | | 95% | 2011 | 225 | 1 | 75 | 3 | 519.2 | 577.2 | 191.2 | 2303.7 |
| | | | | | 2 | 150 | 3/37 | | | | 2567.4 |
| | | | | | 3 | 225 | 3/37/61 | | | | 2205.1 |
| 临汾市 | 侯马 | 50% | 2005 | 225 | 1 | 75 | 32 | 469.1 | 510.9 | 339.8 | 2462.1 |
| | | | | | 2 | 150 | 32/42 | | | | 2485.1 |
| | | | | | 3 | 225 | 41/73/124 | | | | 2601.0 |
| | | 75% | 2009 | 150 | 1 | 75 | 45 | 423.4 | 463.8 | 262.4 | 2554.4 |
| | | | | | 2 | 150 | 53/93 | | | | 2601.0 |
| | | 95% | 1997 | 225 | 1 | 75 | 8 | 573.4 | 620.8 | 183.4 | 2214.5 |
| | | | | | 2 | 150 | 8/43 | | | | 2489.6 |
| | | | | | 3 | 225 | 8/43/58 | | | | 2172.3 |

续表

| 地区 | 典型县（市） | 水文年 | 灌水年份 | 可供水量/mm | 灌水次数 | 灌溉定额/mm | 灌水时间（距播种天数） | 作物最大需水量/mm | 参考作物蒸发蒸腾量/mm | 降雨量/mm | 产量/(kg/hm²) |
|---|---|---|---|---|---|---|---|---|---|---|---|
| 晋中县 | 介休 | 50% | 2001 | 225 | 1 | 75 | 3 | 495.8 | 548.7 | 350.6 | 1938.8 |
| | | | | | 2 | 150 | 3/27 | | | | 2358.6 |
| | | | | | 3 | 225 | 3/27/47 | | | | 2274.7 |
| | | 75% | 1998 | 225 | 1 | 75 | 2 | 471.4 | 516.7 | 267.3 | 2585.9 |
| | | | | | 2 | 150 | 2/39 | | | | 2599.7 |
| | | | | | 3 | 225 | 9/71/107 | | | | 2601.0 |
| | | 95% | 2000 | 225 | 1 | 75 | 4 | 440.8 | 492.9 | 195.7 | 2494.3 |
| | | | | | 2 | 150 | 4/36 | | | | 2597.7 |
| | | | | | 3 | 225 | 7/77/119 | | | | 2601.0 |
| 吕梁市 | 离石 | 50% | 1983 | 150 | 1 | 75 | 38 | 451.1 | 488.7 | 330.1 | 2585.4 |
| | | | | | 2 | 150 | 38/57 | | | | 2600.7 |
| | | 75% | 1974 | 225 | 1 | 75 | 13 | 492.9 | 543.3 | 264.3 | 2294.7 |
| | | | | | 2 | 150 | 13/37 | | | | 2573.5 |
| | | | | | 3 | 225 | 13/37/46 | | | | 2270.6 |
| | | 95% | 1999 | 225 | 1 | 75 | 9 | 511.7 | 558.6 | 180.6 | 2271.1 |
| | | | | | 2 | 150 | 9/38 | | | | 2572.5 |
| | | | | | 3 | 225 | 9/38/63 | | | | 2187.4 |
| 太原市 | 太原 | 50% | 2002 | 150 | 1 | 75 | 15 | 422.4 | 463.5 | 323.7 | 2595.7 |
| | | | | | 2 | 150 | 15/85 | | | | 2600.7 |
| | | 75% | 1993 | 75 | 1 | 75 | 17 | 436.0 | 483.5 | 279.8 | 2600.7 |

续表

| 地区 | 典型县（市） | 水文年 | 灌水年份 | 可供水量/mm | 灌水次数 | 灌溉定额/mm | 灌水时间（距播种天数） | 作物最大需水量/mm | 参考作物蒸发蒸腾量/mm | 降雨量/mm | 产量/(kg/hm$^2$) |
|---|---|---|---|---|---|---|---|---|---|---|---|
| 太原市 | 太原 | 95% | 1997 | 150 | 1 | 75 | 6 | 507.3 | 531.5 | 171.3 | 2408.9 |
| 〃 | 〃 | 〃 | 〃 | 〃 | 2 | 150 | 6/39 | 〃 | 〃 | 〃 | 2591.6 |
| 晋城市 | 阳城 | 50% | 2002 | 75 | 1 | 75 | 115 | 469.4 | 512.4 | 417.6 | 2600.7 |
| 〃 | 〃 | 75% | 1989 | 75 | 1 | 75 | 18 | 400.8 | 447.2 | 348.3 | 2600.7 |
| 〃 | 〃 | 95% | 1997 | 150 | 1 | 75 | 19 | 518.4 | 567.7 | 238.8 | 2459.7 |
| 〃 | 〃 | 〃 | 〃 | 〃 | 2 | 150 | 19/44 | 〃 | 〃 | 〃 | 2585.9 |
| 阳泉市 | 阳泉 | 50% | 1961 | 150 | 1 | 75 | 8 | 460.4 | 512.3 | 421.2 | 2600.2 |
| 〃 | 〃 | 〃 | 〃 | 〃 | 2 | 150 | 10/130 | 〃 | 〃 | 〃 | 2601.0 |
| 〃 | 〃 | 75% | 1992 | 75 | 1 | 75 | 52 | 410.5 | 454.9 | 315.6 | 2601.0 |
| 〃 | 〃 | 95% | 1965 | 150 | 1 | 75 | 31 | 497.3 | 548.4 | 243.9 | 2496.4 |
| 〃 | 〃 | 〃 | 〃 | 〃 | 2 | 150 | 31/51 | 〃 | 〃 | 〃 | 2569.6 |
| 朔州市 | 右玉 | 50% | 2005 | 150 | 1 | 75 | 34 | 443.4 | 485.6 | 350.0 | 2493.0 |
| 〃 | 〃 | 〃 | 〃 | 〃 | 2 | 150 | 44/125 | 〃 | 〃 | 〃 | 2601.0 |
| 〃 | 〃 | 75% | 1998 | 150 | 1 | 75 | 7 | 447.6 | 491.9 | 277.0 | 2595.2 |
| 〃 | 〃 | 〃 | 〃 | 〃 | 2 | 150 | 7/38 | 〃 | 〃 | 〃 | 2600.4 |
| 〃 | 〃 | 95% | 2007 | 75 | 1 | 75 | 5 | 415.8 | 460.8 | 202.3 | 2489.8 |
| 〃 | 〃 | 〃 | 〃 | 〃 | 2 | 150 | 7/88 | 〃 | 〃 | 〃 | 2600.4 |
| 忻州市 | 原平 | 50% | 1975 | 150 | 1 | 75 | 4 | 524.5 | 584.4 | 352.7 | 1963.0 |
| 〃 | 〃 | 〃 | 〃 | 〃 | 2 | 150 | 4/27 | 〃 | 〃 | 〃 | 2386.4 |

续表

| 地区 | 典型县（市） | 水文年 | 灌水年份 | 可供水量/mm | 灌水次数 | 灌溉定额/mm | 灌水时间（距播种天数） | 作物最大需水量/mm | 参考作物蒸发蒸腾量/mm | 降雨量/mm | 产量/(kg/hm²) |
|---|---|---|---|---|---|---|---|---|---|---|---|
| 忻州市 | 原平 | 75% | 1991 | 150 | 1 | 75 | 45 | 503.2 | 547.5 | 282.2 | 2567.8 |
| | | | | | 2 | 150 | 10/45 | | | | 2579.4 |
| | | 95% | 1986 | 150 | 1 | 75 | 3 | 516.4 | 577.0 | 179.0 | 2477.8 |
| | | | | | 2 | 150 | 3/27 | | | | 2575.5 |
| 运城市 | 运城 | 50% | 1992 | 150 | 1 | 75 | 10 | 595.0 | 642.2 | 361.2 | 2234.4 |
| | | | | | 2 | 150 | 10/36 | | | | 2533.0 |
| | | 75% | 1999 | 150 | 1 | 75 | 70 | 552.3 | 590.0 | 303.9 | 2591.3 |
| | | | | | 2 | 150 | 70/84 | | | | 2599.1 |
| | | 95% | 1994 | 150 | 1 | 75 | 4 | 654.0 | 710.5 | 217.7 | 2432.3 |
| | | | | | 2 | 150 | 4/38 | | | | 2583.9 |

表 6-5　山西省不同地区花生生育期限额灌溉制度汇总表

| 地区 | 典型县（市） | 水文年 | 灌水年份 | 可供水量/mm | 灌水次数 | 灌溉定额/mm | 灌水时间（距播种天数） | 作物最大需水量/mm | 参考作物蒸发蒸腾量/mm | 降雨量/mm | 产量/(kg/hm²) |
|---|---|---|---|---|---|---|---|---|---|---|---|
| 大同市 | 大同 | 50% | 1955 | 75 | 1 | 75 | 60 | 388.3 | 452.0 | 245.5 | 5209.1 |
| | | | | 150 | 2 | 150 | 71/89 | | | | 5220.0 |
| | | 75% | 1980 | 75 | 1 | 75 | 69 | 377.2 | 442.0 | 197.7 | 5211.8 |
| | | | | 150 | 2 | 150 | 75/103 | | | | 5220.0 |

续表

| 地区 | 典型县（市） | 水文年 | 灌水年份 | 可供水量/mm | 灌水次数 | 灌溉定额/mm | 灌水时间（距播种天数） | 作物最大需水量/mm | 参考作物蒸发蒸腾量/mm | 降雨量/mm | 产量/(kg/hm²) |
|---|---|---|---|---|---|---|---|---|---|---|---|
| 大同市 | 大同 | 95% | 2011 | 225 | 1 | 75 | 60 | 375.5 | 440.4 | 170.1 | 5208.3 |
| | | | | | 2 | 150 | 60/80 | | | | 5217.9 |
| | | | | | 3 | 225 | 74/104/142 | | | | 5220.0 |
| 临汾市 | 侯马 | 50% | 1987 | 75 | 1 | 75 | 77 | 341.4 | 512.2 | 360.5 | 5220.0 |
| | | 75% | 2001 | 225 | 1 | 75 | 31 | 368.2 | 432.5 | 281.5 | 5058.7 |
| | | | | | 2 | 150 | 31/58 | | | | 5209.6 |
| | | | | | 3 | 225 | 45/72/98 | | | | 5220.0 |
| | | 95% | 1997 | 225 | 1 | 75 | 60 | 435.9 | 504.2 | 166.2 | 5198.7 |
| | | | | | 2 | 150 | 44/60 | | | | 5202.7 |
| | | | | | 3 | 225 | 44/60/80 | | | | 5216.2 |
| 晋中市 | 介休 | 50% | 2006 | 75 | 1 | 75 | 108 | 328.5 | 482.9 | 366.8 | 5220.0 |
| | | 75% | 2004 | 150 | 1 | 75 | 60 | 291.6 | 350.7 | 271.4 | 5218.4 |
| | | | | | 2 | 150 | 88/143 | | | | 5220.0 |
| | | 95% | 1986 | 150 | 1 | 75 | 66 | 345.8 | 396.6 | 146.1 | 5214.8 |
| | | | | | 2 | 150 | 73/112 | | | | 5220.0 |
| 吕梁市 | 离石 | 50% | 1992 | 75 | 1 | 75 | 84 | 339.8 | 483.7 | 368.2 | 5220.0 |
| | | 75% | 1979 | 75 | 1 | 75 | 104 | 372.0 | 541.3 | 302.6 | 5220.0 |
| | | 95% | 1999 | 225 | 1 | 75 | 42 | 381.4 | 434.7 | 183.7 | 5199.2 |
| | | | | | 2 | 150 | 42/83 | | | | 5215.9 |
| | | | | | 3 | 225 | 42/71/83 | | | | 5217.9 |

续表

| 地区 | 典型县（市） | 水文年 | 灌水年份 | 可供水量/mm | 灌水次数 | 灌溉定额/mm | 灌水时间（距播种天数） | 作物最大需水量/mm | 参考作物蒸发蒸腾量/mm | 降雨量/mm | 产量/(kg/hm²) |
|---|---|---|---|---|---|---|---|---|---|---|---|
| 太原市 | 太原 | 50% | 1955 | 150 | 1 | 75 | 21 | 282.4 | 355.1 | 330.7 | 5060.6 |
| | | | | | 2 | 150 | 61/77 | | | | 5220.0 |
| | | 75% | 1987 | 150 | 1 | 75 | 78 | 348.7 | 395.1 | 215.5 | 5217.0 |
| | | | | | 2 | 150 | 78/125 | | | | 5220.0 |
| | | 95% | 1997 | 225 | 1 | 75 | 29 | 386.9 | 447.4 | 172.7 | 5202.1 |
| | | | | | 2 | 150 | 29/60 | | | | 5209.7 |
| | | | | | 3 | 225 | 29/60/90 | | | | 5218.5 |
| 晋城市 | 阳城 | 50% | 1987 | 150 | 1 | 75 | 77 | 376.4 | 422.8 | 248.5 | 5218.4 |
| | | | | | 2 | 150 | 78/128 | | | | 5220.0 |
| | | 75% | 1971 | 225 | 1 | 75 | 71 | 376.5 | 426.2 | 287.9 | 5213.1 |
| | | | | | 2 | 150 | 71/81 | | | | 5218.9 |
| | | | | | 3 | 225 | 76/96/141 | | | | 5220.0 |
| | | 95% | 2012 | 150 | 1 | 75 | 27 | 320.6 | 383.3 | 260.9 | 5219.8 |
| | | | | | 2 | 150 | 83/145 | | | | 5220.0 |
| 阳泉市 | 阳泉 | 50% | 1990 | 0 | 0 | 0 | | 342.7 | 482.8 | 434.6 | 5220.0 |
| | | 75% | 1992 | 75 | 1 | 75 | 72 | 330.2 | 469.0 | 326.2 | 5220.0 |
| | | 95% | 1965 | 150 | 1 | 75 | 51 | 367.7 | 429.2 | 179.4 | 5218.8 |
| | | | | | 2 | 150 | 51/120 | | | | 5219.1 |

续表

| 地区 | 典型县（市） | 水文年 | 灌水年份 | 可供水量/mm | 灌水次数 | 灌溉定额/mm | 灌水时间（距播种天数） | 作物最大需水量/mm | 参考作物蒸发蒸腾量/mm | 降雨量/mm | 产量/(kg/hm²) |
|---|---|---|---|---|---|---|---|---|---|---|---|
| 忻州市 | 原平 | 50% | 1975 | 150 | 1 | 75 | 28 | 365.5 | 430.1 | 349.2 | 5091.4 |
| | | | | | 2 | 150 | 59/107 | | | | 5220.0 |
| | | 75% | 2000 | 75 | 1 | 75 | 81 | 370.8 | 520.8 | 296.3 | 5220.0 |
| | | 95% | 1992 | 225 | 1 | 75 | 39 | 398.0 | 470.6 | 108.1 | 5019.8 |
| | | | | | 2 | 150 | 39/63 | | | | 5166.3 |
| | | | | | 3 | 225 | 2/39/63 | | | | 5199.6 |
| 运城市 | 运城 | 50% | 1975 | 225 | 1 | 75 | 15 | 432.8 | 496.0 | 359.6 | 5190.7 |
| | | | | | 2 | 150 | 15/42 | | | | 5195.7 |
| | | | | | 3 | 225 | 83/100//110 | | | | 5220.0 |
| | | 75% | 1993 | 150 | 1 | 75 | 85 | 383.4 | 454.8 | 275.3 | 5219.8 |
| | | | | | 2 | 150 | 105/138 | | | | 5220.0 |
| | | 95% | 1994 | 225 | 1 | 75 | 79 | 522.5 | 581.1 | 179.9 | 5210.6 |
| | | | | | 2 | 150 | 72/79 | | | | 5212.8 |
| | | | | | 3 | 225 | 72/79/95 | | | | 5218.0 |

**表 6-6　山西省不同地区黄花生育期限额灌溉制度汇总表**

| 地区 | 典型县（市） | 水文年 | 灌水年份 | 可供水量/mm | 灌水次数 | 灌溉定额/mm | 灌水时间（距播种天数） | 作物最大需水量/mm | 参考作物蒸发蒸腾量/mm | 降雨量/mm | 产量/(kg/hm²) |
|---|---|---|---|---|---|---|---|---|---|---|---|
| 大同市 | 大同 | 50% | 2005 | 225 | 1 | 75 | 1 | 740.5 | 703.8 | 323.7 | 1006.5 |
| | | | | | 2 | 150 | 1/21 | | | | 1329.7 |
| | | | | | 3 | 225 | 1/21/40 | | | | 1574.6 |

续表

| 地区 | 典型县（市） | 水文年 | 灌水年份 | 可供水量/mm | 灌水次数 | 灌溉定额/mm | 灌水时间（距播种天数） | 作物最大需水量/mm | 参考作物蒸发蒸腾量/mm | 降雨量/mm | 产量/(kg/hm²) |
|---|---|---|---|---|---|---|---|---|---|---|---|
| 大同市 | 大同 | 75% | 1962 | 225 | 1 | 75 | 1 | 722.4 | 691.8 | 263.4 | 902.1 |
| | | | | | 2 | 150 | 1/27 | | | | 1221.6 |
| | | | | | 3 | 225 | 1/27/40 | | | | 1485.7 |
| | | 95% | 1993 | 225 | 1 | 75 | 1 | 713.7 | 688.3 | 207.8 | 960.1 |
| | | | | | 2 | 150 | 1/22 | | | | 1288.5 |
| | | | | | 3 | 225 | 1/22/43 | | | | 1541.3 |
| 朔州市 | 右玉 | 50% | 2000 | 225 | 1 | 75 | 1 | 610.1 | 583.4 | 380.6 | 1218.3 |
| | | | | | 2 | 150 | 1/23 | | | | 1554.8 |
| | | | | | 3 | 225 | 1/23/35 | | | | 1644.5 |
| | | 75% | 1999 | 225 | 1 | 75 | 1 | 628.2 | 600.3 | 308.6 | 1279.6 |
| | | | | | 2 | 150 | 1/40 | | | | 1551.9 |
| | | | | | 3 | 225 | 1/40/57 | | | | 1629.6 |
| | | 95% | 1993 | 225 | 1 | 75 | 1 | 625.1 | 598.1 | 218.5 | 1051.4 |
| | | | | | 2 | 150 | 1/31 | | | | 1377.8 |
| | | | | | 3 | 225 | 1/31/48 | | | | 1593.3 |
| 忻州市 | 原平 | 50% | 1989 | 225 | 1 | 75 | 1 | 667.9 | 642.3 | 376.3 | 1113.9 |
| | | | | | 2 | 150 | 1/23 | | | | 1447.8 |
| | | | | | 3 | 225 | 1/23/41 | | | | 1645.9 |
| | | 75% | 1979 | 225 | 1 | 75 | 1 | 635.8 | 606.4 | 323.8 | 1002.5 |
| | | | | | 2 | 150 | 1/27 | | | | 1323.7 |

续表

| 地区 | 典型县（市） | 水文年 | 灌水年份 | 可供水量/mm | 灌水次数 | 灌溉定额/mm | 灌水时间（距播种天数） | 作物最大需水量/mm | 参考作物蒸发蒸腾量/mm | 降雨量/mm | 产量/(kg/hm²) |
|---|---|---|---|---|---|---|---|---|---|---|---|
| 忻州市 | 原平 | 75% | 1979 | 225 | 3 | 225 | 1/27/44 | 635.8 | 606.4 | 323.8 | 1566.9 |
| | | 95% | 1986 | 225 | 1 | 75 | 1 | 736.1 | 713.2 | 182.7 | 936.9 |
| | | | | | 2 | 150 | 1/22 | | | | 1265.9 |
| | | | | | 3 | 225 | 1/22/35 | | | | 1526.8 |

**表 6-7　山西省不同地区马铃薯生育期限额灌溉制度汇总表**

| 地区 | 典型县（市） | 水文年 | 灌水年份 | 可供水量/mm | 灌水次数 | 灌溉定额/mm | 灌水时间（距播种天数） | 作物最大需水量/mm | 参考作物蒸发蒸腾量/mm | 降雨量/mm | 产量/(kg/hm²) |
|---|---|---|---|---|---|---|---|---|---|---|---|
| 大同市 | 大同 | 50% | 1966 | 225 | 1 | 75 | 3 | 470.9 | 567.1 | 262.4 | 22794.5 |
| | | | | | 2 | 150 | 3/56 | | | | 22801.6 |
| | | | | | 3 | 225 | 3/56/76 | | | | 22802.5 |
| | | 75% | 2006 | 225 | 1 | 75 | 1 | 489.1 | 578.2 | 225.6 | 22773.6 |
| | | | | | 2 | 150 | 1/60 | | | | 22777.5 |
| | | | | | 3 | 225 | 18/68/136 | | | | 22806.0 |
| | | 95% | 2009 | 225 | 1 | 75 | 1 | 573.2 | 657.7 | 153.3 | 22765.2 |
| | | | | | 2 | 150 | 1/53 | | | | 22791.9 |
| | | | | | 3 | 225 | 1/53/69 | | | | 22793.1 |
| 临汾市 | 侯马 | 50% | 2010 | 225 | 1 | 75 | 1 | 441.6 | 530.5 | 341.8 | 19758.7 |
| | | | | | 2 | 150 | 1/53 | | | | 22375.2 |
| | | | | | 3 | 225 | 1/53/91 | | | | 22567.4 |

续表

| 地区 | 典型县（市） | 水文年 | 灌水年份 | 可供水量/mm | 灌水次数 | 灌溉定额/mm | 灌水时间（距播种天数） | 作物最大需水量/mm | 参考作物蒸发蒸腾量/mm | 降雨量/mm | 产量/(kg/hm²) |
|---|---|---|---|---|---|---|---|---|---|---|---|
| 临汾市 | 侯马 | 75% | 2001 | 225 | 1 | 75 | 19 | 513.2 | 608.8 | 281.8 | 15912.8 |
| | | | | | 2 | 150 | 19/48 | | | | 19865.8 |
| | | | | | 3 | 225 | 1/19/48 | | | | 21082.8 |
| | | 95% | 1997 | 225 | 1 | 75 | 1 | 572.2 | 660.3 | 189.2 | 17223.5 |
| | | | | | 2 | 150 | 1/59 | | | | 19957.9 |
| | | | | | 3 | 225 | 1/59/74 | | | | 21528.6 |
| 晋中市 | 介休 | 50% | 2010 | 225 | 1 | 75 | 10 | 396.7 | 485.2 | 364.9 | 17710.8 |
| | | | | | 2 | 150 | 10/52 | | | | 21078.3 |
| | | | | | 3 | 225 | 10/52/82 | | | | 22062.7 |
| | | 75% | 2002 | 225 | 1 | 75 | 4 | 507.4 | 608.7 | 197.6 | 18264.3 |
| | | | | | 2 | 150 | 4/54 | | | | 21513.6 |
| | | | | | 3 | 225 | 4/54/65 | | | | 22173.1 |
| | | 95% | 2000 | 225 | 1 | 75 | 1 | 457.0 | 560.7 | 422.3 | 22648.2 |
| | | | | | 2 | 150 | 1/99 | | | | 22754.5 |
| | | | | | 3 | 225 | 1/99/113 | | | | 22769.0 |
| 吕梁市 | 离石 | 50% | 1981 | 225 | 1 | 75 | 1 | 449.6 | 553.6 | 371.3 | 21765.4 |
| | | | | | 2 | 150 | 1/87 | | | | 22458.3 |
| | | | | | 3 | 225 | 7/87/135 | | | | 22806.0 |
| | | 75% | 1974 | 225 | 1 | 75 | 2 | 489.7 | 583.8 | 300.4 | 18572.4 |
| | | | | | 2 | 150 | 2/46 | | | | 21701.4 |

续表

| 地区 | 典型县（市） | 水文年 | 灌水年份 | 可供水量/mm | 灌水次数 | 灌溉定额/mm | 灌水时间（距播种天数） | 作物最大需水量/mm | 参考作物蒸发蒸腾量/mm | 降雨量/mm | 产量/(kg/hm²) |
|---|---|---|---|---|---|---|---|---|---|---|---|
| 吕梁市 | 离石 | 75% | 1974 | 225 | 3 | 225 | 2/46/73 | 489.7 | 583.8 | 30C.4 | 22582.6 |
| | | 95% | 1999 | 225 | 1 | 75 | 6 | 509.2 | 599.7 | 201.8 | 16561.0 |
| | | | | | 2 | 150 | 6/54 | | | | 20295.9 |
| | | | | | 3 | 225 | 6/54/84 | | | | 21673.1 |
| 太原市 | 太原 | 50% | 1960 | 225 | 1 | 75 | 28 | 479.2 | 577.2 | 344.0 | 19483.8 |
| | | | | | 2 | 150 | 28/53 | | | | 22535.8 |
| | | | | | 3 | 225 | 4/74/129 | | | | 22806.0 |
| | | 75% | 1990 | 225 | 1 | 75 | 9 | 446.3 | 529.1 | 295.6 | 19850.9 |
| | | | | | 2 | 150 | 9/51 | | | | 21760.6 |
| | | | | | 3 | 225 | 10/61/88 | | | | 22806.0 |
| | | 95% | 1997 | 225 | 1 | 75 | 17 | 523.4 | 624.6 | 172.1 | 16403.6 |
| | | | | | 2 | 150 | 17/45 | | | | 20551.7 |
| | | | | | 3 | 225 | 1/17/45 | | | | 21598.4 |
| 晋城市 | 阳城 | 50% | 1987 | 225 | 1 | 75 | 82 | 475.1 | 545.7 | 433.3 | 21533.6 |
| | | | | | 2 | 150 | 82/91 | | | | 22662.4 |
| | | | | | 3 | 225 | 1/82/91 | | | | 22667.2 |
| | | 75% | 1981 | 225 | 1 | 75 | 15 | 443.6 | 561.4 | 368.1 | 17730.0 |
| | | | | | 2 | 150 | 15/48 | | | | 20995.4 |
| | | | | | 3 | 225 | 1/15/48 | | | | 22034.6 |

续表

| 地区 | 典型县（市） | 水文年 | 灌水年份 | 可供水量/mm | 灌水次数 | 灌溉定额/mm | 灌水时间（距播种天数） | 作物最大需水量/mm | 参考作物蒸发蒸腾量/mm | 降雨量/mm | 产量/(kg/hm$^2$) |
|---|---|---|---|---|---|---|---|---|---|---|---|
| 晋城市 | 阳城 | 95% | 2012 | 225 | 1 | 75 | 3 | 442.7 | 539.7 | 265.9 | 18677.0 |
| | | | | | 2 | 150 | 3/44 | | | | 22310.0 |
| | | | | | 3 | 225 | 3/44/63 | | | | 22529.5 |
| 阳泉市 | 阳泉 | 50% | 1978 | 75 | 1 | 75 | 7 | 418.5 | 504.3 | 434.38 | 22806.0 |
| | | 75% | 1965 | 225 | 1 | 75 | 1 | 416.3 | 493.7 | 329.2 | 22056.7 |
| | | | | | 2 | 150 | 1/87 | | | | 22721.0 |
| | | | | | 3 | 225 | 70/88/117 | | | | 22806.0 |
| | | 95% | 1994 | 225 | 1 | 75 | 1 | 497.6 | 588.8 | 243.7 | 19904.0 |
| | | | | | 2 | 150 | 1/59 | | | | 22185.0 |
| | | | | | 3 | 225 | 1/59/53 | | | | 22471.2 |
| 朔州市 | 右玉 | 50% | 1995 | 225 | 1 | 75 | 1 | 444.4 | 532.1 | 331.9 | 22668.6 |
| | | | | | 2 | 150 | 1/49 | | | | 22797.4 |
| | | | | | 3 | 225 | 21/58/79 | | | | 22806.0 |
| | | 75% | 2011 | 150 | 1 | 75 | 1 | 429.3 | 501.8 | 253.0 | 22778.0 |
| | | | | | 2 | 150 | 21/68 | | | | 22806.0 |
| | | 95% | 1993 | 225 | 1 | 75 | 1 | 443.1 | 523.1 | 189.8 | 22786.6 |
| | | | | | 2 | 150 | 1/56 | | | | 22792.6 |
| | | | | | 3 | 225 | 24/69/96 | | | | 22806.0 |

续表

| 地区 | 典型县（市） | 水文年 | 灌水年份 | 可供水量/mm | 灌水次数 | 灌溉定额/mm | 灌水时间（距播种天数） | 作物最大需水量/mm | 参考作物蒸发蒸腾量/mm | 降雨量/mm | 产量/(kg/hm²) |
|---|---|---|---|---|---|---|---|---|---|---|---|
| 祈州市 | 原平 | 50% | 1983 | 225 | 1 | 75 | 1 | 470.0 | 558.5 | 314.4 | 22793.1 |
| | | | | | 2 | 150 | 1/62 | | | | 22795.4 |
| | | | | | 3 | 225 | 29/68/106 | | | | 22806.0 |
| | | 75% | 1990 | 225 | 1 | 75 | 1 | 470.0 | 558.5 | 314.4 | 22793.1 |
| | | | | | 2 | 150 | 1/62 | | | | 22795.4 |
| | | | | | 3 | 225 | 1/62/100 | | | | 22795.7 |
| | | 95% | 1965 | 225 | 1 | 75 | 1 | 470.0 | 558.5 | 314.4 | 22793.1 |
| | | | | | 2 | 150 | 1/62 | | | | 22795.4 |
| | | | | | 3 | 225 | 1/62/100 | | | | 22795.7 |
| 运城市 | 运城 | 50% | 1978 | 225 | 1 | 75 | 1 | 594.9 | 715.4 | 382.8 | 22075.6 |
| | | | | | 2 | 150 | 1/95 | | | | 22496.5 |
| | | | | | 3 | 225 | 1/53/95 | | | | 22669.3 |
| | | 75% | 1965 | 225 | 1 | 75 | 8 | 538.7 | 642.6 | 326.3 | 19703.0 |
| | | | | | 2 | 150 | 8/47 | | | | 22247.3 |
| | | | | | 3 | 225 | 1/8/47 | | | | 22472.3 |
| | | 95% | 1994 | 225 | 1 | 75 | 9 | 664.9 | 768.1 | 478.9 | 18493.4 |
| | | | | | 2 | 150 | 9/47 | | | | 20438.6 |
| | | | | | 3 | 225 | 9/47/84 | | | | 21703.2 |

续表

| 地区 | 典型县（市） | 水文年 | 灌水年份 | 可供水量/mm | 灌水次数 | 灌溉定额/mm | 灌水时间（距播种天数） | 作物最大需水量/mm | 参考作物蒸发蒸腾量/mm | 降雨量/mm | 产量/(kg/hm$^2$) |
|---|---|---|---|---|---|---|---|---|---|---|---|
| 长治市 | 长治 | 50% | 1992 | 75 | 1 | 75 | 91 | 428.2 | 513.8 | 411.4 | 22806.0 |
| | | 75% | 1987 | 150 | 1 | 75 | 1 | 451.3 | 532.5 | 371.4 | 22062.4 |
| | | | | | 2 | 150 | 87/136 | | | | 22806.0 |
| | | 95% | 1997 | 225 | 1 | 75 | 1 | 497.2 | 587.7 | 199.8 | 18005.4 |
| | | | | | 2 | 150 | 1/58 | | | | 20806.8 |
| | | | | | 3 | 225 | 1/58/76 | | | | 22116.9 |

表 6-8　山西省不同地区棉花生育期限额灌溉制度汇总表

| 地区 | 典型县（市） | 水文年 | 灌水年份 | 可供水量/mm | 灌水次数 | 灌溉定额/mm | 灌水时间（距播种天数） | 作物最大需水量/mm | 参考作物蒸发蒸腾量/mm | 降雨量/mm | 产量/(kg/hm$^2$) |
|---|---|---|---|---|---|---|---|---|---|---|---|
| 临汾市 | 侯马 | 50% | 2010 | 225 | 1 | 75 | 38 | 598.6 | 676.1 | 408.0 | 1309.7 |
| | | | | | 2 | 150 | 38/75 | | | | 1349.4 |
| | | | | | 3 | 225 | 38/75/4 | | | | 1363.9 |
| | | 75% | 2009 | 225 | 1 | 75 | 5 | 587.6 | 676.0 | 347.6 | 1328.4 |
| | | | | | 2 | 150 | 5/83 | | | | 1358.8 |
| | | | | | 3 | 225 | 10/86/104 | | | | 1383.0 |
| | | 95% | 1997 | 225 | 1 | 75 | 30 | 744.3 | 811.6 | 212.6 | 1269.0 |
| | | | | | 2 | 150 | 30/63 | | | | 1334.4 |
| | | | | | 3 | 225 | 30/63/86 | | | | 1355.1 |

续表

| 地区 | 典型县（市） | 水文年 | 灌水年份 | 可供水量/mm | 灌水次数 | 灌溉定额/mm | 灌水时间（距播种天数） | 作物最大需水量/mm | 参考作物蒸发蒸腾量/mm | 降雨量/mm | 产量/(kg/hm²) |
|---|---|---|---|---|---|---|---|---|---|---|---|
| 晋中市 | 介休 | 50% | 1976 | 225 | 1 | 75 | 41 | 576.5 | 655.8 | 420.3 | 1280.9 |
| | | | | | 2 | 150 | 41/69 | | | | 1337.1 |
| | | | | | 3 | 225 | 59/73/89 | | | | 1383.0 |
| | | 75% | 2002 | 225 | 1 | 75 | 13 | 630.6 | 711.4 | 341.9 | 1327.5 |
| | | | | | 2 | 150 | 13/62 | | | | 1366.2 |
| | | | | | 3 | 225 | 13/62/102 | | | | 1374.1 |
| | | 95% | 1986 | 225 | 1 | 75 | 10 | 623.1 | 707.5 | 253.0 | 1333.6 |
| | | | | | 2 | 150 | 10/77 | | | | 1363.5 |
| | | | | | 3 | 225 | 10/77/101 | | | | 1370.3 |
| 吕梁市 | 离石 | 50% | 2010 | 225 | 1 | 75 | 47 | 632.4 | 698.5 | 453.8 | 1326.1 |
| | | | | | 2 | 150 | 47/75 | | | | 1361.0 |
| | | | | | 3 | 225 | 80/112/126 | | | | 1383.0 |
| | | 75% | 1970 | 225 | 1 | 75 | 5 | 624.5 | 694.8 | 377.4 | 1344.3 |
| | | | | | 2 | 150 | 5/80 | | | | 1367.4 |
| | | | | | 3 | 225 | 5/80/99 | | | | 1372.7 |
| | | 95% | 1997 | 225 | 1 | 75 | 45 | 707.2 | 785.8 | 266.3 | 1255.8 |
| | | | | | 2 | 150 | 45/65 | | | | 1325.3 |
| | | | | | 3 | 225 | 45/65/81 | | | | 1351.9 |

续表

| 地区 | 典型县（市） | 水文年 | 灌水年份 | 可供水量/mm | 灌水次数 | 灌溉定额/mm | 灌水时间（距播种天数） | 作物最大需水量/mm | 参考作物蒸发蒸腾量/mm | 降雨量/mm | 产量/(kg/hm²) |
|---|---|---|---|---|---|---|---|---|---|---|---|
| 晋城市 | 阳城 | 50% | 2002 | 225 | 1 | 75 | 44 | 631.1 | 699.8 | 420.3 | 1310.6 |
| | | | | | 2 | 150 | 44/71 | | | | 1356.2 |
| | | | | | 3 | 225 | 13/72/93 | | | | 1383.0 |
| | | 75% | 2010 | 225 | 1 | 75 | 24 | 579.5 | 661.7 | 341.9 | 1330.3 |
| | | | | | 2 | 150 | 24/77 | | | | 1359.6 |
| | | | | | 3 | 225 | 59/83/117 | | | | 1383.0 |
| | | 95% | 2012 | 225 | 1 | 75 | 8 | 612.9 | 700.7 | 253.0 | 1317.8 |
| | | | | | 2 | 150 | 8/70 | | | | 1359.3 |
| | | | | | 3 | 225 | 8/70/88 | | | | 1370.0 |
| 运城市 | 运城 | 50% | 1976 | 225 | 1 | 75 | 55 | 757.4 | 833.3 | 475.1 | 1333.5 |
| | | | | | 2 | 150 | 55/76 | | | | 1360.5 |
| | | | | | 3 | 225 | 81/114/181 | | | | 1383.0 |
| | | 75% | 1962 | 225 | 1 | 75 | 41 | 667.4 | 738.9 | 402.5 | 1233.7 |
| | | | | | 2 | 150 | 41/64 | | | | 1316.5 |
| | | | | | 3 | 225 | 55/81/100 | | | | 1383.0 |
| | | 95% | 1986 | 225 | 1 | 75 | 37 | 768.6 | 838.4 | 278.4 | 1301.9 |
| | | | | | 2 | 150 | 37/72 | | | | 1341.8 |
| | | | | | 3 | 225 | 37/72/101 | | | | 1350.7 |

表 6-9　　山西省不同地区西瓜生育期限额灌溉制度汇总表

| 地区 | 典型县（市） | 水文年 | 灌水年份 | 可供水量/mm | 灌水次数 | 灌溉定额/mm | 灌水时间（距播种天数） | 作物最大需水量/mm | 参考作物蒸发蒸腾量/mm | 降雨量/mm | 产量/(kg/hm$^2$) |
|---|---|---|---|---|---|---|---|---|---|---|---|
| 大同市 | 大同 | 50% | 2003 | 150 | 1 | 75 | 41 | 299.6 | 383.0 | 162.3 | 69496.3 |
| | | | | | 2 | 150 | 41/64 | | | | 73574.1 |
| | | 75% | 2000 | 225 | 1 | 75 | 47 | 366.7 | 473.6 | 138.7 | 67638.2 |
| | | | | | 2 | 150 | 17/47 | | | | 72079.9 |
| | | | | | 3 | 225 | 17/47/59 | | | | 74588.3 |
| | | 95% | 1978 | 225 | 1 | 75 | 23 | 383.1 | 496.5 | 97.0 | 67551.3 |
| | | | | | 2 | 150 | 23/54 | | | | 67874.0 |
| | | | | | 3 | 225 | 23/41/54 | | | | 74893.4 |
| 临汾市 | 侯马 | 50% | 2002 | 75 | 1 | 75 | 93 | 404.2 | 494.5 | 256.3 | 75000.0 |
| | | 75% | 2000 | 150 | 1 | 75 | 37 | 401.1 | 529.4 | 185.7 | 74619.6 |
| | | | | | 2 | 150 | 62/98 | | | | 75000.0 |
| | | 95% | 1997 | 150 | 1 | 75 | 43 | 439.8 | 552.5 | 128.7 | 74632.7 |
| | | | | | 2 | 150 | 43/63 | | | | 74651.6 |
| 晋中市 | 介休 | 50% | 1962 | 75 | 1 | 75 | 33 | 407.5 | 534.4 | 252.7 | 71440.6 |
| | | | | 150 | 2 | 150 | 55/71 | | | | 75000.0 |
| | | 75% | 2009 | 75 | 1 | 75 | 74 | 428.6 | 528.1 | 204.3 | 75000.0 |
| | | 95% | 2008 | 75 | 1 | 75 | 46 | 306.1 | 403.9 | 138.5 | 75000.0 |
| 吕梁市 | 离石 | 50% | 1979 | 75 | 1 | 75 | 61 | 225.1 | 422.7 | 247.9 | 75000.0 |
| | | 75% | 1983 | 75 | 1 | 75 | 79 | 226.3 | 378.1 | 216.1 | 75000.0 |

续表

| 地区 | 典型县（市） | 水文年 | 灌水年份 | 可供水量/mm | 灌水次数 | 灌溉定额/mm | 灌水时间（距播种天数） | 作物最大需水量/mm | 参考作物蒸发蒸腾量/mm | 降雨量/mm | 产量/(kg/hm²) |
|---|---|---|---|---|---|---|---|---|---|---|---|
| 吕梁市 | 离石 | 95% | 2008 | 75 | 1 | 75 | 47 | 374.3 | 479.5 | 151.4 | 75000.0 |
| 太原市 | 太原 | 50% | 1994 | 225 | 1 | 75 | 45 | 325.4 | 429.9 | 177.9 | 67656.6 |
| | | | | | 2 | 150 | 45/56 | | | | 69645.1 |
| | | | | | 3 | 225 | 34/45/62 | | | | 75000.0 |
| | | 75% | 1952 | 225 | 1 | 75 | 50 | 333.7 | 418.1 | 137.1 | 72081.2 |
| | | | | | 2 | 150 | 50/58 | | | | 73517.2 |
| | | | | | 3 | 225 | 50/58/30 | | | | 74655.8 |
| | | 95% | 1986 | 225 | 1 | 75 | 29 | 307.1 | 398.4 | 97.1 | 72558.6 |
| | | | | | 2 | 150 | 29/55 | | | | 73936.6 |
| | | | | | 3 | 225 | 29/55/43 | | | | 74994.8 |
| 晋城市 | 阳城 | 50% | 1990 | 0 | 0 | 0 | | 352.5 | 451.1 | 340.1 | 75000.0 |
| | | 75% | 1999 | 75 | 1 | 75 | 82 | 365.4 | 469.4 | 244.8 | 75000.0 |
| | | 95% | 2009 | 75 | 1 | 75 | 50 | 390.2 | 502.2 | 160.5 | 75000.0 |
| 朔州市 | 右玉 | 50% | 1981 | 150 | 1 | 75 | 37 | 336.8 | 439.2 | 184.6 | 63145.7 |
| | | | | | 2 | 150 | 38/55 | | | | 75000.0 |
| | | 75% | 1989 | 225 | 1 | 75 | 39 | 317.1 | 409.0 | 137.6 | 73314.1 |
| | | | | | 2 | 150 | 39/59 | | | | 74332.6 |
| | | | | | 3 | 225 | 29/49/58 | | | | 75000.0 |
| | | 95% | 1972 | 225 | 1 | 75 | 34 | 334.6 | 431.1 | 105.7 | 67409.3 |

续表

| 地区 | 典型县（市） | 水文年 | 灌水年份 | 可供水量/mm | 灌水次数 | 灌溉定额/mm | 灌水时间（距播种天数） | 作物最大需水量/mm | 参考作物蒸发蒸腾量/mm | 降雨量/mm | 产量/(kg/hm²) |
|---|---|---|---|---|---|---|---|---|---|---|---|
| 朔州市 | 右玉 | 95% | 1972 | 225 | 2 | 150 | 34/57 | 334.6 | 431.1 | 105.7 | 70411.2 |
| | | | | | 3 | 225 | 23/40/59 | | | | 75000.0 |
| 忻州市 | 原平 | 50% | 2012 | 225 | 1 | 75 | 35 | 307.1 | 404.1 | 186.3 | 69464.3 |
| | | | | | 2 | 150 | 35/60 | | | | 72976.6 |
| | | | | | 3 | 225 | 22/35/60 | | | | 74958.9 |
| | | 75% | 1986 | 225 | 1 | 75 | 30 | 355.7 | 466.5 | 135.8 | 66708.6 |
| | | | | | 2 | 150 | 30/53 | | | | 72054.3 |
| | | | | | 3 | 225 | 5/30/53 | | | | 74416.6 |
| | | 95% | 2001 | 225 | 1 | 75 | 35 | 340.1 | 444.1 | 61.6 | 63053.6 |
| | | | | | 2 | 150 | 35/53 | | | | 66495.0 |
| | | | | | 3 | 225 | 18/35/53 | | | | 74673.2 |
| 运城市 | 运城 | 50% | 1967 | 75 | 1 | 75 | 113 | 422.1 | 527.6 | 267.9 | 75000.0 |
| | | 75% | 1992 | 75 | 1 | 75 | 45 | 491.1 | 623.7 | 209.0 | 73960.1 |
| | | | | | 2 | 150 | 84/121 | | | | 75000.0 |
| | | 95% | 2001 | 75 | 1 | 75 | 78 | 460.4 | 578.7 | 170.3 | 75000.0 |
| 长治市 | 长治 | 50% | 1987 | 0 | 0 | 0 | | 345.7 | 448.7 | 324.4 | 75000.0 |
| | | 75% | 2012 | 0 | 0 | 0 | | 346.5 | 451.0 | 292.3 | 75000.0 |
| | | 95% | 1997 | 75 | 1 | 75 | 93 | 386.4 | 491.4 | 173.2 | 75000.0 |

# 第二节　经济用水灌溉制度

## 一、经济灌溉制度研究方法

限额灌溉制度是以作物的产量最大为目标，而实际的生产过程中，多以增产效益最大为目标，因此要研究作物经济用水的灌溉制度。作物增产效益指的是灌水之后所得的效益值与未灌水时所得的效益值之差，再扣除所用水的费用所得，见式（6－6）：

$$P_{效益}=(Y-Y_0)P_Y-P_wM/1.5 \tag{6-6}$$

式中：$P_{效益}$为每公顷作物的增产效益，元/公顷；$Y$为灌水后的平均产量，kg/公顷；$Y_0$为未灌水时的平均产量，kg/公顷；$P_w$为灌溉用水价格，元/公顷；$P_Y$为作物收购价格，元/kg。

其中，各种作物的最大产量及单价见表6－1。

经济用水的灌溉制度的求解方法同限额灌溉制度，只是目标函数有所不同，经济灌溉制度的目标函数是增产效益达到最大，没有约束条件，即灌溉水量不受限制。

蔬菜作物的产量参数计算方法与杂粮及经济作物不同。蔬菜因为试验数据较少，经济灌溉制度的计算采用全生育期对值模型，参见第四章式（4－3），根据辣椒2007年利民试验数据，进行回归拟合，得到了辣椒的全生育期相对值模型，见式（6－7），公式符号同前。根据蔬菜的整个生育期的实际需水量$ET$、最大需水量$ET_m$、最大产量$y_m$可求得蔬菜的实际产量值$y$。

$$\left(1-\frac{y}{y_m}\right)=1.826\left(1-\frac{ET}{ET_m}\right)+0.254 \tag{6-7}$$

在相同灌水定额条件下，需要运用模式搜索法在作物生长期内进行逐年逐日求出最佳灌水时间，找到经济效益的最大值点，做出不同灌水量与效益的曲线，求出最优灌水量下的效益。

以2001年原平黄豆（95%）为例，说明最优经济灌溉制度的选择。根据限额灌溉制度中的计算方法，原平黄豆分为灌水1次、2次、3次灌水，其计算结果见表6－10，然后选择效益最高的灌水次数作为原平黄豆95%水平年的经济灌溉制度，即2次灌水，效益为1736.6元/$hm^2$。

## 二、经济灌溉制度计算结果及分析

根据以上的公式和原理，计算了各个典型站点的黄豆、红小豆、花生、黄花、马铃薯、棉花、西瓜、辣椒等作物的经济灌溉制度。详见表6－11～表6－18。经济灌溉制度计算中，不受灌溉水量的限制，所以根据充分灌溉制度结果选取每种作物的灌水次数。根据当地实际情况，杂粮及经济作物灌水定额取75mm，

表 6-10　　2001 年原平黄豆经济灌溉制度计算表

| 地区 | 水文年 | 灌水年份 | 灌水次数 | 灌溉定额/mm | 灌水时间（距播种天数） | 作物最大需水量/mm | 参考作物蒸发蒸腾量/mm | 降雨量/mm | 产量/(kg/hm$^2$) | 效益/(元/hm$^2$) |
|---|---|---|---|---|---|---|---|---|---|---|
| 原平 | 95% | 2001 | 1 | 75 | 62 | 469.0 | 524.2 | 177.0 | 1726.6 | 1621.9 |
| | | | 2 | | 62/52 | | | | 2197.2 | 1736.6 |
| | | | 3 | | 62/52/27 | | | | 2454.0 | 1594.7 |

表 6-11　　山西省不同地区黄豆生育期经济灌溉制度汇总表

| 地区 | 典型县（市） | 水文年 | 灌水年份 | 灌水次数 | 灌溉定额/mm | 灌水时间（距播种天数） | 作物最大需水量/mm | 参考作物蒸发蒸腾量/mm | 降雨量/mm | 产量/(kg/hm$^2$) | 效益/(元/hm$^2$) |
|---|---|---|---|---|---|---|---|---|---|---|---|
| 大同市 | 大同 | 50% | 1971 | 1 | 75 | 58 | 452.4 | 548.1 | 285.6 | 2370.9 | 9033.6 |
| | | 75% | 1998 | 2 | 150 | 53/94 | 466.7 | 543.5 | 240.7 | 2522.6 | 9190.4 |
| | | 95% | 2009 | 3 | 225 | 62/60/25 | 502.8 | 585.9 | 179.6 | 2366.9 | 8117.8 |
| 临汾市 | 侯马 | 75% | 2009 | 1 | 75 | 36 | 359.3 | 412.6 | 186.9 | 2398.9 | 9145.6 |
| | | 95% | 1991 | 2 | 150 | 34/53 | 441.2 | 486.3 | 130.2 | 2478.6 | 9014.5 |
| | 隰县 | 50% | 1994 | 1 | 75 | 4 | 391.1 | 448.5 | 287.0 | 2545.7 | 9733.0 |
| | | 75% | 1969 | 2 | 150 | 5/32 | 434.6 | 501.9 | 234.7 | 2591.6 | 9466.4 |
| | | 95% | 1999 | 1 | 75 | 4 | 403.3 | 458.3 | 178.4 | 2472.7 | 9440.7 |
| 晋中市 | 介休 | 50% | 1983 | 1 | 75 | 49 | 403.1 | 437.2 | 324.7 | 2600.1 | 9950.5 |
| | | 75% | 2002 | 2 | 150 | 18/65 | 438.5 | 476.5 | 260.4 | 2562.5 | 9349.9 |
| | | 95% | 1960 | 2 | 150 | 18/56 | 449.9 | 499.5 | 183.6 | 2613.5 | 9553.9 |

续表

| 地区 | 典型县（市） | 水文年 | 灌水年份 | 灌水次数 | 灌溉定额/mm | 灌水时间（距播种天数） | 作物最大需水量/mm | 参考作物蒸发蒸腾量/mm | 降雨量/mm | 产量/(kg/hm²) | 效益/(元/hm²) |
|---|---|---|---|---|---|---|---|---|---|---|---|
| 太原市 | 太原 | 50% | 2004 | 1 | 75 | 31 | 419.6 | 456.4 | 316.8 | 2608.8 | 9985.1 |
| | | 75% | 1984 | 1 | 75 | 79 | 404.1 | 431.4 | 258.0 | 2524.7 | 9648.7 |
| | | 95% | 1997 | 3 | 225 | 31/61/89 | 519.2 | 558.5 | 168.6 | 2428.3 | 8363.1 |
| 吕梁市 | 离石 | 75% | 2005 | 2 | 150 | 62/39 | 490.8 | 555.2 | 269.0 | 2439.0 | 2234.1 |
| | | 95% | 1999 | 3 | 225 | 62/47/80 | 476.6 | 539.6 | 165.7 | 2442.0 | 1642.8 |
| 朔州市 | 右玉 | 75% | 1963 | 1 | 75 | 50 | 410.0 | 486.1 | 258.2 | 2435.2 | 9290.6 |
| | | 95% | 2007 | 1 | 75 | 62 | 437.1 | 524.2 | 177.0 | 1884.7 | 7088.9 |
| 忻州市 | 原平 | 50% | 2006 | 1 | 75 | 17 | 377.5 | 434.1 | 319.0 | 2625.0 | 10050.0 |
| | | 75% | 2000 | 1 | 75 | 53/14 | 436.7 | 486.1 | 258.2 | 2496.9 | 9087.8 |
| | | 95% | 2001 | 2 | 150 | 62/52/27 | 469.0 | 524.2 | 177.0 | 2454.0 | 8465.8 |
| 运城市 | 运城 | 50% | 1965 | 2 | 150 | 5/28 | 438.1 | 509.2 | 303.5 | 2611.4 | 9545.8 |
| | | 75% | 1974 | 3 | 225 | 12/47/62 | 517.8 | 583.2 | 239.2 | 2543.0 | 8822.0 |
| | | 95% | 1986 | 3 | 225 | 20/57/69 | 485.3 | 541.8 | 180.4 | 2560.7 | 8892.6 |
| 长治市 | 黎城 | 75% | 1990 | 1 | 75 | 52 | 371.5 | 399.2 | 300.7 | 2562.3 | 9799.2 |
| | | 95% | 1997 | 2 | 150 | 7/53 | 384.3 | 419.5 | 156.1 | 2547.6 | 9290.5 |

表 6-12 山西省不同地区红小豆生育期经济制度汇总表

| 地区 | 典型县（市） | 水文年 | 灌水年份 | 灌水次数 | 灌溉定额/mm | 灌水时间（距播种天数） | 作物最大需水量/mm | 参考作物蒸发蒸腾量/mm | 降雨量/mm | 产量/（$kg/hm^2$） | 效益/（元/$hm^2$） |
|---|---|---|---|---|---|---|---|---|---|---|---|
| 大同市 | 大同 | 95% | 2011 | 2 | 150 | 3/39 | 519.2 | 577.2 | 191.2 | 2567.4 | 22207.0 |
| 临汾市 | 侯马 | 50% | 2005 | 1 | 75 | 32 | 469.1 | 510.9 | 339.8 | 2462.1 | 21708.7 |
| | | 75% | 2009 | 1 | 75 | 46 | 423.4 | 463.8 | 262.4 | 2554.0 | 22536.0 |
| | | 95% | 1997 | 2 | 150 | 46/7 | 573.4 | 620.8 | 183.4 | 2491.7 | 21525.3 |
| 晋中市 | 介休 | 95% | 2000 | 2 | 150 | 4/34 | 440.8 | 492.9 | 195.7 | 2597.7 | 22479.5 |
| 太原市 | 太原 | 50% | 2002 | 1 | 75 | 15 | 422.4 | 463.5 | 323.7 | 2595.7 | 22911.1 |
| | | 95% | 1997 | 2 | 150 | 6/39 | 507.3 | 531.5 | 171.3 | 2591.6 | 22424.4 |
| 朔州市 | 右玉 | 50% | 2005 | 1 | 75 | 34 | 443.4 | 485.6 | 350.0 | 2493.0 | 21987.2 |
| | | 75% | 1998 | 1 | 75 | 31 | 447.6 | 491.9 | 277.0 | 2594.9 | 22903.8 |
| | | 95% | 2007 | 1 | 75 | 5 | 415.8 | 460.8 | 202.3 | 2489.8 | 21958.4 |
| 忻州市 | 原平 | 50% | 1975 | 2 | 150 | 4/27 | 524.5 | 584.4 | 352.7 | 2386.4 | 20577.7 |
| | | 75% | 1991 | 1 | 75 | 45 | 503.2 | 547.5 | 282.2 | 2567.8 | 22660.1 |
| | | 95% | 1986 | 2 | 150 | 3/27 | 516.4 | 577.0 | 179.0 | 2575.5 | 22279.6 |
| 运城市 | 运城 | 50% | 1992 | 2 | 150 | 10/31 | 595.0 | 642.2 | 361.2 | 2525.2 | 21827.0 |
| | | 75% | 1999 | 1 | 75 | 70 | 552.3 | 590.0 | 303.9 | 2591.3 | 22871.3 |
| | | 95% | 1994 | 2 | 150 | 4/38 | 654.0 | 710.5 | 217.7 | 2583.9 | 22354.9 |

续表

| 地区 | 典型县（市） | 水文年 | 灌水年份 | 灌水次数 | 灌溉定额/mm | 灌水时间（距播种天数） | 作物最大需水量/mm | 参考作物蒸发蒸腾量/mm | 降雨量/mm | 产量/(kg/hm²) | 效益/(元/hm²) |
|---|---|---|---|---|---|---|---|---|---|---|---|
| 阳泉市 | 阳泉 | 50% | 1961 | 1 | 75 | 8 | 460.4 | 512.3 | 421.2 | 2600.2 | 22951.7 |
| | | 95% | 1965 | 2 | 150 | 31/51 | 497.3 | 548.4 | 243.9 | 2569.6 | 22226.2 |
| 吕梁市 | 离石 | 50% | 1983 | 1 | 75 | 38 | 451.1 | 488.7 | 330.1 | 2585.4 | 22818.5 |
| | | 75% | 1974 | 2 | 150 | 13/37 | 492.9 | 543.3 | 264.3 | 2573.5 | 22261.1 |
| | | 95% | 1999 | 2 | 150 | 9/39 | 511.7 | 558.6 | 180.6 | 2572.5 | 22252.8 |
| 晋城市 | 阳城 | 95% | 2011 | 2 | 150 | 19/44 | 518.4 | 567.7 | 238.8 | 2585.9 | 22372.8 |

**表 6-13　山西省不同地区花生生育期经济灌溉制度汇总表**

| 地区 | 典型县（市） | 水文年 | 灌水年份 | 灌水次数 | 灌溉定额/mm | 灌水时间（距播种天数） | 作物最大需水量/mm | 参考作物蒸发蒸腾量/mm | 降雨量/mm | 产量/(kg/hm²) | 效益/(元/hm²) |
|---|---|---|---|---|---|---|---|---|---|---|---|
| 大同市 | 大同 | 50% | 1955 | 1 | 75 | 60 | 419.0 | 572.6 | 276.3 | 5209.1 | 30804.4 |
| | | 75% | 1980 | 1 | 75 | 69 | 412.8 | 582.7 | 244.5 | 5211.8 | 30820.8 |
| | | 95% | 2011 | 1 | 75 | 65 | 411.0 | 578.1 | 191.2 | 5212.3 | 30823.7 |
| 临汾市 | 侯马 | 75% | 2001 | 2 | 150 | 31 | 403.6 | 567.9 | 281.6 | 5209.6 | 30357.8 |
| | | 95% | 1997 | 1 | 75 | 60 | 464.6 | 620.9 | 186.9 | 5198.7 | 30741.9 |
| 晋中市 | 介休 | 75% | 2004 | 1 | 75 | 60 | 321.4 | 470.6 | 271.5 | 5218.4 | 30860.7 |
| | | 95% | 1986 | 1 | 75 | 66 | 373.8 | 508.1 | 202.5 | 5214.8 | 30838.6 |
| 吕梁市 | 离石 | 95% | 1999 | 1 | 75 | 42 | 416.0 | 562.4 | 192.4 | 5199.2 | 30745.1 |

续表

| 地区 | 典型县（市） | 水文年 | 灌水年份 | 灌水次数 | 灌溉定额/mm | 灌水时间（距播种天数） | 作物最大需水量/mm | 参考作物蒸发蒸腾量/mm | 降雨量/mm | 产量/(kg/hm²) | 效益/(元/hm²) |
|---|---|---|---|---|---|---|---|---|---|---|---|
| 太原市 | 太原 | 50% | 1955 | 1 | 75 | 53 | 323.2 | 505.2 | 321.4 | 5091.5 | 30098.9 |
| | | 75% | 1987 | 1 | 75 | 78 | 374.0 | 501.1 | 295.7 | 5217.0 | 30851.9 |
| | | 95% | 1997 | 1 | 75 | 29 | 420.8 | 580.4 | 171.7 | 5202.1 | 30762.6 |
| 晋城市 | 阳城 | 50% | 1987 | 1 | 75 | 77 | 394.0 | 510.3 | 424.9 | 5218.4 | 30860.4 |
| | | 75% | 1971 | 1 | 75 | 71 | 414.8 | 570.7 | 367.0 | 5213.1 | 30828.8 |
| | | 95% | 2012 | 1 | 75 | 27 | 349.8 | 499.5 | 265.8 | 5219.8 | 30869.0 |
| 阳泉市 | 阳泉 | 95% | 1965 | 1 | 75 | 52 | 398.3 | 549.0 | 246.1 | 5218.8 | 30863.1 |
| 忻州市 | 原平 | 50% | 1975 | 1 | 75 | 28 | 406.5 | 585.4 | 347.5 | 5091.4 | 30098.5 |
| | | 95% | 1992 | 2 | 150 | 39 | 430.5 | 606.2 | 115.4 | 5166.3 | 30097.5 |
| 运城市 | 运城 | 50% | 1975 | 1 | 75 | 21 | 471.4 | 638.0 | 326.4 | 5190.7 | 30694.0 |
| | | 75% | 1993 | 1 | 75 | 9 | 403.5 | 552.3 | 323.5 | 5219.8 | 30869.0 |
| | | 95% | 1994 | 1 | 75 | 79 | 554.3 | 717.0 | 217.7 | 5210.6 | 30813.3 |

**表 6-14 山西省不同地区黄花生育期经济灌溉制度汇总表**

| 地区 | 典型县（市） | 水文年 | 灌水年份 | 灌水次数 | 灌溉定额/mm | 灌水时间（距播种天数） | 作物最大需水量/mm | 参考作物蒸发蒸腾量/mm | 降雨量/mm | 产量/(kg/hm²) | 效益/(元/hm²) |
|---|---|---|---|---|---|---|---|---|---|---|---|
| 大同市 | 大同 | 50% | 2005 | 4 | 300 | 59/1/21/34/71/41 | 740.5 | 703.8 | 323.7 | 1647.7 | 22586.3 |
| | | 75% | 1962 | 4 | 300 | 1/27/40/54/65/20 | 722.4 | 691.8 | 263.4 | 1642.2 | 22504.7 |
| | | 95% | 1993 | 4 | 300 | 1/22/43/55/70/42 | 713.7 | 688.3 | 207.8 | 1651.8 | 22646.2 |

续表

| 地区 | 典型县（市） | 水文年 | 灌水年份 | 灌水次数 | 灌溉定额/mm | 灌水时间（距播种天数） | 作物最大需水量/mm | 参考作物蒸发蒸腾量/mm | 降雨量/mm | 产量/(kg/hm²) | 效益/(元/hm²) |
|---|---|---|---|---|---|---|---|---|---|---|---|
| 忻州市 | 原平 | 50% | 1989 | 3 | 225 | 1/23/41 | 667.9 | 642.3 | 376.3 | 1645.9 | 23009.8 |
| | | 75% | 1979 | 4 | 300 | 1/27/44/58 | 635.8 | 606.4 | 323.8 | 1660.6 | 22776.8 |
| | | 95% | 1986 | 4 | 300 | 1/22/35/55 | 736.1 | 713.2 | 182.7 | 1650.6 | 22628.3 |
| 朔州市 | 右玉 | 50% | 2000 | 3 | 225 | 1/23/40 | 610.1 | 583.4 | 380.6 | 1644.5 | 22988.7 |
| | | 75% | 1999 | 4 | 300 | 1/40/57/31 | 628.2 | 600.3 | 308.6 | 1657.0 | 23173.9 |
| | | 95% | 1993 | 4 | 300 | 1/25/26/59 | 625.1 | 598.1 | 218.5 | 1656.9 | 22722.1 |

**表 6-15　山西省不同地区马铃薯生育期经济灌溉制度汇总表**

| 地区 | 典型县（市） | 水文年 | 灌水年份 | 灌水次数 | 灌溉定额/mm | 灌水时间（距播种天数） | 作物最大需水量/mm | 参考作物蒸发蒸腾量/mm | 降雨量/mm | 产量/(kg/hm²) | 效益/(元/hm²) |
|---|---|---|---|---|---|---|---|---|---|---|---|
| 大同市 | 大同 | 50% | 1966 | 1 | 75 | 9 | 470.9 | 567.1 | 262.4 | 22794.3 | 12314.8 |
| | | 75% | 2006 | 1 | 75 | 1 | 489.1 | 578.2 | 225.6 | 22773.6 | 12303.2 |
| | | 95% | 2009 | 1 | 75 | 1 | 573.2 | 657.7 | 153.3 | 22765.2 | 12298.5 |
| 临汾市 | 侯马 | 50% | 2010 | 2 | 150 | 1/53 | 441.6 | 530.5 | 341.8 | 22375.2 | 11630.1 |
| | | 75% | 2001 | 4 | 300 | 1/19/48/66 | 513.2 | 608.8 | 281.8 | 22494.7 | 10797.0 |
| | | 95% | 1997 | 3 | 225 | 1/59/81 | 572.2 | 660.3 | 189.2 | 21415.1 | 10642.4 |
| 晋中市 | 介休 | 50% | 2010 | 3 | 225 | 10/52/82 | 396.7 | 485.2 | 364.9 | 22062.7 | 11005.1 |
| | | 75% | 2002 | 2 | 150 | 4/54 | 507.4 | 608.7 | 197.6 | 21513.6 | 11147.6 |
| | | 95% | 2000 | 1 | 75 | 1 | 457.0 | 560.7 | 422.3 | 22648.2 | 12233.0 |

续表

| 地区 | 典型县（市） | 水文年 | 灌水年份 | 灌水次数 | 灌溉定额/mm | 灌水时间（距播种天数） | 作物最大需水量/mm | 参考作物蒸发蒸腾量/mm | 降雨量/mm | 产量/(kg/hm²) | 效益/(元/hm²) |
|---|---|---|---|---|---|---|---|---|---|---|---|
| 吕梁市 | 离石 | 50% | 1981 | 1 | 75 | 1 | 449.6 | 553.6 | 371.3 | 21765.4 | 11738.6 |
| | | 75% | 1974 | 3 | 225 | 2/46/73 | 489.7 | 583.8 | 300.4 | 22582.6 | 11296.3 |
| | | 95% | 1999 | 3 | 225 | 6/54/84 | 509.2 | 599.7 | 201.8 | 21673.1 | 10786.9 |
| 太原市 | 太原 | 50% | 1960 | 2 | 150 | 28/53 | 479.2 | 577.2 | 344.0 | 22535.8 | 11720.1 |
| | | 75% | 1990 | 2 | 150 | 9/51 | 446.3 | 529.1 | 295.6 | 21760.6 | 11285.9 |
| | | 95% | 1997 | 3 | 225 | 17/45/1 | 523.4 | 624.6 | 172.1 | 21598.4 | 10745.1 |
| 晋城市 | 阳城 | 50% | 1987 | 2 | 150 | 82/89 | 475.1 | 545.7 | 433.3 | 22662.4 | 11790.9 |
| | | 75% | 1981 | 3 | 225 | 15/38/86 | 443.6 | 561.4 | 368.1 | 21535.4 | 10709.8 |
| | | 95% | 2012 | 2 | 150 | 3/44 | 442.7 | 539.7 | 265.9 | 22310.0 | 11593.6 |
| 阳泉市 | 阳泉 | 75% | 1965 | 1 | 75 | 1 | 416.3 | 493.7 | 329.2 | 22056.7 | 11901.8 |
| | | 95% | 1994 | 2 | 150 | 1/58 | 497.6 | 588.8 | 243.7 | 22208.5 | 11536.8 |
| 朔州市 | 右玉 | 50% | 1995 | 1 | 75 | 1 | 444.4 | 532.1 | 331.9 | 22668.6 | 12244.4 |
| | | 75% | 2011 | 1 | 75 | 1 | 429.3 | 501.8 | 253.0 | 22778.0 | 12305.7 |
| | | 95% | 1993 | 1 | 75 | 1 | 443.1 | 523.1 | 189.8 | 22786.6 | 12310.5 |
| 忻州市 | 原平 | 50% | 1983 | 1 | 75 | 1 | 470.0 | 558.5 | 314.4 | 22793.1 | 12314.1 |
| | | 75% | 1990 | 1 | 75 | 1 | 470.0 | 558.5 | 314.4 | 22793.1 | 12314.1 |
| | | 95% | 1965 | 1 | 75 | 1 | 470.0 | 558.5 | 314.4 | 22793.1 | 12314.1 |

续表

| 地区 | 典型县（市） | 水文年 | 灌水年份 | 灌水次数 | 灌溉定额/mm | 灌水时间（距播种天数） | 作物最大需水量/mm | 参考作物蒸发蒸腾量/mm | 降雨量/mm | 产量/(kg/hm²) | 效益/(元/hm²) |
|---|---|---|---|---|---|---|---|---|---|---|---|
| 运城市 | 运城 | 50% | 1978 | 1 | 75 | 1 | 594.9 | 715.4 | 382.8 | 22075.6 | 11912.3 |
| | | 75% | 1965 | 2 | 150 | 8/47 | 538.7 | 642.6 | 326.3 | 22247.3 | 11558.5 |
| | | 95% | 1994 | 3 | 225 | 9/47/84 | 664.9 | 768.1 | 478.9 | 21703.2 | 10803.8 |
| 长治市 | 长治 | 75% | 1987 | 1 | 75 | 1 | 451.3 | 532.5 | 371.4 | 22062.4 | 11904.9 |
| | | 95% | 1997 | 3 | 225 | 1/54/74 | 497.2 | 587.7 | 199.8 | 22316.6 | 11147.3 |

表 6-16　山西省不同地区棉花生育期经济灌溉制度汇总表

| 地区 | 典型县（市） | 水文年 | 灌水年份 | 灌水次数 | 灌溉定额/mm | 灌水时间（距播种天数） | 作物最大需水量/mm | 参考作物蒸发蒸腾量/mm | 降雨量/mm | 产量/(kg/hm²) | 效益/(元/hm²) |
|---|---|---|---|---|---|---|---|---|---|---|---|
| 临汾市 | 侯马 | 50% | 2010 | 2 | 150 | 38/75 | 598.6 | 676.1 | 408.0 | 1349.4 | 19341.5 |
| | | 75% | 2009 | 2 | 150 | 5/83 | 587.6 | 676.0 | 347.6 | 1358.8 | 19481.6 |
| | | 95% | 1997 | 2 | 150 | 30/63 | 744.3 | 811.6 | 212.6 | 1334.4 | 19116.7 |
| 晋中市 | 介休 | 50% | 1976 | 1 | 75 | 41 | 576.5 | 655.8 | 420.3 | 1280.9 | 1087.1 |
| | | 75% | 2002 | 2 | 150 | 12/62 | 630.6 | 711.4 | 341.9 | 1366.4 | 19595.4 |
| | | 95% | 1986 | 1 | 75 | 10 | 623.1 | 707.5 | 253.0 | 1333.6 | 19553.7 |
| 吕梁市 | 离石 | 50% | 2010 | 2 | 150 | 37/74 | 632.4 | 698.5 | 453.8 | 1361.4 | 19520.3 |
| | | 75% | 1970 | 1 | 75 | 5 | 624.5 | 694.8 | 377.4 | 1344.3 | 19714.8 |
| | | 95% | 1997 | 2 | 150 | 45/65 | 707.2 | 785.8 | 266.3 | 1325.3 | 18979.2 |
| 晋城市 | 阳城 | 50% | 2002 | 2 | 150 | 44 | 631.1 | 699.8 | 420.3 | 1356.2 | 19443.0 |
| | | 75% | 2010 | 1 | 75 | 44/71 | 579.5 | 661.7 | 341.9 | 1330.3 | 19504.3 |
| | | 95% | 2012 | 2 | 150 | 24 | 612.9 | 700.7 | 253.0 | 1361.3 | 19518.8 |

续表

| 地区 | 典型县（市） | 水文年 | 灌水年份 | 灌水次数 | 灌溉定额/mm | 灌水时间（距播种天数） | 作物最大需水量/mm | 参考作物蒸发蒸腾量/mm | 降雨量/mm | 产量/(kg/hm$^2$) | 效益/(元/hm$^2$) |
|---|---|---|---|---|---|---|---|---|---|---|---|
| 运城市 | 运城 | 50% | 1976 | 1 | 75 | 55 | 757.4 | 833.3 | 475.1 | 1333.5 | 19552.6 |
| | | 75% | 1962 | 2 | 150 | 41/64 | 667.4 | 738.9 | 402.5 | 1316.5 | 18847.6 |
| | | 95% | 1986 | 2 | 150 | 37/72 | 768.6 | 838.4 | 278.4 | 1341.8 | 19226.9 |

表 6-17 山西省不同地区西瓜生育期经济灌溉制度汇总表

| 地区 | 典型县（市） | 水文年 | 灌水年份 | 灌水次数 | 灌溉定额/mm | 灌水时间（距播种天数） | 作物最大需水量/mm | 参考作物蒸发蒸腾量/mm | 降雨量/mm | 产量/(kg/hm$^2$) | 效益/(元/hm$^2$) |
|---|---|---|---|---|---|---|---|---|---|---|---|
| 大同市 | 大同 | 50% | 2003 | 1 | 75 | 41 | 301.2 | 386.9 | 162.3 | 73574.1 | 42223.0 |
| | | 75% | 2000 | 3 | 225 | 40/56/19 | 366.7 | 473.6 | 138.7 | 74264.2 | 41723.2 |
| | | 95% | 1978 | 3 | 225 | 23/54/50 | 383.1 | 496.5 | 97.0 | 74893.4 | 42088.1 |
| 临汾市 | 侯马 | 75% | 2000 | 1 | 75 | 37 | 401.1 | 529.4 | 185.7 | 74619.6 | 42829.4 |
| | | 95% | 1997 | 1 | 75 | 43 | 439.8 | 552.5 | 128.7 | 74632.7 | 42837.0 |
| 晋中市 | 介休 | 50% | 1962 | 1 | 75 | 34 | 407.5 | 534.4 | 252.7 | 71419.2 | 40973.1 |
| | | 95% | 2008 | 1 | 75 | 49 | 306.1 | 403.9 | 138.5 | 75000.0 | 43050.0 |
| 吕梁市 | 离石 | 95% | 2008 | 1 | 75 | 49 | 374.3 | 479.5 | 151.4 | 75000.0 | 43050.0 |
| 太原市 | 太原 | 50% | 1994 | 1 | 75 | 45 | 325.4 | 429.9 | 177.9 | 69645.1 | 39944.2 |
| | | 75% | 1952 | 3 | 225 | 50/58/40 | 333.7 | 418.1 | 137.1 | 74655.8 | 41950.4 |
| | | 95% | 1986 | 3 | 225 | 29/55/53 | 307.1 | 398.4 | 97.1 | 74994.8 | 42147.0 |
| 晋城市 | 阳城 | 95% | 2009 | 1 | 75 | 57 | 390.2 | 502.2 | 160.5 | 75000.0 | 43050.0 |

续表

| 地区 | 典型县（市） | 水文年 | 灌水年份 | 灌水次数 | 灌溉定额/mm | 灌水时间（距播种天数） | 作物最大需水量/mm | 参考作物蒸发蒸腾量/mm | 降雨量/mm | 产量/(kg/hm²) | 效益/(元/hm²) |
|---|---|---|---|---|---|---|---|---|---|---|---|
| 朔州市 | 右玉 | 50% | 1981 | 1 | 75 | 35 | 336.8 | 439.2 | 184.6 | 63181.6 | 36195.3 |
| | | 75% | 1989 | 2 | 150 | 39/59 | 317.1 | 409.0 | 137.6 | 74332.6 | 42212.9 |
| | | 95% | 1972 | 2 | 150 | 35/56 | 334.6 | 431.1 | 105.7 | 70064.0 | 39737.1 |
| 忻州市 | 原平 | 50% | 2012 | 3 | 225 | 39/51/31 | 307.1 | 404.1 | 186.3 | 74855.7 | 42066.3 |
| | | 75% | 1986 | 3 | 225 | 49/56/39 | 355.7 | 466.5 | 135.8 | 74416.6 | 41811.6 |
| | | 95% | 2001 | 3 | 225 | 35/53/21 | 340.1 | 444.1 | 61.6 | 74673.2 | 41960.4 |
| 运城市 | 运城 | 75% | 1992 | 1 | 75 | 45 | 491.1 | 623.7 | 209.0 | 73960.1 | 42446.9 |

**表 6-18　山西省不同地区辣椒生育期经济灌溉制度汇总表**

| 地区 | 典型县（市） | 水文年 | 灌水年份 | 灌水次数 | 灌溉定额/mm | 灌水时间（距播种天数） | 作物最大需水量/mm | 参考作物蒸发蒸腾量/mm | 降雨量/mm | 产量/(kg/hm²) | 效益/(元/hm²) |
|---|---|---|---|---|---|---|---|---|---|---|---|
| 大同市 | 大同 | 50% | 1989 | 8 | 240 | 1/6/39/64/77/84/48/105 | 433.1 | 496.3 | 261.7 | 7056.6 | 62069.7 |
| | | 75% | 1998 | 9 | 270 | 1/15/29/38/53/73/98/109/4 | 453.8 | 520.3 | 220.1 | 7039.4 | 61735.0 |
| | | 95% | 1963 | 10 | 300 | 1/2/15/35/47/56/62/70/98/105 | 460.6 | 524.8 | 153.1 | 6727.0 | 58743.1 |
| 临汾市 | 侯马 | 50% | 2005 | 5 | 150 | 1/26/45/51/57 | 530.5 | 599.2 | 395.4 | 3951.3 | 34661.3 |
| | | 75% | 2001 | 9 | 270 | 1/3/13/24/34/42/52/60/68 | 574.3 | 646.8 | 307.4 | 5203.8 | 45214.5 |
| | | 95% | 1997 | 10 | 300 | 1/2/19/33/45/58/65/72/77/89 | 646.5 | 717.7 | 194.8 | 3654.1 | 31086.7 |
| 晋中市 | 介休 | 50% | 1990 | 3 | 90 | 1/12/38 | 398.2 | 456.0 | 313.6 | 6095.6 | 54320.7 |
| | | 75% | 1972 | 9 | 270 | 1/2/9/22/32/38/66/77/89 | 439.5 | 513.8 | 239.1 | 6933.1 | 60777.7 |
| | | 95% | 1960 | 7 | 210 | 1/2/13/25/36/44/52 | 411.0 | 476.7 | 182.4 | 6181.2 | 54371.0 |
| 吕梁市 | 离石 | 50% | 1993 | 5 | 150 | 1/10/24/40/51 | 376.5 | 436.0 | 328.0 | 6939.1 | 61551.6 |
| | | 75% | 1971 | 7 | 210 | 1/2/11/28/40/68/73 | 420.9 | 486.8 | 258.7 | 6978.2 | 61543.4 |
| | | 95% | 1997 | 11 | 330 | 1/5/13/24/34/43/50/60/92/100/106 | 478.7 | 545.4 | 152.2 | 6612.0 | 57528.1 |

续表

| 地区 | 典型县（市） | 水文年 | 灌水年份 | 灌水次数 | 灌溉定额 /mm | 灌水时间（距播种天数） | 作物最大需水量 /mm | 参考作物蒸发蒸腾量 /mm | 降雨量 /mm | 产量 /(kg/hm²) | 效益 /(元/hm²) |
|---|---|---|---|---|---|---|---|---|---|---|---|
| 太原市 | 太原 | 50% | 2000 | 5 | 150 | 1/2/74/10/30 | 388.4 | 454.2 | 302.6 | 6700.1 | 59400.9 |
| | | 75% | 1974 | 8 | 240 | 1/2/14/24/34/44/61/106 | 455.6 | 532.5 | 251.6 | 6966.4 | 61257.4 |
| | | 95% | 1965 | 10 | 300 | 1/4/12/35/42/48/75/89/97/105 | 465.7 | 535.8 | 160.9 | 6774.4 | 59169.6 |
| 晋城市 | 阳城 | 50% | 2006 | 3 | 90 | 1/2/76 | 498.0 | 568.8 | 463.3 | 5782.6 | 51503.5 |
| | | 75% | 1989 | 1 | 30 | 126 | 469.0 | 529.4 | 403.8 | 5595.0 | 50174.8 |
| | | 95% | 2012 | 6 | 180 | 1/2/13/28/41/48 | 517.2 | 588.6 | 276.2 | 5568.4 | 49035.4 |
| 阳泉市 | 阳泉 | 50% | 1978 | 7 | 210 | 1/2/21/31/38/45/52 | 420.5 | 493.8 | 399.5 | 6959.0 | 61370.6 |
| | | 75% | 1992 | 5 | 150 | 12/30/46/55/69 | 363.8 | 419.2 | 285.3 | 6900.5 | 61204.8 |
| | | 95% | 1991 | 6 | 180 | 1/47/55/74/84/91 | 390.0 | 441.2 | 215.4 | 6774.8 | 59893.5 |
| 朔州市 | 右玉 | 50% | 2008 | 5 | 150 | 1/5/44/53/73 | 352.8 | 405.7 | 326.7 | 6744.1 | 59797.1 |
| | | 75% | 1977 | 4 | 120 | 1/5/76/99 | 366.0 | 421.4 | 248.8 | 6620.8 | 58867.3 |
| | | 95% | 2007 | 6 | 180 | 1/5/23/53/60/77 | 372.5 | 428.7 | 188.9 | 6549.5 | 57865.9 |
| 忻州市 | 原平 | 50% | 2002 | 6 | 180 | 1/3/93/59/101/15 | 388.4 | 445.5 | 313.6 | 6928.0 | 61272.2 |
| | | 75% | 1997 | 9 | 270 | 1/2/13/27/37/94/102/109/61 | 431.4 | 500.3 | 244.7 | 7113.8 | 62404.4 |
| | | 95% | 2001 | 10 | 300 | 1/2/9/18/29/41/56/63/70/84 | 437.4 | 508.2 | 156.9 | 6927.2 | 60544.6 |
| 运城市 | 运城 | 50% | 1968 | 8 | 240 | 1/19/32/45/59/64/81/87 | 602.4 | 667.1 | 412.5 | 4742.2 | 41240.0 |
| | | 75% | 2000 | 6 | 180 | 1/2/13/41/48/63 | 583.1 | 661.3 | 353.5 | 3931.2 | 34300.6 |
| | | 95% | 1986 | 9 | 270 | 1/4/32/42/51/71/78/84/89 | 662.4 | 726.9 | 250.2 | 3025.6 | 25610.7 |
| 长治市 | 长治 | 50% | 1992 | 2 | 60 | 24/89 | 488.7 | 553.4 | 439.0 | 6304.7 | 56382.5 |
| | | 75% | 2001 | 6 | 180 | 1/3/15/25/35/43 | 525.2 | 605.2 | 395.9 | 5183.4 | 45570.7 |
| | | 95% | 1997 | 7 | 210 | 1/2/13/31/49/57/66 | 581.7 | 654.1 | 201.9 | 2805.8 | 23992.0 |

蔬菜灌水定额取 30mm。由于作物种类、生长地区、水文年型等因素，经济灌溉制度各不相同。杂粮及经济作物为灌溉水次数较少时（一次或两次），其经济效益达到最大值；其中，花生和棉花均为灌水 1 次时经济效益达到最大值，黄花灌水次数 4～6 次时，经济效益达到最大值；辣椒灌水次数较多时，经济效益达到最大值。马铃薯、辣椒两种作物由南向北经济效益呈现增大趋势。

# 参 考 文 献


［1］ 康绍忠，陈玉民，郭国双，等．中国主要农作物需水量与灌溉［M］．北京：水利电力出版社，1995.

［2］ 雷志栋，杨诗秀，谢森传．土壤水动力学［M］．北京：清华大学出版社，1988.

［3］ 何塞·R· 科尔瓦多，拉斐尔·L·布拉斯．灌溉系统的随机控制［M］．谢安周，赵宝璋，等，译．金光炎，校．北京：农业出版社，1985.

［4］ 雷志栋，杨涛秀，谢森传．土壤动力学［M］．北京：清华大学出版社，1988.

［5］ H·C·彼季诺夫．灌溉农业生物学基础［M］．杨培国，等，译．北京：科学出版社，1961.

［6］ 康绍忠．旱地土壤水分动态模拟的初步研究［J］．农业气象，1987（2）：38－40.

［7］ G. Tsakiris，E. Kiountouzis. A MODEL FOR THE OPTIMAL OPERATION OF AN IRRIGATION SYSTEM［J］. AGRICULTURAL WATER MANAGEMENT，1982，5（3）.

［8］ 匡尚富，高占义，许迪．农业高效用水灌排技术研究［M］．北京：中国农业出版社，2001.

［9］ 许迪，蔡林根，王少丽，等．农业持续发展的农田水土管理研究［M］．北京：中国水利水电出版社，2000.

［10］ 马文·E·詹森．耗水量与灌溉需水量［M］．熊运章，等，译．许国华，等，校．北京：农业出版社，1982.

［11］ 康绍忠，蔡焕杰．农业水管理学［M］．北京：中国农业出版社，1996.

［12］ 水利部农村水利司．灌溉管理手册［M］．北京：水利电力出版社，1994.

［13］ 中国主要农作物需水量等值线图协作组．中国主要农作物需水量等值线图研究［M］．北京：中国农业科技出版社，1993.

［14］ 康绍忠，刘晓明，熊运章．土壤-植物-大气连续体水分传输理论及应用［M］．北京：水利电力出版社，1994.

［15］ 康绍忠，贺正中，张学．陕西省作物需水量及分区灌溉模式［M］．北京：水利电力出版社，1992.

［16］ 程维新，胡朝炳，张兴权．农田蒸发与作物耗水量研究［M］．北京：气象出版社，1994.

［17］ 水利部，地质部，建设部，等．“七五”国家科技攻关项目第57项华北地区及山西能源基地水资源研究成果汇编第一卷［G］．国家教育委员会，1993：158－178.

［18］ 郭元裕．农田水利学［M］．北京：中国水利水电出版社，1997.

［19］ J. L. 蒙特思．植被与大气一原理［M］．卢其尧，高亮之，等，译．北京：农业出版社，1985.

［20］ 王仰仁，杨丽霞．农田水分组成及其转化关系模型的研究［J］．山西水利科技，2000（1）：58－62.

[21] 王仰仁，杨丽霞，邢棣堂，等. 农田水分转化关系模型参数优选与应用 [J]. 山西水利科技，2000 (3)：39-43.

[22] 张展羽，郭相平，汤建熙，等. 节水控盐灌溉制度的优化设计 [J]. 水利学报，2001 (4)：89-94.

[23] 张展羽，郭相平. 作物水盐动态响应模型 [J]. 水利学报，1998 (12)：66-70.

[24] 沈振荣. 水资源科学试验与研究-大气水、地表水、土壤水、地下水相互转换关系 [M]. 北京：中国科学技术出版社，1992.

[25] Tosio Cho，Maaharu Kuroda. Soil moisture Management and Evaluation of Water Saving Irrigation on Farm [A]. Symposium R. 2. International Commission on Irrigation and Drainage，Thirteen Congress，Rabat，1987，19-40.

[26] 刘锡田，许四复，姜凯. 山西水利回顾与展望 [M]. 北京：中国水利水电出版社，1996.

[27] 葛贵保. 山西省农业气候资源图集 [M]. 北京：气象出版社，1990.

[28] 王仰仁，刘斌. 山西省灌溉农业可持续发展对策探讨 [J]. 海河水利，2000 (5)：31-34.

[29] 胡艳君. 山西省种植业结构调整和地区布局研究 [D]. 中国农业大学，2003.

[30] 段爱旺，肖俊夫，宋毅夫，等. 灌溉试验研究方法 [M]. 北京：中国农业科学技术出版社，2015.

[31] 尚松浩，毛晓敏，雷志栋，等. 土壤水分动态模拟模型及其应用 [M]. 北京：科学出版社，2009.

[32] 王仰仁. 灌溉排水工程学 [M]. 北京：中国水利水电出版社，2014.

[33] 段爱旺，孙景生，刘钰，等. 北方地区主要农作物灌溉用水定额 [M]. 北京：中国农业科学技术出版社，2004.

[34] 刘晓冰，王光华，金剑，等. 作物根系和产量生理研究 [M]. 北京：科学出版社，2010.

[35] 王仰仁，孙小平. 山西农业节水理论与作物高效用水模式 [M]. 北京：中国科学技术出版社，2003.

[36] 王仰仁. 考虑水分和养分胁迫的 SPAC 水热动态与作物生长模拟研究 [D]. 西北农林科技大学，2006.

[37] 水利部国际合作司，等，译. 美国国家灌溉工程师手册 [M]. 北京：中国水利水电出版社，1998.

[38] 康绍忠. 农业水土工程概论 [M]. 北京：中国农业出版社，2007.

[39] 刘钰，汪林，倪广恒，等. 中国主要作物灌溉需水量空间分布特征 [J]. 农业工程学报，2009，25 (12)：6-12.

[40] 崔远来，李远华，茆智. 考虑 $ET_0$ 频率影响的作物水分生产函数模型 [J]. 水利学报，1998 (3)：48-51.

[41] 罗远培. 农业用水有效性研究 [M]. 北京：科学出版社，1992：52-67.

[42] J. 法朗士，J. H. M. 索思利. 农业中的数学模型—农业及与之有关科学若干问题的数量研究 [M]. 金之庆，高亮之，译. 北京：农业出版社，1991.

[43] 崔远来，李远华. 节水灌溉理论与技术 [M]. 武汉：武汉水利电力大学出版社，1999.

[44] 陈亚新，康绍忠. 非充分灌溉原理 [M]. 北京：水利电力出版社，1995.

[45] 汪志农．灌溉排水工程学［M］．北京：中国农业出版社，2000.

[46] 沈细中，朱良宗，崔远来，等．作物水、肥动态生产函数一修正 Morgan 模型［J］．灌溉排水，2001，20（2）：17－20.

[47] 康绍忠，蔡焕杰．作物根系分区交替灌溉和调亏灌溉的理论与实践［M］．北京：中国农业出版社，2002：136－151.

[48] 康绍忠，蔡焕杰．作物根系分区交替灌溉和调亏灌溉的理论与实践［M］．北京：中国农业出版社，2002.

[49] 西北农业大学农业水土工程研究所，农业部农业水土工程重点开放实验室．西北地区农业节水与水资源持续利用［M］．北京：中国农业出版社，1999.

[50] 山仑，黄占斌，张岁岐．节水农业［M］．北京：清华大学出版社，2000.

[51] C. B. Tanner et al. Efficient water use in crop production: Research or Re－Search［J］. Limitations to efficient water use in crop production. Wisconsin USA，1983：1－25.

[52] B. A. Stewart et al. Conjusctive use of rainfall and irrigation in semiarid regions［J］. Daniel Hill（Eds.），Advance in irrigation，1982，Academic Press，1－23.

[53] Jensen M N. Water Consumption by Agriculture Plants in Water Deficits and Plant Growth［J］. Ed by TT Kozlowski，1968，1－22.

[54] H J Vaux，Jr & William O Pruitt，Crop－Water Production Function in Advance Irrigation［J］. Academic Press，EX. By Danil Hillel，1983，2：61－93.

[55] Tsakiris，G. P.，An method for applying crop sensitivity factors in irrigation scheduling［J］. Agricultural Water Management，1982，NO. 5，pp. 335－343.

[56] Rao NH，Sarm PBS，et al. A Simple Dated Water Production Function for Use in Irrigation Agriculture［J］. Agricultural Water Management，1988，13（1）：25－32.

[57] Richard G Allen，Luis Perein，Dirk Raes Martin Smith. Guidelines for computing crop water requirements［M］. FAO Irrigation and Drainage，1998，56.

[58] H. Van Keulen，et al. A summary model for crop growth，F. W. T. Penning de Vries and H. H. Van Laar（Eds.），Simulation of plant growth and crop production［J］. Center for Agricultural Publishing and Documentation（Pudoc），Wageningen，1982，87－94.

[59] Yaron，D.，et al. A model of optimum irrigation scheduling with saline water［J］. Water Resource Research，1980（16）：332－327.

[60] Hanks，R. J. Model for predicting plant yield as influenced by water use［J］. Agron. J，1974（66）：660－665.

[61] N. Katerji et al. Salt tolerance classification of crops according to soil salinity and to water stress day index［J］. Agricultural Water Management，2000，43：99－109.

[62] Nielsen D. R.，J. W. Biggar. Water flow and solute transport processes in the unsaturated zone［J］. Water Resource Research，1986，（22）：89－98.

[63] J. Barragan，et al. Optimal scheduling of a miro－irrigation system under deficit irrigation［J］. J. Agric. Engn. Res，2001，80（2），201－208.

[64] K. K. Datta，et al. Estimation of a production function for wheat under saline condition［J］. Agricultural Water Management，1998，36：85－94.

[65] B. K. Khosla，B. K. Gupta. Response of wheat to saline irrigation and drainage［J］. Agricultural Water Management，1997，32：285－291.

[66] G. E. Garden, J. Letey. Plant water uptake terms evaluated for soil water and solute movement models [J]. Soil Science, 1992, 32: 1876-1880.

[67] J. Letey, et al. Crop-water production function model for saline irrigation waters [J]. Soil Science, 1985, 49: 1005-1009.

[68] K. Lamsal, et al. Model for assessing impact of Salinity on soil water availability and crop yield [J]. Agricultural Water Management, 1999, 41: 57-70.

[69] Morgan T. H, et al. A dynamic model of corn yield response to water [J]. Water Resource Research, 1980, (6): 59-64.

[70] N. Katerji, et al. Salinity and drought, a comparison of their effects on the relationship between yield and evapotranspiration [J]. Agricultural Water Management, 1998, 36: 45-54.

[71] 康绍忠. 农业高效用水与土环境保护 [M]. 西安：陕西科学技术出版社，2000.

[72] 崔远来. 非充分灌溉优化配水技术研究综述 [J]. 灌溉排水，2000 (2)：70-166.

[73] 陈玉民，肖俊夫，王宪杰，等. 非充分灌溉研究进展及展望 [J]. 灌溉排水，2001，20 (2)：73-75.

[74] 王仰仁，雷志栋，杨诗秀. 冬小麦水分敏感指数累积函数研究 [J]. 水利学报，1997 (5)：28-35.

[75] 荣丰涛，王仰仁. 山西省主要农作物水分生产函数中参数的试验研究 [J]. 水利学报，1997 (1)：78-82.